单片机原理与接口技术

（第2版）

SCM Principles and Interface Technology (2nd Edition)

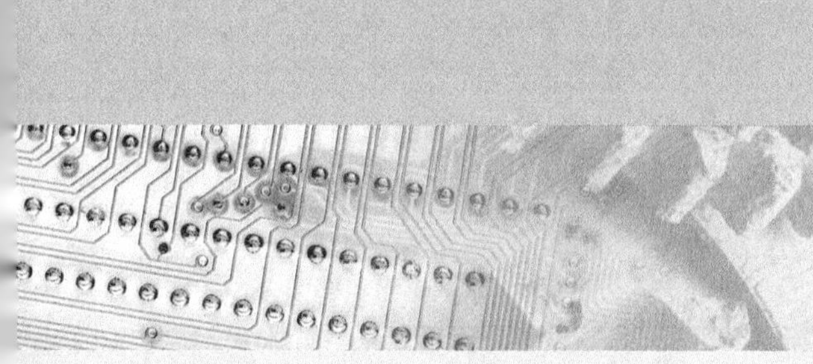

◎ 吴晓苏 张中明 主编
◎ 方映 潘建峰 副主编

人 民 邮 电 出 版 社
北 京

图书在版编目（CIP）数据

单片机原理与接口技术 / 吴晓苏，张中明主编. --
2版. -- 北京 : 人民邮电出版社，2015.8（2020.9重印）
高等职业院校机电类“十二五”规划教材
ISBN 978-7-115-39346-3

Ⅰ. ①单… Ⅱ. ①吴… ②张… Ⅲ. ①单片微型计算机－基础理论－高等职业教育－教材②单片微型计算机－接口技术－高等职业教育－教材 Ⅳ. ①TP368.1

中国版本图书馆CIP数据核字(2015)第125785号

内 容 提 要

本书是在中国职业技术教育学会《机电一体化技术专业职业教育与职业资格证书推进策略与“双证课程”的研究与实践》课题研究成果的基础上编写而成的。全书结合 14 个应用项目，讲述了 80C51 系列单片机的硬件结构，指令系统，汇编语言程序设计，中断系统和定时/计数器，80C51 单片机的串行通信及系统的扩展，常用外围设备接口电路等。书中的项目大都是作者在教学、科研和生产实践中开发积累的，各项目程序都已在实验箱上进行反复试验，效果良好。

本书可作为高职高专院校机电一体化、工业电气自动化、数控技术、汽车电子等相关专业的教学用书，也可作为相关工程技术人员的参考用书。

◆ 主　　编　吴晓苏　张中明
　副 主 编　方　映　潘建峰
　责任编辑　刘盛平
　执行编辑　王丽美
　责任印制　杨林杰

◆ 人民邮电出版社出版发行　　北京市丰台区成寿寺路 11 号
　邮编 100164　　电子邮件 315@ptpress.com.cn
　网址 http://www.ptpress.com.cn
　固安县铭成印刷有限公司印刷

◆ 开本：787×1092 1/16
　印张：17　　　　　　2015 年 8 月第 2 版
　字数：435 千字　　　2020 年 9 月河北第 8 次印刷

定价：38.00 元

读者服务热线：(010)81055256　印装质量热线：(010)81055316
反盗版热线：(010)81055315

第2版前言

作者于 2009 年所编写的《单片机原理与接口技术》一书自出版以来，受到了众多高职高专院校的欢迎。为了更好地满足广大高职高专院校的学生对单片机知识学习的需要，作者结合近几年的教学改革实践和广大读者的反馈意见，在保留原书特色的基础上，对本书进行了全面的修订。这次修订的主要内容如下。

（1）对本书第 1 版中部分章节所存在的一些问题进行了校正和修改。

（2）对第 2 章的内容“4 个并行 I/O 端口何时需外接上拉电阻”进行了详细介绍。

（3）对第 3 章的内容“寻址方式、机器周期及程序字节数”进行了重点解读。

（4）删去了第 6 章“单片机与计算机的串行通信”的内容。

本书提供电子课件、实验源代码、动画等配套资源，可登录人民邮电出版社教学服务与资源网（www.ptpedu.com.cn）免费下载。

本书由吴晓苏、张中明任主编，方映、潘建峰任副主编，全书由吴晓苏负责统稿。其中第 5 章、第 7 章由吴晓苏编写，第 1 章、第 2 章、第 6 章由方映编写，第 3 章、第 4 章、第 8 章由潘建峰编写。全书涵盖的 14 个项目由张中明主持开发。本书在编写过程中得到了宁波工程学院孙慧平老师、佛山职业技术学院李秀忠老师的指导与支持，同时还得到了校企合作单位友嘉实业集团机床培训中心各位老师的支持与帮助，在此一并表示诚挚的谢意！

限于编者的水平，书中错误与不妥之处在所难免，敬请读者不吝指教。

编者

2015 年 3 月

前言

随着现代社会的发展，单片机在工业控制、机电一体化、家电等领域的应用越来越普遍，社会对掌握单片机应用技术的人才的需求也越来越多，相应的单片机技术的开发应用也逐渐成为高职高专院校机电一体化、数控、电气自动化等专业学生必须掌握的技术之一。目前大多数高职院校的机电类和电气类专业也都将单片机课程作为一门重要的专业课程列入教学计划。

“单片机原理与接口技术”是一门比较难学的课程，其特点是抽象度比较高，学好这门课程绝非一日之功，入门也需要有一个循序渐进的过程。目前针对高职高专教育的单片机技术的教材虽然比较多，但大多数教材没有完全考虑到高职高专教育的培养目标、高职高专学生的知识基础以及知识接受能力，基本上还限于原理式的叙述，很少有结合工程实践进行具体的讲解。针对以上情况，本书作者根据长期从事高职高专单片机技术教学的经验，以及几十年来在工业控制领域的工程实践经验，结合教育部当前倡导的基于工作过程导向的高职高专教育教学改革思想，对传统的单片机原理与接口技术课程的知识框架重新进行了有机调整，编写了本书。全书在各章中选择了作者在教学、科研和生产实践中开发的14个应用性项目案例，多数项目带有生活趣味性和工程实践性，各项目中的程序都已在实验箱上进行了反复试验，实验效果良好，读者可直接使用。全书各章内容独立、完整，各知识点讲解清楚，并配有大量的例题。

本书的参考学时为84学时，其中实践环节为28学时，占总学时的三分之一。读者可直接使用书上的14个项目进行实验，相关的源代码和电子课件可以在人民邮电出版社教学服务与资源网：www.ptpedu.com.cn 下载使用。

本书由吴晓苏、张中明任主编，方映、潘建峰任副主编，全书由吴晓苏负责统稿，孟凡军、王观海任主审。其中第5章、第7章由吴晓苏编写，第1章、第2章、第6章由方映编写，第3章、第4章、第8章由潘建峰编写。全书涵盖的14个项目由张中明主持开发。本教材在编写过程中得到了宁波职业技术学院孙慧平老师、佛山职业技术学院李秀忠老师的指导与支持，同时还得到校企合作单位友嘉实业集团机床培训中心各位老师的支持与帮助，在此一并表示诚挚的谢意！

由于编写时间仓促和编写水平所限，书中难免出现错误和不妥之处，敬请广大读者批评指正。

编者

2008年12月

目　录

第1章 单片机的基础知识

【学习目标】

1. 了解单片机的特点、应用、发展趋势
2. 了解 MCS-51 系列单片机常用芯片
3. 理解单片机中的数制与码制

【重点内容】

1. 单片机的概念
2. 80C51 系列单片机的内部配置
3. 二进制、十进制和十六进制数的转换
4. 计算机中带符号数的表示方法

1.1 概述

1.1.1 单片机的概念

单片机，就是把中央处理器 CPU（Central Processing Unit）、存储器（Memory）、定时器/计数器（Timer/Counter）、I/O（Input/Output）接口电路等计算机的主要功能部件集成在一块集成电路芯片上的微型计算机。中文“单片机”的称呼就是由英文名称“Single Chip Microcomputer”直接翻译而来的。

单片机主要应用于工业控制领域。随着单片机技术的发展，在芯片内集成了许多针对测控对象的接口电路，如 ADC、DAC、高速 I/O 口、PWM、WDT 等。这些对外电路及外设接口已经突破了微型计算机传统的体系结构，所以更为确切反映单片机本质的名称应是微控制器 MCU

(Micro Controller Unit)。单片机的芯片体积小，在现场环境下可高速可靠运行，在工业现场完全作嵌入式应用，它有专门为嵌入式应用而设计的体系结构和指令系统，因此单片机又称为嵌入式微控制器(Embedded Microcontroller)。综上所述，我们可以把单片机理解为一个单芯片形态的微控制器，它是一个典型的嵌入式应用计算机。而在国内我们仍然习惯地称之为“单片机”或“单片微机”，在本书中我们使用“单片机”一词。

1.1.2 单片机的发展历史

单片机根据数据总线宽度的不同，可以分为4位机、8位机、16位机、32位机，最早研制成功的单片机是4位机。1971年，美国Intel公司生产出了第一片4位单片机——4004，它将微型计算机的运算部件和逻辑控制部件集成在一起。1976年又推出了MCS-48系列8位单片机，成为单片机发展进程中的一个重要阶段。

在MCS-48系列单片机的基础上，许多半导体公司和计算机公司争相研制和发展自己的单片机系列。其中最典型、应用最广泛的是Intel公司在20世纪80年代初推出的MCS-51系列8位单片机，主要技术特征是配置了外部并行总线和串行通信接口，规范了特殊功能寄存器的控制模式，以及为增强控制功能而强化了布尔处理系统和相关的指令系统。

1982年以后，16位单片机问世，代表产品是Intel公司的MCS-96系列，16位单片机比起8位机，数据宽度增加了一倍，实时处理能力更强，主频更高，集成度达到了12万只晶体管，RAM增加到了232B，ROM则达到了8KB，并且有8个中断源，同时配置了多路的A/D转换通道、高速的I/O处理单元，适用于更复杂的控制系统。在工业控制产品、智能仪表、彩色复印机、录像机等应用领域中，16位单片机大有用武之地。近几年，32位单片机也得到了快速发展，如ARM处理器系列等。

尽管目前单片机品种繁多，但其中最为典型的仍当属Intel公司的MCS-51系列单片机，它具有功能强大、兼容性强、软硬件资料丰富的优点。国内也以此系列的单片机应用最为广泛。直到现在，MCS-51系列单片机仍不失为单片机中的主流机型。

1.1.3 单片机的应用

单片机具有功耗低、控制功能强、扩展灵活、微型化和使用方便等优点，而且其性价比高，很多单片机芯片甚至只需几元钱就能买到，再加上少量的外围元件，就可以构成一个功能优越的计算机智能控制系统，因此单片机广泛地应用于各行各业，其主要的应用领域如下。

1. 工业自动化控制

单片机可以用于构成各种工业控制系统、自适应控制系统、数据采集系统等。如数控机床、工厂流水线的智能化管理、电梯控制、化工控制系统、智能大厦管理系统、与计算机联网构成二级控制系统等。

2. 智能仪器仪表

采用单片机控制可使仪器仪表数字化、智能化、微型化，且功能比起采用电子或数字电路更加强大。结合不同类型的传感器，利用单片机的软件编程技术进行误差修正、线性化的处理等，可实现诸如电压、功率、频率、湿度、温度、流量、速度、角度、硬度、压力等物理量的精确测量。

3. 智能化家用电器

目前，家用电器已普遍采用单片机控制代替传统的电子线路控制，如智能冰箱、智能电饭煲、智能洗衣机、空调、微波炉、视听音响设备、大屏幕显示系统等。单片机将使人们的生活更加方便舒适，丰富多彩。

4. 办公自动化

单片机可以使办公设备功能更加丰富，使用更方便。如 PC 机、考勤机、复印机、传真机、手机、楼宇自动通信呼叫系统、无线电对讲机等。

除此之外，单片机还应用于玩具、医疗器械、汽车电子、航空航天系统甚至尖端武器等。

单片机的应用从根本上改变了控制系统传统的设计方法和设计思想，以前由硬件电路实现的大部分控制功能，现在都可以利用单片机通过软件控制加以实现。以前自动控制中的 PID 调节，现在可以用单片机实现具有智能化的数字计算控制、模糊控制和自适应控制。这种以软件取代硬件并能提高系统性能的控制技术正在不断地发展完善。

1.2 单片机的发展趋势

目前，单片机正朝着 CMOS 化、低功耗、小体积、大容量、高性能、低价格和外围电路内装化等几个方面发展。下面介绍单片机的主要发展趋势。

1. 功能更强

尽管单片机是将中央处理器 CPU、存储器和 I/O 接口电路等主要功能部件集成在一块集成电路芯片上的微型计算机，但由于工艺和其他方面的原因，还有很多功能部件并未集成在单片机芯片内部。随着集成电路技术的快速发展，很多单片机生产厂家充分考虑到用户的需求，将一些常用的功能部件，如 A/D（模/数转换器）、D/A（数/模转换器）、PWM（脉冲产生器）以及 LCD（液晶）驱动器等集成到芯片内部，尽量做到单片化，从而成为名副其实的单片机。

2. 功耗更低

MCS-51 系列的 8031 推出时，功耗有 630 mW，而现在仅有 100 mW 左右，目前各个单片机制造商采用的是功耗更低的 CHMOS 工艺。像 80C51 系列单片机采用两种半导体工艺生产，一种是 HMOS 工艺，即高密度短沟道 MOS 工艺；另外一种是 CHMOS 工艺，即互补金属氧化物的 HMOS 工艺。CHMOS 是 CMOS 和 HMOS 的结合，具备高速和低功耗特点，这些特征，更适合于在要求低功耗像电池供电的应用场合，例如应用在便携式、手提式或野外作业仪器设备上。

3. 性能更高

单片机的最高使用频率由6MHz、12MHz、24MHz、33MHz，发展到40MHz乃至更高，同时，为了提高速度和运行效率，在单片机中开始使用RISC体系结构、并行流水线操作和DSP等设计技术，这使单片机的指令运行速度大大提高，其电磁兼容性等性能也日趋提高。

4. 系统更简化

推行串行扩展总线，减少引脚数量，简化系统结构。单片机应用系统往往要扩展一些外围器件，许多具有并行总线的单片机推出了删去并行总线的非总线型单片机。采用串行接口的数据传输速度虽然较并行接口要慢，但随着单片机主振频率的提高，加之一般单片机应用系统面对对象的有限速度要求及串行器件的发展，使得移位寄存器接口、SPI、I^2C、Microwire、I-Wire等串行扩展成为主流。

1.3 80C51系列单片机

1.3.1 MCS-51系列单片机的常用芯片

在MCS-51系列单片机中，8051是最早最典型的产品，该系列其他单片机都是在8051的基础上进行功能的增、减、改变而来的，MCS是Intel公司的注册商标，所以凡Intel公司生产的以8051为核心单元的其他派生单片机都可称为MCS-51系列，也可简称为51系列。Intel公司将MCS-51的核心技术授权给了很多其他公司，所以有很多公司在做以8051为核心的单片机，而这些公司生产的以8051为核心单元的派生单片机只能称为8051系列。

MCS-51系列单片机分为两大子系列，51子系列与52子系列。

51子系列：芯片型号的最后位数以1作为标志，属基本型产品，根据片内ROM的配置，对应的芯片为8031、8051、8751、80C31、80C51、87C51。

52子系列：芯片型号的最后位数以2作为标志，属增强型产品，根据片内ROM的配置，对应的芯片为8032、8052、8752、80C32、80C52、87C52。

这两大系列单片机的主要硬件特性见表1-1。

表1-1　两大系列单片机的主要硬件特性

片内ROM型号			ROM容量	RAM容量	寻址范围	I/O特性		中断源数量
无	ROM	EPROM				计数器	并行口	
8031	8051	8751	4KB	128B	64KB	2×16	4×8	5
80C31	80C51	87C51	4KB	128B	64KB	2×16	4×8	5
8032	8052	8752	8KB	256B	64KB	3×16	4×8	6
80C32	80C52	87C52	8KB	256B	64KB	3×16	4×8	6

表中，芯片型号中用字母“C”标示的是指采用 CHMOS 工艺制作；芯片型号中未用字母“C”标示的是指采用 HMOS 工艺制作。此两类器件在功能上是完全兼容的，但采用 CHMOS 工艺的芯片具有低功耗的特点，所消耗的电流要比 HMOS 工艺器件小得多。CHMOS 工艺器件比 HMOS 器件多了两种节电的工作方式（掉电方式和待机方式），常用于构成低功耗的应用系统。

对应表 1-1 看，我们可以发现，8031、80C31、8032、80C32 片内是没有 ROM 的，其余 51 系列的单片机的 RAM 大小为 128B，52 系列的 RAM 大小为 256B；51 系列的计数器为两个 16 位的计数器，52 系列的计数器为 3 个 16 位计数器；51 系列的中断源为 5 个，52 系列的中断源为 6 个。

1.3.2 80C51 系列单片机

80C51 系列原系 Intel 公司 MCS-51 系列中一个采用 CHMOS 制造工艺的品种。自 Intel 公司将 MCS-51 系列单片机实行技术开放政策后，许多公司都以 MCS-51 系列中的基础结构 8051 为内核，通过内部资源的扩展和删减，推出了具有优异性能的各具特色的单片机。因此，现在的 80C51 已不局限于 Intel 公司，而是把所有厂家以 8051 为内核的各种型号的 80C51 兼容型单片机统称为 80C51 系列。

80C51 系列中的所有单片机，不论其内部资源配置是扩展还是删减，其内核的结构都是保持 80C51 的内核结构。它们都具有以下特点。

① 普遍采用 CMOS 工艺，通常都能满足 CMOS 与 TTL 的兼容。

② 都和 MCS-51 系列有相同的指令系统。

③ 所有扩展功能的控制，并行扩展总线和串行总线 UART 都保持不变。

④ 系统的管理仍采用 SFR 模式，而增加的 SFR 不会和原有的 80C51 的 21 个 SFR 产生地址冲突。

⑤ 最大限度保持双列直插 DIP40 封装引脚不变，必须扩展的引脚一般均在用户侧进行扩展，对单片机系统的内部总线均无影响。

上述特征保证了新一代的 80C51 系列单片机有更好的兼容性能。因此，我们通常提到的 80C51 不是专指 Intel 公司的 Mask ROM 的 80C51，而是泛指 80C51 系列中的基础结构，它是以 8051 为内核通过不同资源配置而推出的一系列以 CHMOS 工艺制造生产的新一代的单片机系列。但在本书中，我们仍以 Intel 公司的 80C51 型号的单片机为例进行硬件及程序的分析。

1.4 单片机中的数制与码制

1.4.1 数制及其转换

常用的表达整数的数制有二进制数、十进制数、十六进制数 3 种，其中计算机处理的一切信号都是由二进制数表示的；人们日常用的是十进制数；十六进制数则用来缩写二进制数。3

种数制之间可以相互转换。它们之间的关系见表 1-2。为了区别十进制数、二进制数及十六进制数 3 种数制，在数的后面加一个字母以进行区别。用 B 表示二进制数；用 D 或不带字母表示十进制数；用 H 表示十六进制数。

表 1-2　　　　十进制、二进制、十六进制数对照表

十进制	二进制	十六进制	十进制	二进制	十六进制
0	0000	0	8	1000	8
1	0001	1	9	1001	9
2	0010	2	10	1010	A
3	0011	3	11	1011	B
4	0100	4	12	1100	C
5	0101	5	13	1101	D
6	0110	6	14	1110	E
7	0111	7	15	1111	F

1. 二进制数和十进制数之间的相互转换

二进制转换成十进制，可采用展开求和法。即将二进制数按权展开再相加。

例如：$(101100)B = 1\times2^5+0\times2^4+1\times2^3+1\times2^2+0\times2^1+0\times2^0$

$= 32+0+8+4+0+0$

$= 44$

十进制转换成二进制可采用除 2 取余法。即用 2 不断地去除待转换的十进制数，直至商等于 0 为止，再将所得的各次余数依次倒序排列。

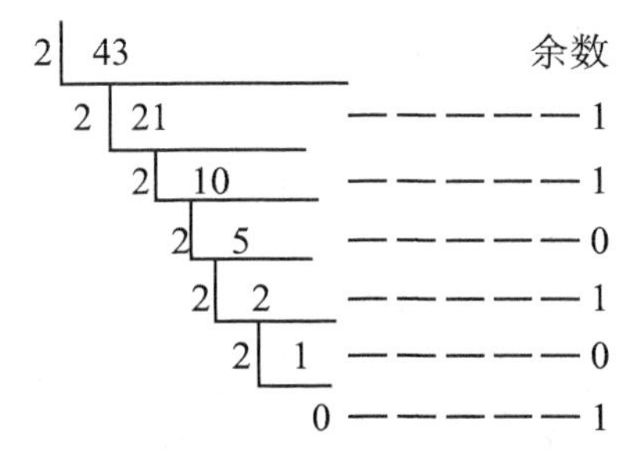

即 43D=101011B。

2. 二进制数和十六进制数之间的相互转换

二进制数转换为十六进制数，只需将二进制数从右向左每 4 位为一组分组，最后一组若不足 4 位，则在其左边添加 0，以凑成 4 位，每组按表 1-2 用 1 位十六进制数表示。

例如：10011100100B→0100 1110 0100B=4E4H

十六进制数转换为二进制数，只需按表 1-2 用 4 位二进制数表示 1 位十六进制数。

例如：8DF3H=1000 1101 1111 0011B

1.4.2　有符号数的表示

数值在计算机中表示形式为机器数，由于计算机只能识别 0 和 1，因此我们用来表示数值

正负的“+”和“-”在计算机中也只能用“0”和“1”表示。一般在计算机中，对于正数，最高位规定为“0”；对于负数，最高位规定为“1”。

例如：+100= 01100100B

-100= 11100100B

有符号数在计算机中有原码、反码和补码 3 种表示方法。

1. 原码

用最高位表示数的正负，其余各位表示数的绝对值，这种表示方法称为原码表示法。

例如：$[+5]_{\text{原码}}$=00000101B=05H

$[-5]_{\text{原码}}$=10000101B=85H

如果计算机的数据宽度为 8，即字长为 1 字节，则原码能表示数值的范围为 FFH～7FH（-127～-0，+0～+127），共 256 个。原码表示“0”时，可以有两种数值，即 00000000B（+0）和 10000000B（-0），这将会造成混乱，导致计算出错。

在计算机进行数值运算时一般不采用原码运算。

例如：在计算 1-1=0 时，为了简化计算机的硬件结构，把减法运算转换为加法运算，即采用 1+（-1）去计算，会发现$[1]_{\text{原码}}+[-1]_{\text{原码}}$=00000001B+10000001B=10000010B= -2，即计算出错。

2. 反码

正数的反码与原码相同；负数的反码为其原码的符号位不变，数值部分按位取反。

例如：$[+5]_{\text{反码}}=[+5]_{\text{原码}}$=00000101B=05H

$[-5]_{\text{反码}}$=11111010B=FAH

如果计算机的数据宽度为 8，即字长为 1 字节，则反码能表示数值的范围为 80H～7FH（-127～-0，+0～+127），共 256 个。反码表示“0”时，可以有两种数值，即 00000000B（+0）和 11111111B（-0）两种数值。在数值运算中也易出错。

3. 补码

正数的补码与原码相同；负数的补码为其反码加 1，但符号位不变。

例如：$[+5]_{\text{补码}}=[+5]_{\text{反码}}=[+5]_{\text{原码}}$=00000101B=05H

$[-5]_{\text{补码}}=[-5]_{\text{反码}}+1$=11111010B+1=11111011B=FBH

$[+0]_{\text{补码}}=[+0]_{\text{原码}}=[+0]_{\text{反码}}$=00000000B=00H

在求-0 的补码时，我们会发现$[-0]_{\text{原码}}$=10000000B，$[-0]_{\text{反码}}$=11111111B，加 1 后得$\boxed{1}$00000000B，最高位产生了溢出，为了符合补码的定义和运算规则，将 10000000B（80H）的补码真值定义为-128。也就是说，用补码表示“0”时，只有一种数值，即 00000000B（+0）。补码的表示范围为 80H～7FH（-128～+127），共 256 个。80H（10000000B）在计算机中表示最小的负整数，即-128，10000001～11111111 依次表示-127～-1。在减法运算时，运用补码可以把减法运算转换为加法运算，运算结果是完全正确的。请读者熟记-128 的补码是 80H，0 的补码是 00H。

例如：计算 1-1=0，用补码计算：$[1]_{\text{补码}}+[-1]_{\text{补码}}$=00000001B+11111111B=$\boxed{1}$00000000B=0（结果超过 8 位，最高位的“1”自然丢失），结果正确。

求负数的补码也可以用“模”来计算：$[X]_{\text{补码}}$=模+X

“模”是计数系统的过程量回零值。如时钟以 12 为模，时钟从某一位置拨到另一位置总有两种拨法，即顺拨和逆拨。例如从 6 点拨到 5 点，可以逆拨，即 6−1=5；也可以顺拨，即 6+11=12（自动丢失）+5=5。这里 11 就是−1 的补码，也就是说，运用补码可以把减法运算转化为加法运算。

计算机中 8 位二进制数的模为 2^8=256=100H。例如$[-5]_{补码}$=模+（−5）=100H−05H=FBH。

综上所述，可得出以下几个结论。

① 在计算机中，带符号数都是以补码的形式储存的，学习原码和反码的目的是为了更好地理解补码。

② 补码表示法能使符号位与有效值部分一起参加运算，从而简化运算规则。

③ 补码表示法能使减法运算转换为加法运算，简化计算机的硬件结构。

1.4.3 十进制数的编码——BCD 码

人们在生活中习惯于使用十进制数，而计算机只能识别二进制数，为了让十进制数能被计算机识别，产生了 BCD 码（Binary Coded Decimal Code），即用二进制代码表示十进制数。例如计算器就采用 BCD 编码运算。这种编码的特点是保留十进制的权，数字则用二进制表示。即仍然是逢十进一，但又是一组二进制代码。

1. 编码方法

BCD 码有多种表示方法，最常用的 BCD 码为 8421 码，编码方式见表 1-3。每 4 位二进制数表示一个十进制字符，这 4 位中各位的权依次是 8、4、2、1，因此称为 8421BCD 码。

表 1-3　8421BCD 码与十进制数的对应关系

十进制数	0	1	2	3	4	5	6	7	8	9
8421BCD 码	0000	0001	0010	0011	0100	0101	0110	0111	1000	1001

2. BCD 码的运算

由于 4 位二进制数最多可以表示 16 种状态，余下的 6 种未用码（1010、1011、1100、1101、1110、1111），在 BCD 码中称为非法码或冗余码。从表 1-3 中可以看出，1 位十进制数是逢十进位（借位）的，而 4 位二进制数是逢十六进位（借位）的，当计算结果有非法码或 BCD 码产生进位（借位）时，加法进行加 6 修正，减法进行减 6 修正。

例如：计算 26+5=31，若用 BCD 码运算　0010 0110（26）

+ 0000 0101（ 5）

得：　00010 1011 ————→（非法码，出错）

需进行十进制修正

0010 0110（26）

+ 0000 0101（ 5）

0010 1011 ————→（低 4 位大于 9，应进位）

+ 0000 0110 ————→（低 4 位加 6 使其进位）

0011 0001（31）————→（正确）

例如：计算 27–9=18，若用 BCD 码运算 0010 0111（27）

– 0000 1001（ 9）

0001 1110 ——→（非法码，出错，且低 4 位往高 4 位借了 16）

需进行十进制修正

0010 0111（27）

–0000 1001（ 9）

0001 1110 ——→（低 4 位往高 4 位借了 16）

–0000 0110 ——→（低 4 位减 6 修正）

0001 1000（18）——→（正确）

需要指出的是，BCD 码属于无符号数，其减法若出现被减数小于减数时，需向更高位借位，运算结果与十进制数不同。例如，十进制数：29–30=–1（有符号）；BCD 码：29–30=129–30=99（无符号）。

在单片机中，由专门的 BCD 码调整指令 DA 来完成 BCD 码的修正。

1.4.4 ASCII 码

由于计算机只能处理二进制数，因此除了数值本身需要用二进制数形式表示外，另一些要处理的信息（如字母、标点符号、数字符号、文字符号等）也必须用二进制数表示，即在计算机中需将这些信息代码化，以便于计算机识别、存储及处理。

目前，在微机系统中，世界各国普遍采用美国信息交换标准码——ASCII 码（American Standard Code for Information Interchange），见表 1-4，用 7 位二进制数表示一个字符的 ASCII 码值。

表 1-4 ASCII 码编码表

低 4 位 \ 高 3 位		0H	1H	2H	3H	4H	5H	6H	7H
		000	001	010	011	100	101	110	111
0H	0000	NUL	DLE	SP	0	@	P	、	p
1H	0001	SOH	DC1	!	1	A	Q	a	q
2H	0010	STX	DC2	“	2	B	R	b	r
3H	0011	ETX	DC3	#	3	C	S	c	s
4H	0100	EOT	DC4	$	4	D	T	d	t
5H	0101	ENQ	NAK	%	5	E	U	e	u
6H	0110	ACK	SYN	&	6	F	V	f	v
7H	0111	BEL	ETB	‘	7	G	W	g	w
8H	1000	BS	CAN	(	8	H	X	h	x
9H	1001	HT	EM	)	9	I	Y	i	y
AH	1010	LF	SUB	*	:	J	Z	j	z
BH	1011	VT	ESC	+	;	K	[	k	{
CH	1100	FF	FS	,	<	L	\	l	|
DH	1101	CR	GS	–	=	M	]	m	}
EH	1110	SO	RS	.	>	N	Ω①	n	～
FH	1111	SI	US	/	?	O	—②	o	DEL

注：①、②符号取决于使用这种代码的机器。其中①还可以表示“→”；②还可以表示“↑”。

由表1-4可知，7位二进制数能表达 2^7=128个字符，其中包括数码（0～9）、英文大写字母（A～Z）、英文小写字母（a～z）、特殊符号（!，？，@，#等）和控制字（NUL，BS，CR，SUB等）。7位ASCII码分成两组：高3位一组，低4位一组，分别表示这些符号的列序和行序。

在计算机系统中，存储单元的长度通常为8位二进制数，为了存取方便，规定一个存储单元存放一个ASCII码，其中低7位为字母本身的编码，第8位往往用作奇偶校验位或规定为零。因此，也可以认为ASCII码的长度为8位。

项目1 利用单片机控制LED

1. 项目概述

单片机广泛应用于工业与民用过程中，本项目是针对第一次接触单片机的同学而设计的，目标是让大家初步认识单片机的开发环境，学会建立工程文件夹、文件编辑、连接、下载与调试的方法，并实现一组受控的LED灯的点亮。

2. 应用环境

城市中闪烁的霓虹灯广告、工厂中电动机的顺序启动/停止以及设备指示灯控制等。

3. 实现过程

（1）硬件连接

本项目硬件装置的型号是DAIS-568H$^+$，打开实验箱，我们看到了密密麻麻的电子元件，让我们逐渐认识它们。这次所使用的端口资源是P1.0～P1.7，先按照图1-1所示原理图进行正确的导线连接，其中单片机是一块40个引脚的集成电路芯片，LED是发光二极管，R是限流电阻，供电电压为+5V。

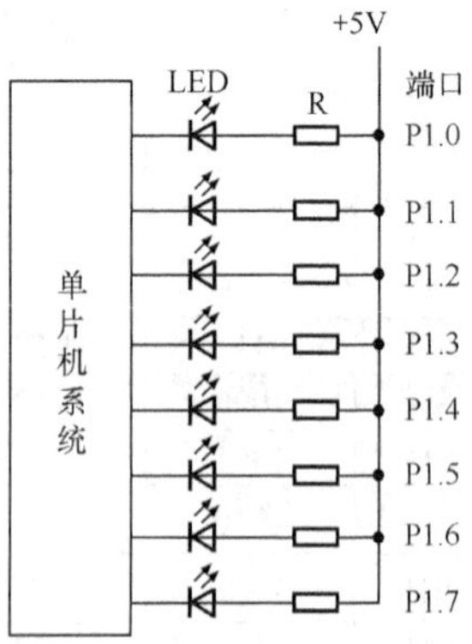

（2）文件操作

在C盘的DAIS目录下建立工程文件夹PRJ1，表示第一个项目，如果第一个项目有多个小题目，则建立PRJ1-1，PRJ1-2，PRJ1-3等，以后类同。

双击桌面上的快捷方式图标，正常情况下即可进入系统。如果不能进入，请检查通信电缆以及实验箱上的功能开关是否在正确的位置上。

新建文件，并根据要求输入源程序，默认以“ASM”文件为后缀。

图1-1 单片机与LED显示器接口原理图

选择单击编译→文件编译，实现连接过程。

选择单击编译→文件编译→连接→装载，如果没有语法错误，即显示文件装载成功，否则返回编辑状态继续查找错误。

选择单击调试→连续运行，看看 LED 灯是否符合逻辑要求，选择单击调试→复位键，可以终止程序的运行。

选择视图→调试窗口，右击选择混合方式，可以看到源程序和机器码的对照显示，把它们写下来，以便正确理解汇编语言助记符和可执行机器码的对应关系。

（3）软件流程

框图是表达软件思想的重要工具，它可以简洁、清晰和全面地表达软件的流程思想，特别是框图可以独立于任何软件之外，而且图标种类不多，这样对于算法的流程分析是非常方便的，从图 1-2 所示的软件流程图可以看出，这是 8 个 LED 指示灯循环点亮的过程。

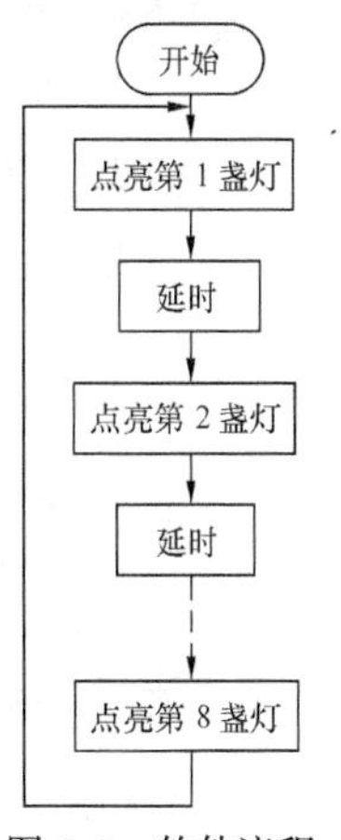

图 1-2　软件流程

（4）软件实现

该过程是用汇编语言来实现的，请注意汇编语言的书写格式，它由 4 部分组成，从左到右依次是：标号、操作码、操作数和注释，其中操作码是必须要有的，其他部分可以根据需要可有可无。前 3 部分应该在西文状态下输入，不区分大小写，注释部分以分号开始，可以写中文，也可以写英文，建议写上适当的注释，以便今后维护时容易看懂。

```
        ORG     0000H
        LJMP    LOOP
        ORG     0030H
LOOP：  MOV     P1，#11111110B      ；点亮第 1 盏灯
        ACALL   DEL                 ；延时
        MOV     P1，#11111101B      ；点亮第 2 盏灯
        ACALL   DEL
        MOV     P1，#11111011B
        ACALL   DEL
        MOV     P1，#11110111B
        ACALL   DEL
        MOV     P1，#11101111B
        ACALL   DEL
        MOV     P1，#11011111B
        ACALL   DEL
        MOV     P1，#10111111B
        ACALL   DEL
        MOV     P1，#01111111B
        ACALL   DEL
        MOV     P1，#00000000B      ；全亮
        ACALL   DEL
        MOV     P1，#11111111B      ；全灭
        ACALL   DEL
```

```
        SJMP    LOOP            ；循环工作
DEL：   MOV     R5，#6H         ；延时子程序
F3：    MOV     R6，#0FFH
F2：    MOV     R7，#0FFH
F1：    DJNZ    R7，F1
        DJNZ    R6，F2
        DJNZ    R5，F3
        RET
        END
```

4. 思考与讨论

（1）老师与同学之间讨论的问题

① 点亮一盏LED指示灯的最基本语句是什么？

② 为什么要建立工程文件？没有工程文件程序可以运行吗？

③ 写出指令对应的机器码，并说明助忆符与机器码之间的对应关系。

（2）同学与同学之间讨论问题，训练互相协作的能力

以下问题只是一个参考，鼓励同学之间提出不同的问题，老师可以适当地参与讨论并答疑解惑。

① 同学A提出的问题：要使P1.0端口的LED灯亮，其单片机应该输出逻辑“0”还是“1”？

② 同学B提出的问题：要使LED灯的循环速度加快或减慢，应该如何修改程序？

A和B两个同学互相提问，并做相应的回答，把这些内容记录下来然后写在作业本上。

思考与练习题

1.1 单片机确切的含义是什么？它有哪些主要特征？

1.2 MCS-51系列单片机各种芯片的配置有何不同？

1.3 为什么说单片机是典型的嵌入式系统？在我们身边有哪些设施应用了嵌入式控制技术？分析单片机在其中的作用。

1.4 简述单片机发展的历史和它的主要技术发展方向。

1.5 真值与码值有何区别？原码、反码、补码三者之间如何换算？

1.6 写出下列十进制数的原码和补码，并用十六进制数表示。

（1）+37　（2）-28　（3）+250　（4）-97

1.7 将下列二进制数转换成BCD码。

（1）11011011B　（2）00110101B　（3）00011010B　（4）10011110B

第2章 80C51系列单片机的硬件结构

【学习目标】

1. 理解单片机的内部结构、外部引脚
2. 理解存储器的基本知识及 80C51 系列单片机的存储系统
3. 理解并行 I/O 端口的工作原理
4. 了解 80C51 的各特殊功能寄存器
5. 理解单片机的 4 种工作方式

【重点内容】

1. 80C51 系列单片机的引脚
2. 80C51 系列单片机的存储空间配置
3. 80C51 系列单片机并行口的功能

2.1 80C51 系列单片机的基本结构

2.1.1 内部结构

80C51 系列单片机的类型很多，但其内部结构基本相同。本节介绍 Intel 公司生产的 80C51 系列单片机的片内结构，其框图如图 2-1 所示。

从图中可以看出，单片机集成了 CPU、ROM、RAM、定时/计数器和 I/O 口等基本功能部件，并由内部总线把这些部件连接在一起。

1. 1 个 8 位的 CPU

CPU 是单片机的主要核心部件，在 CPU 里面包含了运算器、控制器以及若干寄存器等部件。

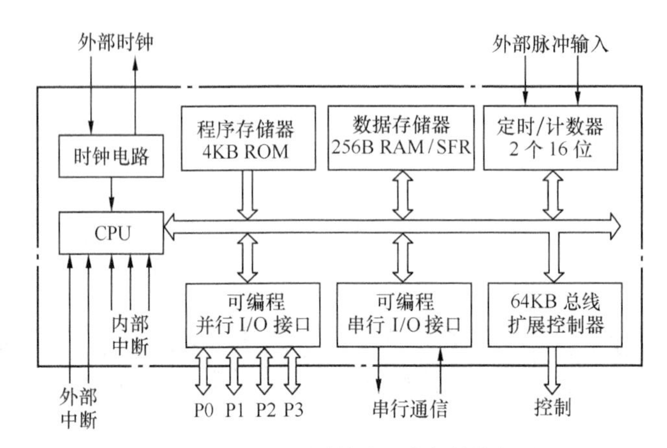

图 2-1 80C51 系列单片机内部结构框图

2. 1 个片内振荡器和时钟电路

为单片机产生时钟脉冲序列。

3. 程序存储器

4 KB 的掩膜 ROM，用于存放程序、原始数据或表格，因此被称为程序存储器，简称内部 ROM。地址范围为 0000H～0FFFH（4 KB）。

4. 数据存储器

分为高 128 B 和低 128 B，其中高 128 B 被特殊功能寄存器（SFR）占用，能作为数据存储单元供用户使用的只是低 128 B，用于存放可读写的数据。通常所说的内部 RAM 就是指低 128 B，简称内 RAM，其地址范围为 00H～7FH（128 B）。内 RAM 存储器有数据存储单元、通用工作寄存器、堆栈、位寻址区等空间。

5. 64KB 总线扩展控制器

可寻址 64 KB 外 ROM 和 64 KB 外 RAM 的控制电路，在单片机扩展外 ROM 和外 RAM 时，用来控制外 ROM 和外 RAM 的读写。

6. 4 个 8 位并行 I/O 口（P0、P1、P2、P3）

有 4×8 共 32 根 I/O 端线，以实现数据的输入、输出。

7. 1 个全双工串行接口

实现单片机和其他设备之间的串行数据传送。

8. 2 个 16 位的定时/计数器

实现定时或计数功能，并以其定时或计数结果对计算机进行控制。用作定时器时，对内部晶振频率的 12 分频计数；用作计数器时，对 P3.4（T0）或 P3.5（T1）端口的低电平脉冲计数。

9. 5 个中断源

其中外部中断 2 个，内部中断 3 个，全部中断可分为高级和低级两个优先级别，以满足不同控制应用的需要。

以上所有的器件都由内部总线连接在一起，内部总线是用于传送信息的公共途径，可以分为数据总线（DB）、地址总线（AB）和控制总线（CB）。采用总线结构，可以减少信息传输线的根数，提高系统的可靠性，增强系统的灵活性。

2.1.2 外部引脚功能

80C51 大都采用 40 引脚的双列直插式封装（DIP），其引脚示意及逻辑符号如图 2-2 所示。

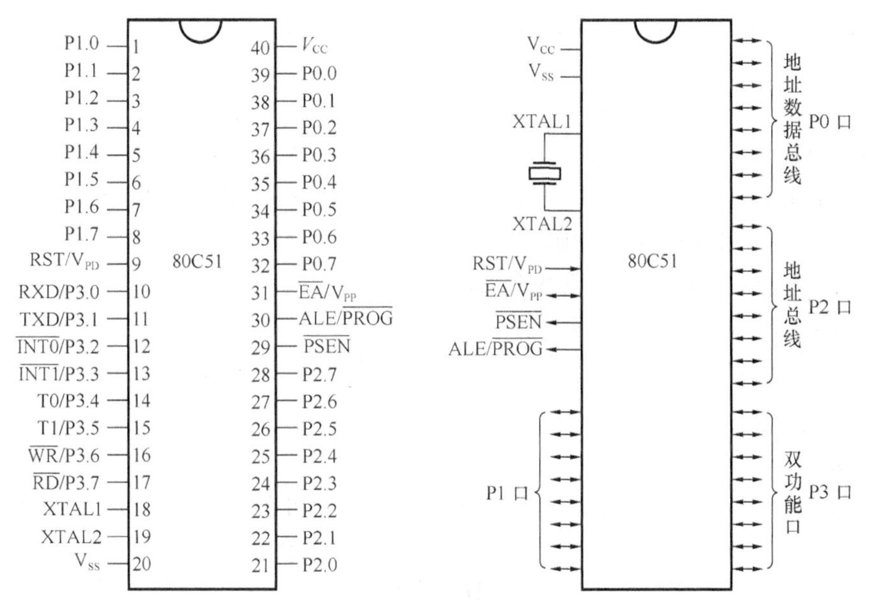

图 2-2 引脚及逻辑符号

40 个引脚大致可以分成 4 类：电源、时钟、控制和 I/O 口。下面是各引脚的简单说明，各引脚的具体功能和用法将在后续章节中详细介绍。

1. 电源引脚

用来接单片机的工作电源。

V_{CC}（40 脚）：芯片电源，接+5 V。

V_{SS}（20 脚）：接地。

2. 时钟电路引脚

XTAL1（18 脚）、XTAL2（19 脚）：晶体振荡电路反相输入端和输出端。

当 CPU 使用内部振荡电路时，XTAL1、XTAL2 外接石英晶体；当 CPU 使用外部振荡时，XTAL1 接外部时钟信号，XTAL2 悬空。

3. 控制线引脚

控制引脚共 4 根，其中 3 根是复用引脚，即有两种功能，书写的时候两种功能用斜线隔开，正常工作时使用斜线前的功能，在某种特殊情况下使用斜线后的功能。

① RST/V_{PD}（9 脚）：复位信号输入端/备用电源输入端。

该引脚在正常工作时，为复位信号输入端，实现单片机的复位操作；在 V_{CC} 掉电时，该引脚接备用电源，由 V_{PD} 为内 RAM 供电，以保证内 RAM 数据不丢失。

② $\overline{EA}$ / V_{PP}（31 脚）：内外 ROM 选择端/片内 EPROM 编程电源。

该引脚在正常工作时，使用 $\overline{EA}$ 功能，即内外 ROM 选择端。当 $\overline{EA}$ 保持高电平时，单片机访问的是内 ROM，只有当读取的存储器地址超过 0FFFH 时才自动读取外部 ROM；当 $\overline{EA}$ 接低电平时，CPU 只读取外部 ROM。8031 单片机内部没有 ROM，在应用 8031 单片机时，这一引脚必须接低电平。

对于片内有 EPROM 的芯片，在 EPROM 编程期间，施加编程电源 *V*pp，即在该引脚加烧写电压+21 V。

③ ALE/ $\overline{PROG}$（30 脚）：地址锁存允许端/片内 EPROM 编程脉冲输入端。

在系统扩展时，ALE 用于控制把 P0 口的输出低 8 位地址送锁存器锁存起来，以实现低位地址和数据的隔离。当系统没有进行扩展时，ALE 会以 1/6 振荡周期的固定频率输出，可以作为外部时钟，或者外部定时脉冲使用。

在 EPROM 编程期间，$\overline{PROG}$ 为编程脉冲的输入端。

④ $\overline{PSEN}$（29 脚）：外部 ROM 读选通信号。

在读外部 ROM 时 $\overline{PSEN}$ 低电平有效，以实现外部 ROM 单元的读操作。

4. I/O 引脚

I/O 端口又称为 I/O 接口或 I/O 通路，80C51 系列单片机有 P0、P1、P2、P3 4 个并行端口，每个端口都有 8 条端口线，共 32 个引脚，用于传送数据或地址信息。

I/O 口的结构和用法将在本章第 3 节中详细介绍。

2.2 80C51 系列单片机存储空间配置和功能

2.2.1 存储器的基本概念

存储器是计算机的重要组成部分，由大量缓冲寄存器组成，其用途是存放程序和数据，使计算机具有记忆功能。这些程序和数据在存储器中以二进制代码表示，根据计算机的命令，按照指定地址，可以把代码取出来或存入新代码。

1. 存储器的类型

存储器分为只读存储器（ROM）和随机存取存储器（RAM）及可现场改写的非易失性存储器。

（1）只读存储器（ROM）

这种存储器又称为程序存储器。一个微处理器执行某种任务，除了强大的硬件外，还需要运行程序，程序相当于给微处理器处理问题的一系列命令，一些固定程序设计好后就不允许修改了，设计人员编写的这些程序就存放在微处理器的只读存储器中。只读存储器在使用时，其内容只能读出而不能写入，断电后ROM中的信息不会丢失。ROM按存储信息的方法又可分为以下几种。

① 掩膜ROM。掩膜ROM也称固定ROM，它是由厂家编好程序写入ROM（固化）供用户使用，用户不能更改内部程序，其特点是价格便宜，此类单片机适合大批量使用。

② 可编程的只读存储器（PROM）。它的内容可由用户根据自己所编程序一次性写入，一旦写入，只能读出，而不能再进行更改，这类存储器现在也称为OTP（Only Time Programmable）。

③ 可改写的只读存储器EPROM。EPROM芯片带一个透明窗口，它的内容可以通过紫外线照射而彻底擦除，应用程序可通过专门的编程器重新写入。

④ 可电改写只读存储器（EEPROM）。EEPROM可用电的方法写入和清除其内容，其编程电压和清除电压均与微机CPU的5 V工作电压相同，不需另加电压。它既有与RAM一样的读写操作简便的优点，又有数据不会因掉电而丢失的优点，因而使用极为方便。

（2）随机存取存储器（RAM）

这种存储器又称为数据存储器。它不仅能读取存放在存储单元中的数据，还能随时写入新的数据，写入后原来的数据就丢失了。断电后RAM中的信息全部丢失。因此，RAM常用于存放经常要改变的程序或中间计算结果等信息。

RAM按照存储信息的方式，又可分为静态和动态两种。

① 静态SRAM。其特点是只要有电源加于存储器，数据就能长期保存。

② 动态 DRAM。写入的信息只能保存若干毫秒时间，因此，每隔一定时间必须重新写入一次，以保持原来的信息不变。

（3）可现场改写的非易失性存储器

这种存储器的特点是：从原理上看，它们属于ROM型存储器，从功能上看，它们可以随时改写信息，作用又相当于RAM。可见，ROM、RAM的定义和划分已逐渐失去意义。

① 快擦写存储器（FLASH）。这种存储器是在EPROM和EEPROM的制造基础上产生的一种非易失性存储器。其集成度高，制造成本低于DRAM，既具有SRAM读写的灵活性和较快的访问速度，又具有ROM在断电后可不丢失信息的特点，所以发展迅速。

② 铁电存储器FRAM。它是利用铁电材料极化方向来存储数据的。它的特点是集成度高、读写速度快、成本低、读写周期短。

2. 存储单元和存储单元地址

存储器是由大量寄存器组成的，其中每一个寄存器就称为一个存储单元。它可存放一个二进制代码。一个代码由若干位（bit）组成，代码的位数称为位长或字长。一般情况下，计算机中一个代码的位数和它的算术运算单元的位数是相同的。80C51系列单片机中算术单元是8位，则字长就是8位。在计算机中把一个8位的二进制代码称为一字节（Byte），常写为B。对于一个 8 位二进制代码的最低位称为第 0 位（位 0），最高位称为第 7 位（位 7）。存储器的大小也可称为存储器的容量，以字节（B）为单位，80C51 系列单片机内部有 4 KB 的程序存储器，也就是说 80C51 单片机的内部程序存储器可以存放 4×1024 字节。

在计算机中的存储器往往有成千上万个存储单元，为了使存入和取出不发生混淆，必须给每个存储单元一个唯一的固定编号，这个编号就称为存储单元的地址。为了减少存储器向外引出的地址线，在存储器内部都带有译码器。根据二进制编码、译码的原理，n 根导线可以译成 2^n 个地址号。例如，当地址线为 3 根时，可以译成 $2^3=8$ 个地址号；地址线为 8 根时，可以译成 $2^8=256$ 个地址号。依此类推，在 80C51 系列单片机中有 16 根地址线，也就是说在 80C51 系列单片机中有 $2^{16}=65\,536$ 个地址号，地址号的多少就是我们寻址范围的大小，也就是前面我们提到过的 80C51 系列单片机的寻址范围是 64 KB。在单片机中，存储单元的地址和存储单元内存放的内容都是以二进制数表示的，在学习时要注意不要混淆。

从上面的介绍可以看出，存储单元地址和这个存储单元的内容含义是不同的。如果把存储器比作一个旅馆，那么存储单元如同一个旅馆的每个房间；存储单元地址则相当于每个房间的房间号；存储单元内容（二进制代码）就相当于这个房间的房客。

3. 存储单元的读、写操作

有了存储单元的地址，就可以找到每个存储单元并对其进行读或写。但一个单片机系统可能包含多个存储器，这些存储器的地址线（地址总线）都是共用的，这就需要有一个存储器的控制电路，控制电路包括片选控制、读/写控制和带三态门的输入/输出缓冲电路。片选控制确定存储器芯片是否工作；读/写控制确定数据的传输方向；带三态门的输入/输出缓冲电路用于数据缓冲和防止总线上的数据竞争，即存储器的输出端口不仅能呈现“1”和“0”两种状态，还应该有第三种状态——高阻态。呈高阻态时，输出口相当于断开，对数据总线不起作用，也只有当其他器件呈高阻态，且存储器在片选允许和输出允许的情况下，才能将自己的数据输出到数据总线上。

（1）存储器的读过程

例如，将单片机外部 RAM 中 1000H 单元的内容 40H 读出的过程如下。

① CPU 产生片选信号选通该外部 RAM 并发出“读”信号，让外 RAM 允许数据送出。

② CPU 将地址码 1000H 送到地址总线上，经存储器地址译码器译码后选通地址为 1000H 的存储单元。

③ 存储器将 1000H 中的数据 40H 送到数据总线上。

④ CPU 将总线上的数据 40H 放入某一指定的寄存器。

对存储单元的读操作，不会破坏该单元原来的内容，只相当于数据的复制。

（2）存储器的写过程

例如，将 40H 写入外部 RAM1000H 单元的过程如下。

① CPU 产生片选信号选通该外部 RAM 并发出“写”信号，让外 RAM 允许数据写入。

② CPU 将地址码 1000H 送到地址总线上，经存储器地址译码器译码后选通地址为 1000H 的存储单元。

③ CPU 将数据 40H 送到数据总线上。

④ 存储器将总线上的数据 40H 写入地址为 1000H 的存储单元中。

对存储单元的写操作，要改变或刷新该单元原来的内容，相当于把原来的内容覆盖了。

4. 80C51 系列单片机存储空间配置

80C51 系列单片机在物理结构上有 4 个存储空间：片内程序存储器、片外程序存储器、片内数据存储器、片外数据存储器。但在逻辑上，即从用户的角度上，80C51 系列单片机只有 3 个存储空间：片内外统一编址的 64 KB 的程序存储器地址空间（MOVC 指令）、256 B 的片内数据存储器的地址空间（MOV 指令）以及 64 KB 片外数据存储器的地址空间（MOVX 指令），如图 2-3 所示。

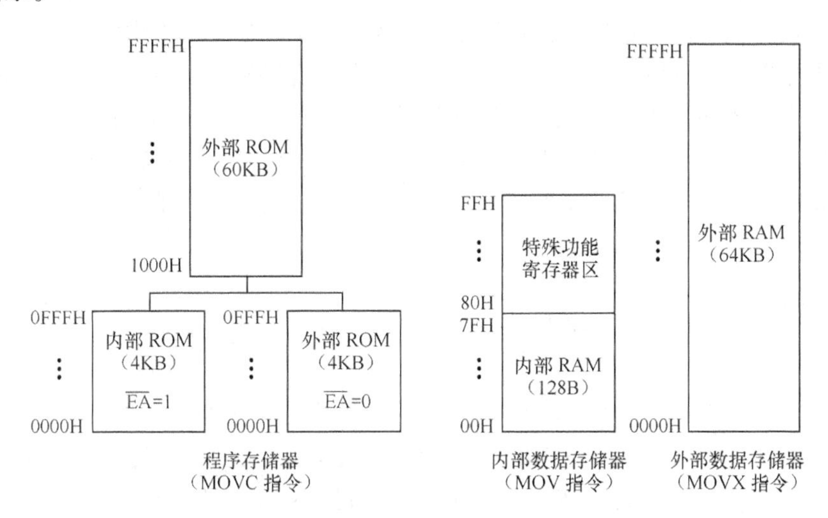

图 2-3　80C51 系列单片机存储空间配置图

在访问 3 个不同的逻辑空间时，采用不同形式的指令，以产生不同的存储器空间的选通信号。如图 2-3 所示，外 RAM 地址空间与 ROM 重叠，但不会引起混乱，访问 ROM 用 MOVC 指令，产生选通信号 $\overline{PSEN}$；访问外 RAM 用 MOVX 指令，产生选通信号 $\overline{RD}$ 或 $\overline{WR}$ 。

2.2.2　80C51 的程序存储器（ROM）

从图 2-3 可以看出，80C51 具有 64 KB 程序存储器寻址空间，其中，60 KB 在片外，地址范围为 1000H～FFFFH；低段 4KB ROM 因芯片而异，80C51、87C51 等在片内，在对于内部无 ROM 的 80C31 单片机，则在片外，地址范围为 0000H～0FFFH。无论片内还是在片外 ROM，地址空间是统一的，连续的。对于内部无 ROM 的 80C31 单片机，它的程序存储器必须外接，地址空间为 64 KB，此时单片机的 $\overline{EA}$ 端必须接地，强制 CPU 从外部程序存储器读取程序。对于内部有 ROM 的 80C51 等单片机，$\overline{EA}$ 应接高电平，使 CPU 先从内部的程序存储器中读取程序，当程序计数器 PC 值超过内部 ROM 的容量时，才会转向外部的程序存储器读取程序。

单片机启动复位后，程序计数器 PC 的内容为 0000H，所以系统将从 0000H 单元开始执行程序。但在程序存储中有两组特殊的单元，这在使用中应加以注意。

其中一组特殊单元是 0000H～0002H，系统复位后，PC 为 0000H，单片机从 0000H 单元开始执行程序，如果程序不是从 0000H 单元开始，则应在这 3 个单元中存放一条无条件转移指令，让 CPU 直接去执行用户指定的程序。

另一组特殊单元是 0003H～002AH，这 40 个单元各有用途，它们被均匀地分为 5 段，各段的定义如下。

0003H～000AH 外部中断 0 中断地址区。

000BH～0012H 定时/计数器 0 中断地址区。

0013H～001AH 外部中断 1 中断地址区。

001BH～0022H 定时/计数器 1 中断地址区。

0023H～002AH 串行中断地址区。

可见，以上的 40 个单元是专门用于存放中断处理程序的地址单元，中断响应后，按中断的类型，自动转到各自的中断区去执行程序。因此以上地址单元不能用于存放程序的其他内容，只能存放中断服务程序。从上面可以看出，每个中断服务程序存放空间只有 8 个字节单元，用 8 个字节来存放一个中断服务程序显然是不可能的。因此，通常情况下，我们在中断响应的地址区安放一条无条件转移指令，指向程序存储器的其他真正存放中断服务程序的空间去执行，这样，中断响应后，CPU 读到这条转移指令，便转向其他地方去继续执行中断服务程序。

2.2.3 80C51 的数据存储器（RAM）

数据存储器分为外 RAM 和内 RAM。80C51 片外最多可扩展 64 KB 的 RAM，内部有 256 B 的内 RAM，构成两个地址空间，访问片外 RAM 用“MOVX”指令，访问片内 RAM 用“MOV”指令。它们都是用于存放执行的中间结果和过程数据的。80C51 的 RAM 均可读写，部分单元还可以位寻址。本节主要介绍内 RAM，外 RAM 将在第 7 章单片机存储器扩展中详细讲解。

由图 2-3 可知，80C51 内 RAM 物理上分为两大区：地址为 00H～7FH（低 128 B）的内部数据存储空间和地址为 80H～FFH（高 128 B）的特殊功能寄存器区。这两个空间的地址是相连的，由于高 128 单元被特殊功能寄存器所占用，从用户角度而言，低 128 单元才是真正的数据存储器。

1. 80C51 片内数据存储空间（低 128B）

内 RAM 又可分为工作寄存器区、位寻址区、数据缓冲区。其地址划分如图 2-4 所示。

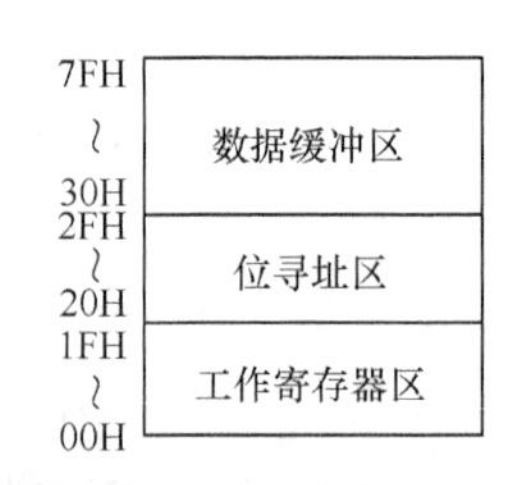

图 2-4 内 RAM 分区

（1）工作寄存器区（00H～1FH）

工作寄存器区又称为通用寄存器区，地址范围是 00H～1FH，共 32 个单元，被均匀地分为 4 组，每组包含 8 个 8 位寄存器，均以 R0～R7 来命名，这些寄存器为通用寄存器。程序中当前工作的寄存器只能是其中一组，其余各组不工作。由程序状态字寄存器（PSW）来管理 4 组工作寄存器，通过定义 PSW 的 D3 和 D4 位（RS0 和 RS1），即可选中这 4 组工作寄存器中的某一组，对应的编码关系见表 2-1。若程序中并不需要用 4 组，那么其余的可用作一般的数据缓冲器，CPU 在复位后，选中第 0 组工作寄存器。

工作寄存器是 80C51 系列单片机的重要寄存器，指令系统中有专门用于工作寄存器操作的指令，其读写速度要比一般的内 RAM 快，指令字节数要比一般的直接寻址指令短，另外工作寄存器中的 R0 和 R1 还具有间接寻址功能，给编程和应用带来方便。

表 2-1　　工作寄存器组选择表

RS1　RS0	组	R0	R1	R2	R3	R4	R5	R6	R7
0　0	0	00H	01H	02H	03H	04H	05H	06H	07H
0　1	1	08H	09H	0AH	0BH	0CH	0DH	0EH	0FH
1　0	2	10H	11H	12H	13H	14H	15H	16H	17H
1　1	3	18H	19H	1AH	1BH	1CH	1DH	1EH	1FH

（2）位寻址区（20H～2FH）

片内 RAM 的 20H～2FH 单元为位寻址区，共有 16 字节，128 位，每 1 位都有位地址，位地址范围为 00H～7FH，可对它们的每一位进行寻址。表 2-2 为位寻址区位地址映像表。

表 2-2　　位寻址区位地址映像表

字节地址	位地址							
	D7	D6	D5	D4	D3	D2	D1	D0
2FH	7FH	7EH	7DH	7CH	7BH	7AH	79H	78H
2EH	77H	76H	75H	74H	73H	72H	71H	70H
2DH	6FH	6EH	6DH	6CH	6BH	6AH	69H	68H
2CH	67H	66H	65H	64H	63H	62H	61H	60H
2BH	5FH	5EH	5DH	5CH	5BH	5AH	59H	58H
2AH	57H	56H	55H	54H	53H	52H	51H	50H
29H	4FH	4EH	4DH	4CH	4BH	4AH	49H	48H
28H	47H	46H	45H	44H	43H	42H	41H	40H
27H	3FH	3EH	3DH	3CH	3BH	3AH	39H	38H
26H	37H	36H	35H	34H	33H	32H	31H	30H
25H	2FH	2EH	2DH	2CH	2BH	2AH	29H	28H
24H	27H	26H	25H	24H	23H	22H	21H	20H
23H	1FH	1EH	1DH	1CH	1BH	1AH	19H	18H
22H	17H	16H	15H	14H	13H	12H	11H	10H
21H	0FH	0EH	0DH	0CH	0BH	0AH	09H	08H
20H	07H	06H	05H	04H	03H	02H	01H	00H

在 80C51 系列单片机中，ROM 和 RAM 均以字节为单位，每字节有 8 位，每位可容纳 1 位二进制数 1 或 0。但一般的 RAM 只有字节地址，操作时只能 8 位整体操作，不能按位单独操作。而位寻址区的 16 字节，不但有字节地址，而且每一字节中的每一位还有位地址，可以位操作，执行例如置 1、清零、求反、转移、传送等逻辑操作。所谓的 80C51 系列单片机具有布尔处理功能，其布尔处理的存储空间指的就是这些位寻址区。

（3）数据缓冲区（30H～7FH）

在片内 RAM 低 128 单元中，通用寄存器占去 32 个单元，位寻址区占去 16 个单元，剩下的 80 个单元就是供用户使用的一般 RAM 区了，地址范围为 30H～7FH。对这部分区域的使用不做任何规定和限制，但应说明的是，堆栈一般开辟在这个区域。

2. 特殊功能寄存器（高 128B）

特殊功能寄存器（Special Function Registers，SFR），又称为专用寄存器。80C51 系列单片机内的锁存器、定时/计数器、串行口以及各种控制寄存器、状态寄存器都以特殊功能寄存器的形式出现，用户编程时可以对它们进行设置，但不能作为他用。特殊功能寄存器离散地分布在内 ROM 的高 128B，地址范围为 80H～FFH。特殊功能寄存器名称、表示符、地址见表 2-3。

表 2-3　　特殊功能寄存器名称、表示符、地址一览表

寄存器名称	符号	字节地址	位名称/位地址							
			D7	D6	D5	D4	D3	D2	D1	D0
B 寄存器	B	F0H	F7H	F6H	F5H	F4H	F3H	F2H	F1H	F0H
累加器 A	Acc	E0H	Acc.7 E7H	Acc.6 E6H	Acc.5 E5H	Acc.4 E4H	Acc.3 E3H	Acc.2 E2H	Acc.1 E1H	Acc.0 E0H
程序状态字寄存器	PSW	D0H	Cy D7H	AC D6H	F0 D5H	RS1 D4H	RS0 D3H	OV D2H	F1 D1H	P D0H
中断优先级控制寄存器	IP	B8H	— BFH	— BEH	— BDH	PS BCH	PT1 BBH	PX1 BAH	PT0 B9H	PX0 B8H
P3 口锁存器	P3	B0H	P3.7 B7H	P3.6 B6H	P3.5 B5H	P3.4 B4H	P3.3 B3H	P3.2 B2H	P3.1 B1H	P3.0 B0H
中断允许控制寄存器	IE	A8H	EA AFH	— AEH	— ADH	ES ACH	ET1 ABH	EX1 AAH	ET0 A9H	EX0 A8H
P2 口锁存器	P2	A0H	P2.7 A7H	P2.6 A6H	P2.5 A5H	P2.4 A4H	P2.3 A3H	P2.2 A2H	P2.1 A1H	P2.0 A0H
串行口锁存器	SBUF	99H	—							
串行口控制寄存器	SCON	98H	SM0 9FH	SM1 9EH	SM2 9DH	REN 9CH	TB8 9BH	RB8 9AH	TI 99H	RI 98H
P1 口锁存器	P1	90H	P1.7 97H	P1.6 96H	P1.5 95H	P1.4 94H	P1.3 93H	P1.2 92H	P1.1 91H	P1.0 90H
定时/计数器 1（高 8 位）	TH1	8DH	—							
定时/计数器 0（高 8 位）	TH0	8CH	—							
定时/计数器 1（低 8 位）	TL1	8BH	—							
定时/计数器 0（低 8 位）	TL0	8AH	—							
定时/计数器方式选择	TMOD	89H	GATE	C/$\overline{T}$	M1	M0	GATE	C/$\overline{T}$	M1	M0
定时/计数器控制寄存器	TCON	88H	TF1 8FH	TR1 8EH	TF0 8DH	TR0 8CH	IE1 8BH	IT1 8AH	IE0 89H	IT0 88H
电源控制寄存器	PCON	87H	SMOD	—	—	—	GF1	GF0	PD	IDL
数据指针（高 8 位）	DPH	83H	—							
数据指针（低 8 位）	DPL	82H	—							
堆栈指针	SP	81H	—							
P0 口锁存器	P0	80H	P0.7 87H	P0.6 86H	P0.5 85H	P0.4 84H	P0.3 83H	P0.2 82H	P0.1 81H	P0.0 80H

由表 2-3 可知，共有 21 个特殊功能寄存器，其中字节地址末位是“0H”或“8H”的寄存器的每 1 位都有位地址，即可以进行位操作。下面对部分特殊功能寄存器先做介绍，其余部分将在后续有关章节中叙述。

（1）累加器 Acc

累加器 Acc 是 80C51 系列单片机中最常用的寄存器，所有的运算类指令都要使用它。累加器在指令中的助记符为 A，自身带有全零标志 Z，若 A = 0 则 Z = 1；若 A≠0 则 Z = 0。该标志常用作程序分支转移的判断条件。

（2）B 寄存器

80C51 中，在做乘、除法时必须使用 B 寄存器，不做乘、除法时，B 寄存器可作为一般的寄存器使用。

（3）程序状态字 PSW

程序状态字也可以称之为标志寄存器，存放 CPU 工作时的多种标志，借此，可以了解 CPU 的当前状态，并做出相应的处理，是一个非常重要的寄存器，其结构和定义见表 2-4。

表 2-4　程序状态字的结构和定义

位编号	PSW.7	PSW.6	PSW.5	PSW.4	PSW.3	PSW.2	PSW.1	PSW.0
位地址	D7	D6	D5	D4	D3	D2	D1	D0
位名称	CY	AC	F0	RS1	RS0	OV	F1	P

程序状态字 PSW 各位的用途如下。

CY：进位标志。在累加器 A 执行加、减法运算时，若最高位有进位或借位，则 CY 置 1，否则清零。在进行位操作时，CY 是位操作累加器。

AC：辅助进位标志。在累加器 A 执行加、减法运算时，若低半字节向高半字节有进位或借位，则 AC 置 1，否则清零。

F0、F1：用户标志位。开机时该 F0（F1）的内容为 0，用户可以根据需要设定其含义，对该位置 1 或清零。当 CPU 执行对 F0（F1）测试条件转移指令时，根据 F0（F1）的状态实现分支转移，相当于软开关。

RS1、RS0：工作寄存器组选择位。RS1、RS0 取值范围为 00B～11B，可分别选中工作寄存器组 0～3。

OV：溢出标志位。Acc 在有符号数算术运算中的溢出，若补码运算的运算结果有溢出则 OV=1；无溢出，则 OV = 0。

注意溢出和进位是两个不同的概念，进位是指无符号数运算时 Acc.7 向更高位的进位。溢出是指带符号数补码运算时，运算结果超出 8 位二进制数的补码表示范围+127～−128。OV 的状态可由 $OV=C7'\oplus C6'$求出，C7′为 Acc.7 向更高位的进位，C6′为 Acc.6 向 Acc.7 的进位。

P：奇偶校验位。表示 Acc 中二进制数 1 的个数的奇偶性。若为奇数，则 P=1，否则为 0。即 Acc 中有奇数个 1，P = 1；Acc 中有偶数个 1，P = 0。

（4）堆栈指针 SP

所谓堆栈是指用户在单片机的内 RAM 中构造出的一个区域，用于暂存一些特殊数据，如中断断口地址、子程序的断口地址、执行中断程序前需要保存的一些数据等，这个区域存放数据需符合“先进后出，后进先出”原则。利用堆栈可以简化数据读写的操作，这一点将在第 3

章指令系统中介绍。用户可以根据自己的需要来决定堆栈在内RAM中的位置，堆栈指针SP的内容可通过软件设置初值，单片机复位时SP＝07H。CPU每往堆栈中存放一个数，SP都会先自动加1，CPU每从堆栈中取走一个数，SP都会自动减1，SP始终指向堆栈最顶部的数据的地址。

（5）数据指针DPTR

DPTR分成DPL（低8位）和DPH（高8位）两个寄存器，用来存放16位地址值，以便用间接寻址或变址寻址的方式对外RAM或ROM内的数据进行操作，也可以作为通用寄存器来用。

3. 程序计数器PC

程序计数器PC是单片机CPU内一个物理结构独立的特殊寄存器，它不属于ROM、内RAM及特殊功能寄存器的范围。

用户程序是存放在ROM中的，要执行程序就要从ROM中一个个字节地读出来，然后到CPU中去执行，那么ROM具体执行到哪一条呢？PC的作用就是用来存放将要从ROM中读出的下一指令的地址，共16位，可对64KB ROM直接寻址。PC必须具备以下功能。

① 自动加1功能，即CPU从存储器中读出一个字节的指令码后，PC自动加1（指向下一个存储单元）。

② 执行转移指令时，PC能根据该指令的要求修改下一个指令的地址。

③ 在执行调用子程序或发生中断时，CPU会自动将当前PC值压入堆栈，将子程序或中断入口地址装入PC；子程序或中断返回时，恢复原压入堆栈的PC值，继续执行原顺序程序指令。

2.3 并行I/O端口

80C51系列单片机有P0、P1、P2、P3 4个8位的双向并行端口，每个I/O端口都有一个8位数据锁存器，数据锁存器与P0、P1、P2、P3同名，属于21个特殊功能寄存器，对应内部RAM地址分别为80H、90H、A0H、B0H，对I/O端口的控制就是对相应的锁存器的控制。访问并行I/O端口除了可以用字节地址访问外，还可以按位寻址。当单片机复位时，P0～P3锁存器的内容均为1。

P0～P3 4个并行口在结构和功能上各不相同，下面分别叙述各端口的结构、功能和使用方法。

2.3.1 P0口

图2-5所示是P0口其中1位的结构原理图，P0口由8个这样的电路组成。图中的锁存器起输出锁存作用；场效应管V1、V2组成输出驱动器；与门、非门、多路开关MUX构成控制电路。P0口有两种功能：通用输入/输出（I/O）口；地址/数据总线。

1. 通用输入/输出口

P0口作为通用输入/输出口使用时，相应的指令使CPU控制电平为0，有两个作用：封锁与门，使与门输出为 0，场效应管 V2 截止，输出级为开漏输出电路；多路开关接通 $\overline{Q}$。

P0 口作为通用输入/输出口使用时，有读引脚、读锁存器和输出 3 种工作方式。这 3 种工作方式由相应的指令区分。

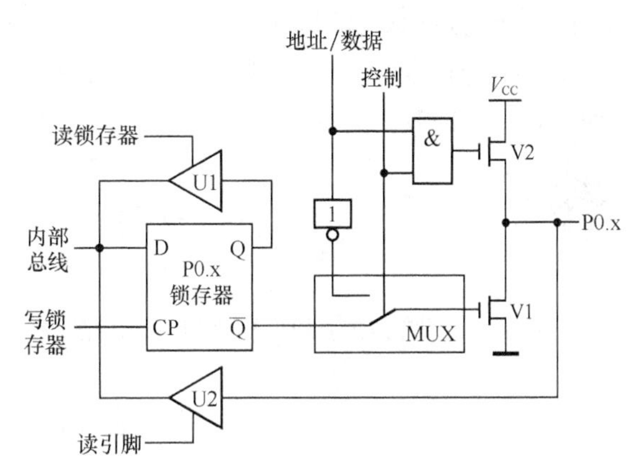

图 2-5 P0 口结构原理图

（1）读引脚工作方式

单片机在执行以 I/O 口为源操作数的指令时，一般使用的都是其读引脚功能，如 MOV A，P0。此时，三态门 U2 打开，P0.x 上的数据经三态门 U2 进入内部总线，并送到累加器 A，此时数据不经过锁存器，因此输入时无锁存功能。

当 P0 口执行读引脚操作时，必须保证场效应管 V1 截止。因为若 V1 导通，则从 P0 引脚上输入的信号被 V1 短路。为使场效应管 V1 截止，必须先用输出指令向锁存器写 1，使 $\overline{Q}$ 为 0，V1 截止。由于在输入操作时还必须附加这样一个准备动作，P0 被称为“准双向”I/O 口。向锁存器写 1，可用 MOV P0，#0FFH 或 ORL P0，#0FFH 指令。

（2）读锁存器工作方式

单片机有一些“读—修改—写”指令，简称“读—改—写”指令，例如 ANL、ORL、XRL、JBC、CPL、SETB 等指令，这类指令的执行过程是：先将端口的数据读入 CPU，在 ALU 中进行运算，运算结果再送回端口。执行这类指令时，CPU 直接读锁存器而不是读端口引脚。如 ORL P0，#0FFH 指令就属于“读—改—写”指令。

采用读锁存器的方法是因为从引脚上读出的数据不一定能真正反映锁存器的状态，例如，若用 P0.x 引脚直接驱动一个 NPN 晶体管的基极，当向此端口写 1 时，晶体管导通并把端口引脚的电平拉低，这时，CPU 若从此引脚读取数据，会把该数据 1 错读为 0；若直接从锁存器读取，则读出正确的数据。也就是说，锁存器状态取决于单片机企图输出什么电平，而引脚的状态则是引脚的实际电平。

（3）输出工作方式

当 P0 口执行输出指令时，如 MOV P0，A，CPU 发出写脉冲加在锁存器时钟端 CP，与内部数据总线相连的 D 端数据取反后出现在 $\overline{Q}$ 端，经 V1 反相后出现在 P0 引脚上。

在 P0 口作为输出工作方式时，由于 V2 截止，输出级处于开漏状态，要使 1 信号正常输出，必须外接上拉电阻，上拉电阻的阻值一般为 4.7 Ω～10 kΩ。

2. 地址/数据总线

在 CPU 访问外部存储器时，P0 口用作地址/数据分时复用功能。此时，相应的指令使控制电平为 1，多路开关 MUX 接通非门输出端和场效应管 V1，同时打开与门。

当 P0 口用作地址/数据总线输出时，地址/数据信号同时作用于与门和反相器，分别驱动 V2 和 V1，在引脚上得到相同的地址/数据信号。例如，若地址/数据信号为 1，则与门输出 1，V2 导通，同时反相器输出 0，V1 截止，引脚输出 1。若地址/数据信号为 0，则与门输出 0，V2 截止，同时反相器输出 1，V1 导通，引脚输出 0。

当P0口用作数据总线输入时，首先低8位地址信息出现在地址/数据总线上，P0.x引脚的状态与地址/数据总线的地址信息相同。然后，CPU自动地使转换开关MUX拨向锁存器，并向P0写入#0FFH，同时“读引脚”信号有效，此时CPU使V1、V2均截止，引脚上的数据经三态门U2进入内部数据总线。

地址线是8位一起自动输出的，不能逐位定义。

P0口的驱动能力为8个LSTTL门电路。

2.3.2 P1口

图2-6所示为P1口其中1位的结构原理图，与P0口相比，P1口的结构原理图中少了地址/数据传输电路和多路开关，场效应管V2改为上拉电阻R。因此P1口只能作为通用I/O使用，且在作I/O口使用时，无需外接上拉电阻。

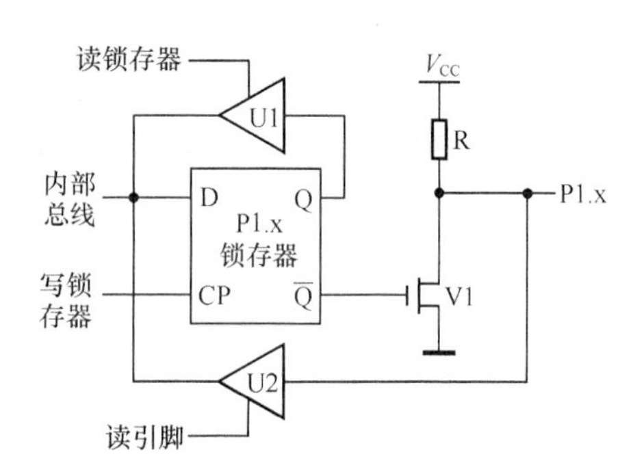

图2-6　P1口结构原理图

P1口作为通用I/O口的功能和使用方法与P0口相似。

① P1口作为通用I/O口使用，有读引脚、读锁存器和输出3种工作方式。

② P1口作为读引脚工作方式时，必须先向P1口写1，是准双向口。

③ P1口的驱动能力为4个LSTTL门电路。

2.3.3 P2口

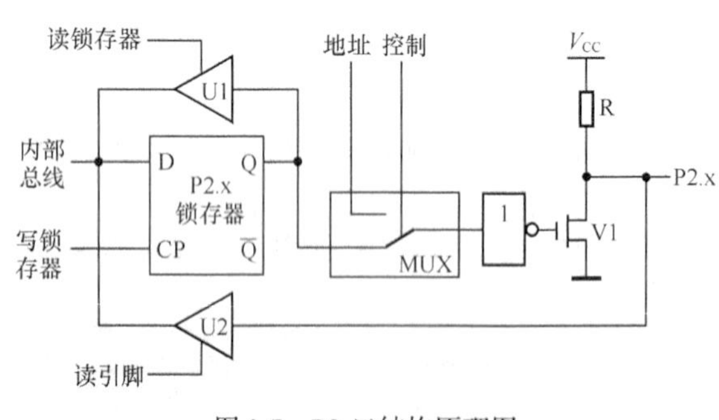

图2-7　P2口结构原理图

图2-7所示为P2口其中1位的结构原理图，P2口有两种功能：通用I/O口；地址总线高8位。因此，它的位结构比P1口多了一个多路开关MUX。

1. 通用I/O口

P2口作为通用I/O口使用时，多路开关接通Q。其功能与P1口相同。

2. 地址总线

在CPU访问外部存储器时，多路开关MUX接通“地址”，此时P2口输出地址总线的高8位，并与P0口输出的低地址一起构成16位的地址线，从而可以分别寻址64 KB的程序存储器或外部数据存储器，同样，地址线是8位一起自动输出的，不能逐位定义。

P2口的驱动能力为4个LSTTL门电路。

2.3.4 P3 口

图 2-8 所示为 P3 口其中 1 位的结构原理图，P3 口可用作通用 I/O 口，同时每一个引脚又有其第二功能。

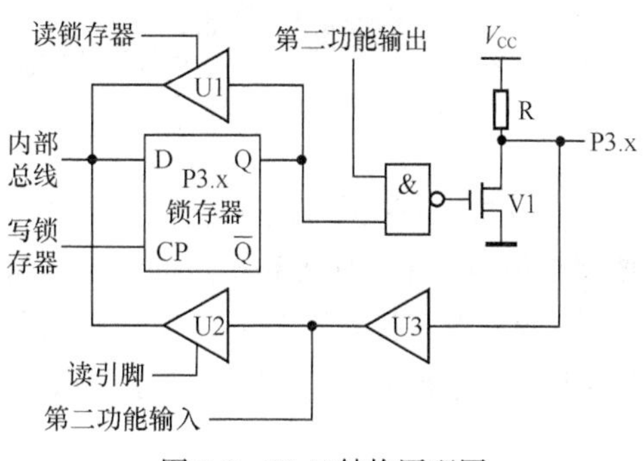

图 2-8 P3 口结构原理图

1. 通用 I/O 口

当 P3 口的第二功能都保持为高电平时，P3 口作为通用 I/O 口使用，其功能与 P1 口相同。

2. 第二功能

P3 口的每一根端口线都有第二功能，各位的功能见表 2-5。

表 2-5 P3 口的第二功能

端 口 线	第 二 功 能	信 号 名 称
P3.0	RXD	串行数据接收
P3.1	TXD	串行数据发送
P3.2	$\overline{INT0}$	外部中断 0 申请
P3.3	$\overline{INT1}$	外部中断 1 申请
P3.4	T0	定时/计数器 0 计数输入
P3.5	T1	定时/计数器 1 计数输入
P3.6	$\overline{WR}$	外部 RAM 写选通
P3.7	$\overline{RD}$	外部 RAM 读选通

当 P3 口的某 1 位作为第二功能输出使用时，CPU 将该位锁存器置 1，使与非门只受第二功能输出端控制，第二功能输出信号经与非门和 V1 二次反向后输出在该位的引脚上。

当 P3 口的某 1 位作为第二功能输入使用时，该位的“第二功能输出”端和锁存器自动置“1”，V1 截止，该位引脚上的信号经缓冲器 U3，送入第二功能输入端。

在应用中，P3 口的各位如不设定为第二功能，则自动处于通用 I/O 口功能，此时易采用位操作形式。

P3 口的负载能力也是 4 个 LSTTL 门电路。

综上所述，在应用 P0～P3 口时，要注意以下几点。

① 单片机复位时，P0～P3 中各位内容均为 1。

② P0～P3 都能作为 I/O 口使用，其中 P0 口输出时要加上拉电阻，而其余口可不加。

③ 在读 P0～P3 的引脚状态值时，需先向端口写 1。

④ 在并行扩展外存储器时，P0 口用于低 8 位地址/数据总线，P2 口用于高 8 位地址总线。

⑤ P0 口能驱动 8 个 LSTTL 门电路，而 P1、P2、P3 只能驱动 4 个。

⑥ P3 口常用于第二功能。

2.4 时钟电路及 CPU 时序

单片机执行指令的过程就是从 ROM 中取出指令一条一条地顺序执行，然后进行一系列的微操作控制，来完成各种指定的动作。这一系列微操作控制信号在时间上要有一个严格的先后次序，这种次序就是单片机的时序。时钟是时序的时间基础，单片机本身就如同一个复杂的同步时序电路，为了保证同步工作方式的实现，电路就要在唯一的时钟信号控制下按时序进行工作。

2.4.1 时钟电路

单片机的时钟可以在内部产生也可以外部引进，下面分别介绍。

1. 内部时钟信号的产生

在 80C51 单片机的内部有一个高增益的反相放大器，其输入端为引脚 XTAL1（18 脚），输出端为 XTAL2（19 脚），一般只需在外部接上两个微调电容和一个石英晶振，就能构成一个稳定的自激振荡器，如图 2-9 所示。振荡频率取决于石英晶体的振荡频率，范围可取 1.2～12 MHz，典型值取 6 MHz、12 MHz，C_1、C_2一般取瓷片电容或校正电容，起频率稳定、微调作用，一般取值 10～30 pF，在设计电路时，晶振和电容应尽可能地靠近芯片，以减小 PCB 板的分布电容，保证振荡器振荡工作的稳定性，提高系统的抗干扰能力。

2. 引入外部时钟信号

多片单片机组成的单片机系统中，为了保证各单片机之间时钟信号的同步，需引入唯一的公用的外部脉冲信号作为各单片机的振荡脉冲，此时应将 XTAL2 悬空不用，外部脉冲信号由 XTAL1 引入，如图 2-10 所示。

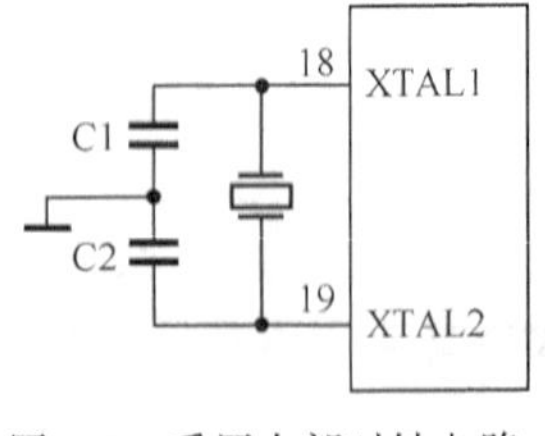

图 2-9 采用内部时钟电路

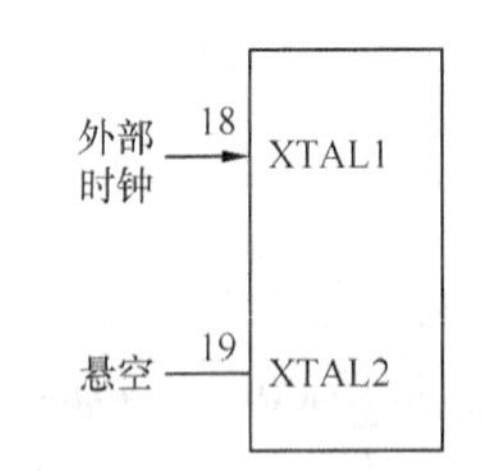

图 2-10 外部时钟引入

2.4.2 CPU 时序

1. 80C51 的时序单位

时序是用定时单位来描述的，MCS-51 的时序单位有 4 个，它们分别是时钟周期、状态周期、机器周期和指令周期，如图 2-11 所示，接下来分别加以说明。

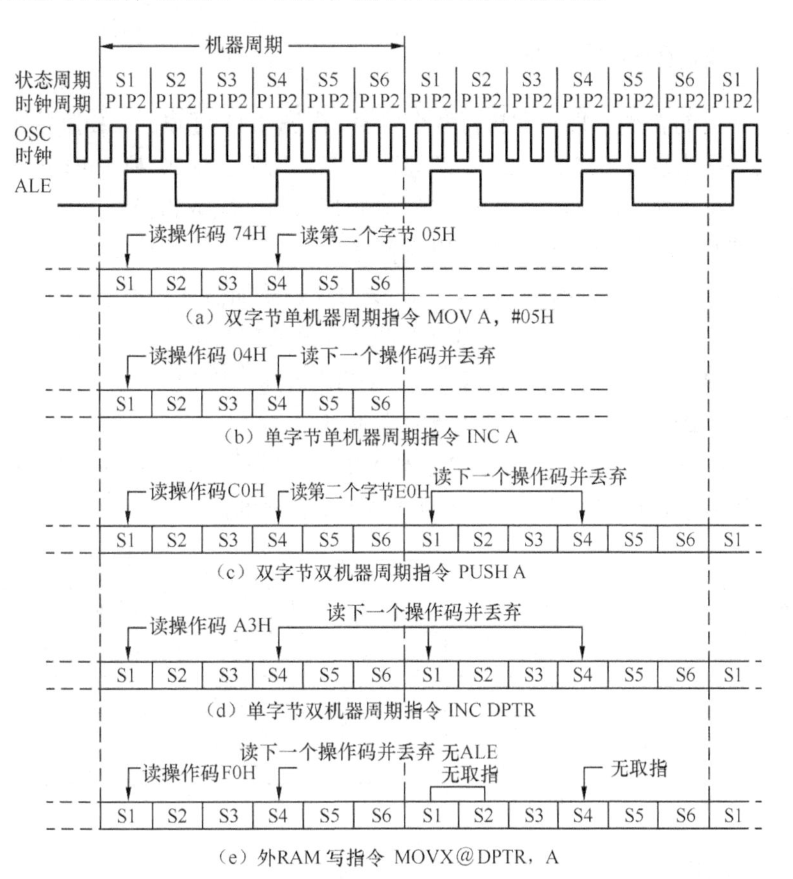

图 2-11 单片机取指/执行时序

(1) 时钟周期（振荡周期）P

为单片机提供定时信号的振荡源的周期（晶振周期或外加振荡源的周期），又被称为节拍或拍，用 P 表示。

(2) 状态周期 S

两个振荡周期为一个状态周期，用 S 表示，一个状态有两个节拍，前半周期对应的节拍定义为 P1，后半周期对应的节拍定义为 P2。

(3) 机器周期

80C51 系列单片机有固定的机器周期，规定一个机器周期含有 6 个状态，分别表示为 S1，S2，…，S6，而一个状态包含两个节拍，那么一个机器周期就有 12 个节拍，我们可以记为 S1P1，S1P2，…，S6P1，S6P2，一个机器周期共包含 12 个时钟周期，即机器周期就是振荡脉冲的 12 分频，若使用 6 MHz 的时钟频率，一个机器周期就是 2 μs，而如使用 12 MHz 的时钟频率，一个机器周期就是 1 μs。

(4) 指令周期

执行一条指令所需要的时间称为指令周期，指令周期以机器周期为单位，不同的指令按指令周期不同，分为单机器周期指令、双机器周期指令和四机器周期指令。注意：没有三机器周期指令。

80C51 共有 111 条指令，按照指令在存储空间中所占的长度不同，可分为 3 类：单字节指令、双字节指令和三字节指令。注意：没四字节指令。

2. CPU 的取指/执行时序

每一条指令的执行都包含取指和执行两个阶段，由图 2-11 可知，ALE 信号在一个机器周期内两次有效，第一次出现在 S1P2 和 S2P1 期间，第二次出现在 S4P2 和 S5P1 期间，有效宽度为一个状态周期 S。每出现一次 ALE 信号，CPU 就可以进行一次取指操作。

下面以一段程序为例说明 CPU 的取指/执行时序。

```
例：MOV     A,     #05H    ；将立即数 05H 送累加器 A
    INC     A              ；累加器 A 的内容加 1
    PUSH    A              ；累加器 A 的内容压入堆栈
    INC     DPTR           ；数据指针加 1
    MOVX    @DPTR，A        ；累加器 A 的内容送外 RAM 中某一单元保存。
```

表 2-6 是该段程序经汇编后的机器码及在 ROM 中存放的位置。

表 2-6　　汇编后机器码及在 ROM 中存放的位置

源　程　序	机　器　码	指 令 字 节	指 令 周 期	存 储 地 址
MOV　A，#05H	7405H	2	1	2000H
INC　A	04H	1	1	2002H
PUSH　A	C0E0H	2	2	2003H
INC　DPTR	A3H	1	2	2005H
MOVX　@DPTR，A	F0H	1	2	2006H

执行该程序时 PC 指向 2000H，下面是各指令的执行时序。

（1）双字节单机器周期指令 MOV　A，#05H

执行在第一个机器周期 S1P2 开始，操作码 74H 被读入指令寄存器，PC 加 1 后为 2001H；在 S4P2 时读入第二个字节 05H，PC 加 1 后为 2002H，如图 2-11（a）所示。

（2）单字节单机器周期指令 INC　A

第二个机器周期 S1P2 时，操作码 04H 被读入，PC 加 1 后为 2003H；在 S4P2 时读入下一个操作码 C0H 后丢弃，PC 不加 1，如图 2-11（b）所示。

（3）双字节双机器周期指令 PUSH　A

第三个机器周期 S1P2 时，操作码 C0H 被读入，PC 加 1 后为 2004H；在 S4P2 时读入第二个字节 E0H，PC 加 1 后为 2005H。在第四个机器周期时读入的操作码将被丢弃，且 PC 不加 1，如图 2-11（c）所示。

（4）单字节双机器周期指令 INC　DPTR

第五个机器周期 S1P2 时，操作码 A3H 被读入，PC 加 1 后为 2006H；在 S4P2 和第六个机器周期时读入的操作码将被丢弃，且 PC 不加 1，如图 2-11（d）所示。

（5）外 RAM 写指令 MOVX　@DPTR，A

在第七个机器周期 S1P2 时，操作码 F0H 被读入指令寄存器，PC 加 1 后为 2007H。在 S4P2 时读入的字节被丢弃。由 S5 开始送出外 RAM 的地址，随后是写操作，如图 2-11（e）所示。

该指令是一条对外 RAM 操作的指令，此类指令与一般的单字节双机器周期指令不同，执行这类指令时，前一机器周期的第二个 ALE 信号的下降沿用来锁存 P0 口送出的外 RAM 的低 8 位地址，后一机器周期的外 RAM 读/写期间，ALE 不输出有效信号，读/写操作结束后，有 ALE 但不产生取指操作。

学习单片机的一种有效方法是，必须熟知每一条程序的字节数，但不要求熟知每一条程序的机器周期数。

2.5 80C51 系列单片机的工作方式

80C51 系列单片机有 4 种工作方式：复位方式、程序执行方式、低功耗方式和内 ROM 编程及加密方式。

程序执行是单片机的基本工作方式，CPU 总是按照 PC 所指的地址从 ROM 中取指并执行。每取一个字节，PC 自动加 1，只有当调用子程序、中断或执行转移指令时，PC 会相应产生新地址，CPU 仍然按照 PC 所指的地址取指并执行。

单片机的编程与加密由专门的编程器或烧录器来完成，类似的产品有很多，功能也不尽相同，用户只需了解其使用方法即可。

2.5.1 复 位 方 式

单片机执行程序时总是从地址 0000H 开始的，所以在进入系统时必须对 CPU 进行复位。另外，由于程序运行中的错误或操作失误使系统处于死锁状态时，为了摆脱这种状态，也需要进行复位。

1. 复位条件

单片机复位靠外部电路实现，只要在单片机复位（RST）引脚（9 脚）上加一个持续时间为两个机器周期的高电平即可。例如，若单片机的时钟频率为 12 MHz，则机器周期为 1 μs，那么需要持续 2 μs 以上的时间；若单片机的时钟频率为 6 MHz，则机器周期为 2 μs，那么需要持续 4 μs 以上的时间。

2. 复位电路

常用的复位操作有上电自动复位、按键复位及专用芯片复位 3 种方法。

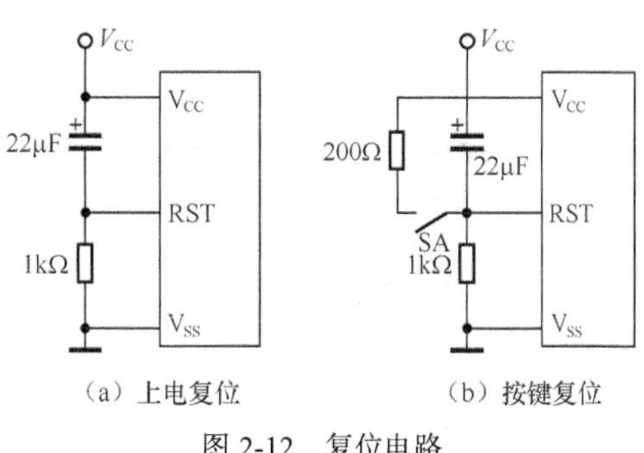

图 2-12 复位电路

上电自动复位是通过外部复位电路的电容充电来实现的，如图 2-12（a）所示。当电源接通瞬间，电容 C 对下拉电阻开始充电，由于电容两边的电压不能突变，所以 RST 端维持高电平，只要时间大于两个机器周期，就可以实现对单片机的自动上电复位，即接通电源就完成了系统的初始化。在实际的工程应用中，如果没有特殊要求，一般都采用这种复位方式。

按键复位的电路如图 2-12（b）所示，只需在上电复位电路的基础上加一个常开按钮，若要复位，只需按下 SA。这种电路一般用在需要经常复位的系统中。

专用芯片复位，例如 X25045、MAX813L、MAX810 等芯片，不但能完成对单片机的自动复位功能，而且还有管理电源、用作外部存储器等作用。此种复位方法通常用于要求比较高的系统中。

3. 复位后内部寄存器状态

80C51 系列单片机复位期间不产生 ALE 及 PSEN 信号，同时片内各寄存器进入表 2-7 所示状态。

表 2-7　复位后内部寄存器状态

寄存器名称	复位时的内容	寄存器名称	复位时的内容
PC	0000H	TMOD	00H
ACC	00H	TCON	00H
B	00H	TL0	00H
PSW	00H	TH0	00H
SP	07H	TL1	00H
DPTR	0000H	TH1	00H
P0～P3	FFH	SCON	00H
IP	×××00000B	SBUF	不定
IE	0××00000B	PCON	0×××0000B

注：“×”表示无关位，是一个随机数。

2.5.2 低功耗方式

在以电池供电的系统中，有时为了降低电池的功耗，在程序不运行时就要采用低功耗方式，低功耗方式有两种：待机（休闲）方式和掉电方式。掉电方式时电流约为 75 μA。

低功耗方式由电源控制寄存器 PCON 来控制。PCON 字节地址为 87H，不能位寻址，其每一位的定义见表 2-8。

表 2-8　PCON 每一位定义

D7	D6	D5	D4	D3	D2	D1	D0
SMOD	—	—	—	GF1	GF0	PD	IDL

SMOD：波特率倍增位，在串行通信时用。

GF1：通用标志位 1。

GF0：通用标志位 0。

PD：掉电方式控制位，PD=1，进入掉电方式。

IDL：为待机方式位，IDL=1，进入待机方式。

1. 待机方式

（1）进入待机方式

若使用指令使 PCON 寄存器的 IDL=1，则进入待机工作方式。此时 CPU 停止工作，但时钟信号仍提供给 RAM、定时器、中断系统和串行口；ALE、PSEN 保持逻辑高电平；堆栈指针 SP，程序计数器 PC，程序状态字 PSW，累加器 Acc 以及全部的通用寄存器的内容都保持不变；单片机的消耗电流从 20 mA 左右降为 5 mA 左右。

（2）退出待机方式

退出待机方式可以采用引入中断的方法，任一中断请求被响应都可使 IDL 清零，从而退出待机方式。

2. 掉电方式

（1）进入掉电方式

若使用指令使 PCON 寄存器的 PD=1，则进入掉电工作方式，此时片内振荡器停振，单片机的一切工作都停止，仅保存内部 RAM 的数据。程序可以设计为在检测到电源发生故障但尚能正常工作时将数据保存并置 PD=1，进入掉电方式。掉电方式下电源电压可以降到 2 V，耗电仅 50 μA。

（2）退出掉电方式

退出掉电工作方式的唯一方法是硬件复位，不过应在电源电压恢复到正常值后再进行复位，复位后片内 RAM 数据不变，特殊功能寄存器的内容按复位状态初始化。

项目 2 输入/输出信号控制

1. 项目概述

单片机除了能够输出事先规定好的信号形式之外，还可以实现按键控制式的信号输出，这使得单片机的应用更加广泛，这时，我们可以把单片机看成一个具有输入/输出通道的控制系统，在这里，键盘是信号输入，LED 灯是信号输出，按下不同的按钮就会产生不同的信号输出。

当我们从卫生间出来，用手拧开水龙头接水洗手，洗完后，再用手把水龙头关上，殊不知，在我们用手关水龙头时，我们的手又被弄脏了，因为公共卫生间的水龙头上有许多细菌。怎样才能既洗手，又不会在关水时弄脏手呢？这里，我们可以利用单片机的输入/输出系统实现一个伸手出水，抽手关水的控制装置，当然，这里的输入信号可以采用非接触式的光电传感器，推而广之，公交车上的语音报站器也是用类似的方法实现的。

2. 应用环境

水龙头伸手出水控制、公共汽车按键式语音报站装置和多路控制开关等。

3. 实现过程

（1）硬件连接

按照图 2-13 所示进行正确的导线连接，在这里，信号输入端口定义为：P3.2～P3.5，共 4 个。开关采用的是钮子开关，请注意，在程序运行前将钮子开关置于关的位置，程序运行时，根据需要合上某个开关才能实现规定的某个功能。例如伸手出水和抽手关水中开关的用法：拨上/拨下相当于伸手/抽手，当伸手时LED灯亮了，表示水龙头出水了，经过适当的延时后LED灯熄灭，表示关水了。其他报站开关的用法也有相似之处，不同的报站开关用不同的LED灯的组合输出来实现。输出端口定义为P1.0～P1.7。

（2）文件操作

本项目中一个重要的方法是工程文件夹的建立和使用：在C盘的DAIS目录下建立工程文件夹PRJ2，表示第二个项目。同时注意，在建立汇编语言等文件时，最好不要使用汉字文件名，而且文件名的字符数不要超过8个，否则会出现异常情况，注意生成目标代码和下载成功等信息的识别。

（3）软件流程

图2-14所示是一个循环按键扫描—执行程序流程图，其中的初始化P3端口表示首先将其设置为高电平，这样当有按键输入时可以确保端口得到一个低电平。菱形框表示的是按键判断，从P3.2依次判断到P3.5，如果在此过程中没有键按下，则继续上述扫描，如果有键按下，则执行相应的程序段。例如，报站任务1、2、3或伸手出水等，执行完这些任务后，继续进入P3.2～P3.5的按键循环，显然，这是一个只有开始，没有结束的流程图。P3是单片机的资源，它是8位二进制的，其分布形态为P3.0～P3.7，这里只使用了P3.2～P3.5的4个二进制位。

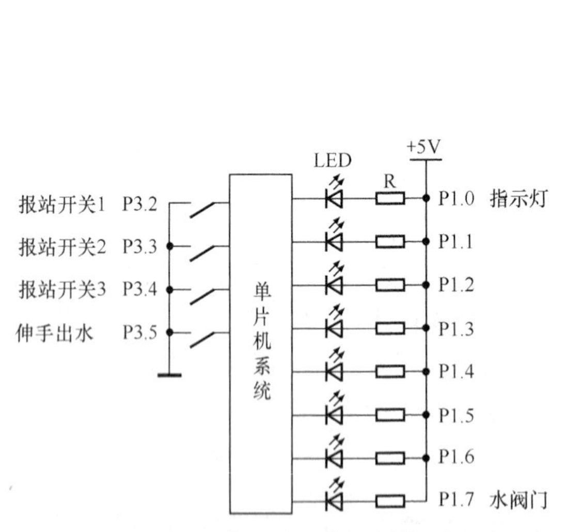

图2-13 单片机输入/输出信号连接原理图

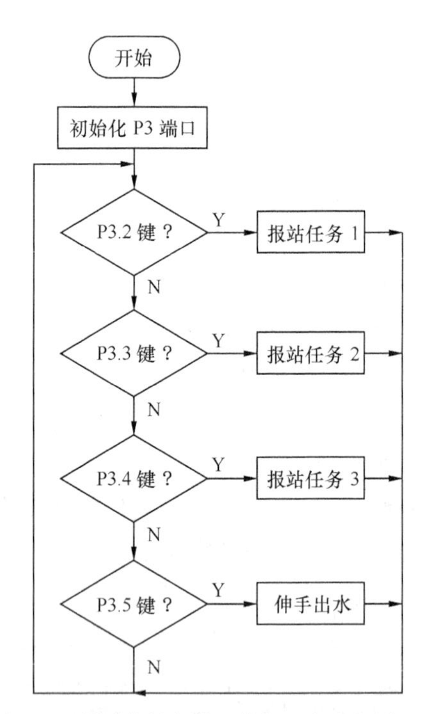

图2-14 循环按键扫描—执行程序流程图

（4）软件实现

该程序的开始地址是0000H，之后通过SJMP语句将程序引向0030H，显然，在地址段0000H和0030H之间除了SJMP本身的两个字节机器码之外，其他地方是没有安排机器指令的。从表面上看这似乎是在浪费存储空间，其实不然，这段区域通常是用来存放单片机的5个中断向量入口地址的，本项目中虽然没有中断向量地址的安排，但是这段地址还是要空出来，以便需要时插入中断向量地址，因此我们称这段存储区是敏感地址，必须要避开。另外，这里还要注意由 BEGIN 开始的键盘扫描的实现方法，JNB 指令是一种判断低电平的位控指令；标号为 MODE1～MODE4 是 4 个任务的入口地址，并通过 ACALL 指令将其引入相应的程序段，程序执行完毕后又通过转移指令将其引入 BEGIN 循环中，我们称这个过程是闭环的；标号为 DELAY 的是一段延时子程序，改变其中的某些参数可以得到不同的延时效果。

```
        ORG    0000H
        SJMP   START
        ORG    0030H                   ；避开敏感地址
START：  MOV    P3，    #0FFH           ；初始化，P3 口置高，重要概念
        MOV    P1，    #11111110B      ；准备就绪，系统正常的标志
BEGIN：  JNB    P3.2，  MODE1           ；判断 1，注意：按下为 0
        JNB    P3.3，  MODE2           ；判断 2
        JNB    P3.4，  MODE3           ；判断 3
        JNB    P3.5，  MODE4           ；伸手出水
        SJMP   BEGIN                   ；循环检测
MODE1：  ACALL  LEFT4                   ；显示方式 1
        SJMP   BEGIN
MODE2：  ACALL  RIGHT4                  ；显示方式 2
        SJMP   BEGIN
MODE3：  ACALL  CIRCLE                  ；显示方式 3
        SJMP   BEGIN
MODE4：  ACALL  WATER                   ；显示方式 4
        SJMP   BEGIN
DELAY：  MOV    R5，    #012H           ；延时子程序
   F3：  MOV    R6，    #0FFH
   F2：  MOV    R7，    #0FFH
   F1：  DJNZ   R7，    F1
        DJNZ   R6，    F2
        DJNZ   R5，    F3
        RET                            ；返回
WATER：  MOV    P1，    #01111111B      ；模拟伸手出水子程序
        ACALL  DELAY
        MOV    P1，    #11111111B
        RET                            ；返回
CIRCLE： MOV    P1，    #11111100B      ；双灯循环显示子程序
        CALL   DELAY
        MOV    P1，    #11110011B
        CALL   DELAY
        MOV    P1，    #11001111B
        ACALL  DELAY
```

```
        MOV     P1,     #00111111B
        ACALL   DELAY
        MOV     P1,     #01111110B
        RET
LEFT4:  MOV     P1,     #00001111B
        RET
RIGHT4: MOV     P1,     #11110000B
        RET                             ；返回
        END
```

4. 思考与讨论

（1）老师与同学之间讨论的问题

① 如果把控制回路由目前的4个增加到6个，如何修改程序？

② 为什么在执行按键操作之前要对P3口初始化？不进行初始化可以吗？

③ 本项目中使用了几个子程序？子程序的特点是什么？

（2）同学与同学之间讨论问题，训练倾听和协作的能力

以下问题只是一个参考，鼓励同学之间提出不同的问题，老师可以适当地参与讨论并答疑解惑。

① 同学A提出的问题：如何从单片机专用键盘上启动用户程序？

② 同学B提出的问题：如何确认单片机与计算机已经正确连接？

A和B两个同学互相提问并做相应的回答，把这些内容记录下来然后写在作业本上。

思考与练习题

2.1 80C51系列单片机片内总体结构的9个部件分别是什么？起什么作用？

2.2 51单片机的$\overline{EA}$引脚有何功能？在使用80C31时，$\overline{EA}$引脚应如何处理？

2.3 80C51系列单片机的存储空间从逻辑上可分为哪几个部分？各部分的作用是什么？

2.4 80C51系列单片机内RAM区功能结构如何分配？4组工作寄存器使用时如何选择？位寻址区的字节范围是多少？

2.5 位地址20H和字节地址20H有何区别？位地址20H具体在内RAM中什么位置？

2.6 80C51系列单片机有4个8位并行口，实际应用中16位地址线是怎样形成的？

2.7 P3口有哪些第二功能？实际应用中第二功能是怎样分配的？

2.8 复位的作用是什么？使单片机复位有哪几种方法？复位后PC和SP的初始值为何？

第3章

80C51 系列单片机指令系统

【学习目标】

1. 理解 80C51 软件指令系统
2. 理解 80C51 指令的格式
3. 理解寻址方式的概念
4. 掌握指令系统语言

【重点内容】

1. 寻址方式
2. 常用指令语言的功能及应用

指令系统表现出的是一套控制计算机执行操作的编码，通常称为机器语言，机器语言指令是计算机唯一能识别和执行的指令。为了容易理解、便于记忆和使用，通常使用汇编语言指令（符号指令）和高级语言来描述计算机的指令系统。汇编语言指令需通过汇编程序或人工的方法汇编成机器能识别和执行的机器语言指令，高级语言需要经过编译或解释成机器能识别和执行的机器语言指令。

3.1 80C51 系列单片机指令系统概述

3.1.1 概 述

指令是使计算机完成某种操作的命令。计算机能够执行的全部操作所对应的指令集合，称为指令系统。从指令反映计算机内部的操作来看，指令系统全面展示出了计算机的操作功能，也就是它的工作原理；从用户使用的角度看，指令系统是提供用户使用计算机功能的软件资源。

指令一般有功能、时间和空间 3 种属性。功能属性是指每条指令所对应一个特定的操作功能；时间属性是指一条指令执行所用的时间，一般用机器周期来表示；空间属性是指一条指令在程序存储器中存储所占用的字节数。

3.1.2 指令格式

在结构上，每条指令通常由操作码和操作数两部分组成。操作码表示计算机执行该指令将进行何种操作；操作数表示参加操作的数的本身或操作数所在的地址。MCS-51 单片机的汇编语言指令有如下格式。

[标号：]操作码[操作数 1]，[操作数 2]，[操作数 3]；注释

整个语句必须在一行之内写完。

1. 标号：指令的符号地址

① 标号不属于指令的必需部分，根据需要设置。用于一段功能程序的识别标记或控制转移地址。

② 指令前的标号代表该指令的地址，是用符号表示的地址。一般用英文字母和数字组成，但不能用指令助记符、伪指令、特殊功能寄存器名、位定义名和 80C51 在指令系统中用的符号“#”“@”等，长度以 2～6 个字符为宜，第一个字符必须是英文字母。

③ 标号必须用冒号“:”与操作码分隔。

2. 操作码：表示指令的操作功能

① 操作码用助记符表示，它代表了指令的操作功能。

② 操作码是指令的必需部分，是指令的核心，不可缺少。

3. 操作数：参加操作的数据或数据地址

① 操作数可以是数据，也可以是数据的地址（包括数据所在的寄存器名），还可以是数据地址的地址或操作数的其他信息。

② 操作数可分为目的操作数和源操作数，源操作数是参加操作的原始数据或数据地址，目的操作数是操作后结果数据的存放单元地址。目的操作数写在前面，源操作数写在后面。

③ 操作数可用二进制数、十进制数或十六进制数表示。

④ 根据不同的指令，可以有 1 个、2 个、3 个或根本没有操作数。

⑤ 操作数与操作码之间用空格分隔，操作数与操作数之间用逗号“,”分隔。

4. 注释：指令功能说明

① 注释属于非必需项，可有可无，是为了便于阅读而对指令功能做的说明和注解。

② 注释必须以“;”开始。例如，AA：ADD　A，#10H；将累加器 A 的内容与 10H 相加，结果存入累加器 A。AA 为标号，是这条指令的标志，其值是该条指令的首地址；ADD 为操作码，说明要进行加法运算；目的操作数为累加器 A，源操作数为#10H；“;”后面为注释部分。

3.1.3 指 令 分 类

80C51 共有 111 条指令。

1. 按指令长度分类

可分为 1 字节、2 字节和 3 字节指令。其格式如图 3-1 所示。

1 字节：	操作码		
2 字节：	操作码	数据或寻址方式	
3 字节：	操作码	数据或寻址方式	数据或寻址方式

图 3-1 按指令长度分类的格式

2. 按指令执行时间分类

可分为 1 机器周期、2 机器周期和 4 机器周期指令。这里要注意，指令执行时间和指令长度是两个完全不同的概念，前者表示执行一条指令所用的时间，后者表示一条指令在 ROM 中所占的存储空间。

3. 按指令功能分类

可分为数据传送类、算术运算类、逻辑运算类、位操作类和控制转移类指令 5 大类。

① 数据传送类指令，共 29 条，分为片内 RAM、片外 RAM、ROM 的传送指令，堆栈操作及数据交换指令。

② 算术运算类指令，共 24 条，分为加、减、乘、除、加 1、减 1 及十进制调整指令。

③ 逻辑运算类指令，共 24 条，分为逻辑“与”“或”“异或”“非”及移位指令。

④ 位操作类指令，共 12 条，分为位传送、置位、清零及位逻辑运算指令。

⑤ 控制转移类指令，共 22 条，分为无条件转移、条件转移、子程序调用和返回指令。

3.1.4 操作数的类型

计算机在工作过程中，主要是对数据的处理，即对操作数的处理，先看操作数的类型，再讨论寻址方式。

操作数的类型有 3 种：立即数、寄存器操作数、存储器操作数。

1. 立即数

立即数作为指令代码的一部分出现在指令中，通常作为源操作数使用。在汇编指令中，立即数可以用二进制、十六进制或十进制等数制形式表示，也可以写成一个可求出确定值的表达式来表示。

2. 寄存器操作数

寄存器操作数是把操作数存放在寄存器中，即用寄存器存放源操作数或目的操作数。通常在指令中，给出寄存器的名称，在双操作数指令中，寄存器操作数可以作为源操作数，也可以作为目的操作数。

3. 存储器操作数

存储器操作数是把操作数放在存储器中，因此在汇编指令中给出的是存储器的地址。

3.1.5 指令系统中的常用符号

为便于后面学习，先对描述指令的一些符号的意义进行说明。

1.

立即数符，80C51 指令系统中，数据和地址均用数据表示，为便于区别，用“#”号表示数据（立即数）。“#”号是立即数的标记，凡数据前有“#”，代表该数为立即数；若数据前无“#”，则该数据表示存储器的地址。

#data：8 位立即数；#data16：16 位立即数。

例：#12H 表示 8 位立即数 12H，无“#”号的 12H 表示 8 位地址。

#1234H 表示 16 位立即数 1234H，无“#”号的 1234H 表示 16 位地址。

2. direct

8 位片内数据存储单元地址。它可以是一个内部数据 RAM 单元（00H～7FH）或一个专用寄存器地址（即 I/O 接口、控制寄存器、状态寄存器等）(80H～FFH)。

3. Rn

现行选定的工作寄存器区中 8 个寄存器 R0～R7（n=0～7）。

4. @Ri

通过寄存器 R1 或 R0 间接寻址的 8 位片内数据 RAM 单元（00H～FFH），i=0、1。

80C51 指令系统中，有 Ri 与 Rn 之分，Ri 与 Rn 都是工作寄存器，i=0、1，n=0～7，@Ri 可以间接寻址。即 R0～R7 中只有@R0、@R1 可以间接寻址。

5. addr11

11 位目的地址。用于 ACALL 和 AJMP 指令，转至下一条指令第一字节所在的同一个 2KB 程序存储器地址空间内。即可在下条指令地址所在的同一 2KB ROM 范围内调用或转移。

addr16 是 16 位目的地址。用于 LCALL 和 LJMP 指令，可指向 64KB 程序存储器（ROM）地址空间的任何地方。

6. rel

带符号的 8 位偏移量，用补码表示。用于 SJMP 和所有条件转移指令中。其转移范围是相对于下一条指令第一字节地址的−128～+127 B。rel≤7FH，属 0～+127 B，程序向后转移；rel≥80H（补码），属−128 B～0，程序向前转移。

7. bit

位地址，代表片内 RAM 中的可寻址位 00H～7FH 及 SFR 中的可寻址位。

8. 其他符号

DPTR：数据指针，可用作 16 位的地址寄存器。

A：累加器。

B：专用寄存器，用于乘、除指令中。

C：进位标志。

/bit：表示对该位取反操作。

（X）：X 中的内容。

（（X））：由 X 所指出的单元中的内容。

3.1.6 寻 址 方 式

寻址就是寻找指令中操作数或操作数所在的地址。

在汇编语言程序设计时，要针对系统的硬件环境编程，数据的存放、传送、运算都要通过指令来完成，编程者必须自始至终都十分清楚操作数的位置，以便将它们传送至适当的空间去操作。因此，如何寻找存放操作数的空间位置和提取操作数就变得十分重要。所谓寻址方式就是如何找到存放操作数的地址，把操作数提取出来的方法，它是计算机的重要性能指标之一，也是汇编语言程序设计中最基本的内容之一。

80C51 单片机寻址方式有：立即寻址、直接寻址、寄存器寻址、寄存器间接寻址、变址寻址、相对寻址、位寻址。

1. 立即寻址

指令中给出的是一个具体的数值，操作时是对该数据操作。立即数只能作为源操作数出现在指令中，紧跟在操作码的后面，作为指令的一部分与操作码一起存放在程序存储器中，可以立即得到并执行，不需要经过别的途径去寻找，故称为立即寻址。在汇编指令中，以“#”号作为一个数的前缀，就表示该数为立即数。注意：如果立即数的第一个字符为字母，在#后面必须加 0，如“#0B0H”。

例如，指令 MOV A，#3AH 执行的操作是将立即数 3AH 送到累加器 A 中，该指令就是立即数寻址。立即数前面必须加“#”号，以区别立即数和直接地址，该指令的执行过程如图 3-2 所示。

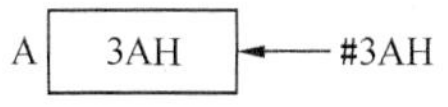

A 3AH ← #3AH

图 3-2 立即数寻址

下列指令均采用的是立即数寻址方式。

```
MOV   P1,   #55H      ；将立即数 55H 送到 P1 口
MOV   20H,  #55H      ；将立即数 55H 送到 20H 单元中
MOV   A,    #0F0H     ；将立即数 0F0H 送到累加器 A 中
MOV   R4,   #0FH      ；将立即数 0FH 送到寄存器 R4 中
ANL   A,    #0FH      ；累加器 A 的内容与立即数 0FH 进行逻辑“与”操作
```

2. 直接寻址

指令中给出的是某一存储单元地址，操作时是对该单元中的内容进行操作。该地址指出了参与运算或传送的数据所在的字节单元或位的地址。

例如，MOV A，70H 指令中源操作数就是直接寻址，70H 为操作数的地址。该指令的功能是把片内 RAM 地址为 70H 单元的内容送到 A 中。该指令的机器码为 E5H 70H，8 位直接地址在指令操作码中占 1 字节。注意：如果直接地址的第一个字符为字母，需在其前面加 0，如“0B0H”。

直接寻址方式可以访问以下存储空间。

① 特殊功能寄存器(特殊功能寄存器只能用直接寻址方式访问,指令中可以用它们的地址，也可以用它们的名字表示，如 MOV A，80H，可以写成 MOV A，P0；80H 是 P0 口的地址)。

② 片内数据存储器的低 128 字节。

③ 程序存储器地址空间。

直接寻址访问程序存储器的转移调用指令中直接给出了程序存储器的地址，执行这些指令后，程序计数器 PC 的内容将更换为指令直接给出的地址，机器将改为访问所给地址为起始地址的存储空间，取指令（或数），并依次执行。

3. 寄存器寻址

指令中给出的是某一寄存器的名字，操作时是将该寄存器中的内容取出来进行操作。寄存器寻址的操作数在规定的寄存器中。规定的寄存器有：工作寄存器 R0～R7、累加器 A、双字节 AB、数据指针 DPTR 和位累加器 Cy。这些被寻址寄存器中的内容就是操作数。

例如，MOV A，R0 指令中源操作数和目的操作数都是寄存器寻址。该指令的功能是把工作寄存器 R0 中的内容传送到累加器 A 中，如 R0 中的内容为 70H，则执行该指令后 A 的内容也是 70H。

除上述的特殊功能寄存器外，其余特殊功能寄存器寻址方式仍为直接寻址。这取决于指令译成机器码时有否特殊功能寄存器的字节地址，若有则属直接寻址；若无则属寄存器寻址。如 MOV A，B（机器码：E5F0H）中 B 属直接寻址。MUL AB（机器码：A4H）中 AB 属寄存器寻址。又如 INC A（机器码：04H）属寄存器寻址。INC Acc（机器码：05E0H）属直接寻址。MOV A，R0（机器码：E8H=11 100 000 B），前 5 位 11 100 为 MOV A，Rn 的操作码，后 3 位 000 为 R0 的地址编码，地址编码隐含在 8 位操作码中，而 R0 的字节地址 00H（设当前工作寄存器 0 区）未出现，因此属寄存器寻址。而具有同样功能的 MOV A，00H（机器码：E500H）则属于直接寻址。

4. 寄存器间接寻址

寄存器间接寻址是指将存放操作数的内存单元的地址放在寄存器中，指令中只给出该寄存器。执行指令时，先根据寄存器的内容，找到所需要的操作数地址，再由该地址找到操作数并完成相应操作。打个比喻，要寻找张三，不知道张三的地址，但李四知道张三的地址，则先找到李四，从李四处得到张三的地址，最后找到张三。

在 MCS-51 指令系统中，用于寄存器间接寻址的寄存器有 R0、R1、DPTR 和堆栈指针 SP，称为寄存器间接寻址寄存器。间接寻址寄存器前面必须加上符号“@”（堆栈操作时，不用间接寻址符“@”）。例如，指令 MOV A，@R0 执行的操作是将 R0 的内容作为内部 RAM 的地址，再将该地址单元中的内容取出来送到累加器 A 中。

设 R0=3AH，内部 RAM 3AH 中的值是 65H，则指令 MOV A，@R0 的执行结果是累加器 A 的值为 65H，该指令的执行过程如图 3-3 所示。

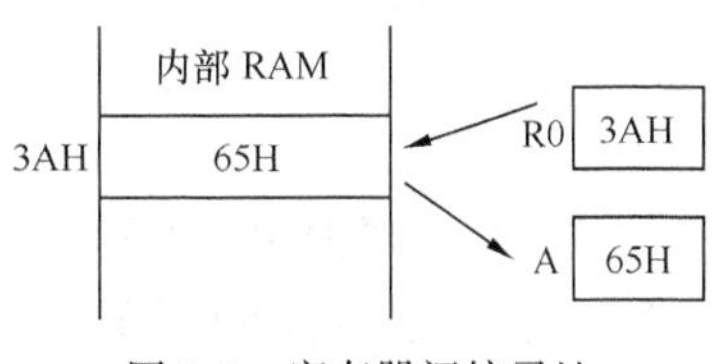

图 3-3　寄存器间接寻址

例如：MOVX　A，　@DPTR　　；将外 RAM DPTR 所指存储单元中的数据传送至 A 中
　　　PUSH　PSW　　　　　　；将 PSW 中内容送至堆栈指针 SP 所指的存储单元中

5. 变址寻址

基址寄存器加变址寄存器的间接寻址，简称变址寻址。

变址寻址是以数据指针寄存器 DPTR 或程序计数器 PC 作为基址寄存器，以累加器 A 作为变址寄存器，并以两者内容相加形成的 16 位地址作为操作数地址，读写操作数。变址寻址指令具有以下 3 个特点。

① 指令操作码内隐含有作为基址寄存器用的数据指针寄存器 DPTR 或程序计数器 PC，其中，DPTR 或 PC 中应预先存放有操作数的相应基地址。

② 指令操作码内也含有累加器 A，累加器 A 中应预先存放有被寻址操作数地址对基地址的偏移量，该地址偏移量应是一个 00H～0FFH 范围内的无符号数。

③ 在执行变址寻址指令时，单片机先把基地址和地址偏移量相加，以形成操作数的有效地址。

MCS-51 单片机共有 3 条变址指令。

MOVC　A，　@A+PC　　　　；　A←（A+PC）
MOVC　A，　@A+DPTR　　　；　A←（A+DPTR）
JMP　　　　@A+DPTR　　　；　PC←A+DPTR

变址寻址方式主要用于查表操作。例如，指令 MOVC A，@A+DPTR 执行的操作是将累加器 A 和基址寄存器 DPTR 的内容相加，相加结果作为操作数存放的地址，再将操作数取出来送到累加器 A 中。设累加器 A=02H，DPTR=0300H，外部 ROM 中，0302H 单元的内容是 55H，则指令 MOVC A，@A+DPTR 的执行结果是累加器 A 的内容为 55H。该指令的执行过程如图 3-4 所示。

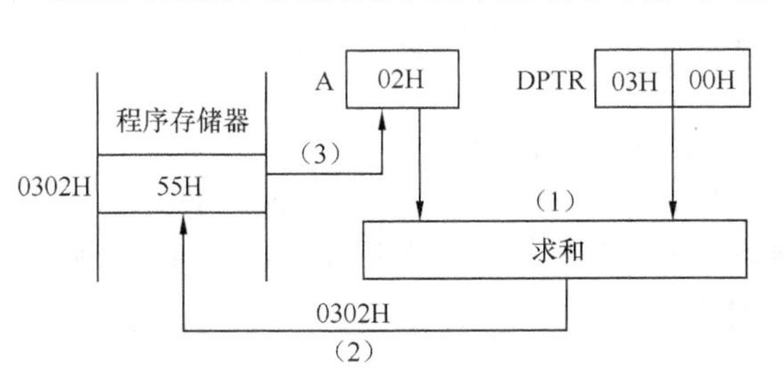

图 3-4　变址寻址

6. 相对寻址

相对寻址一般用于相对转移指令，程序转移目的地址=当前 PC 值+相对偏移量 rel。rel 是一个带符号的 8 位二进制数，用补码表示，其范围为−128B～+127B。

例如：2000H：SJMP 08H

原 PC 值为 2000H，执行这条指令后的当前 PC 值为 2002H，rel 为 08H。2002H+08H= 200AH，

转移目的地址为 200 AH，程序就跳转至 200AH 去执行了。图 3-5 所示为 SJMP 08H 相对寻址示意图。

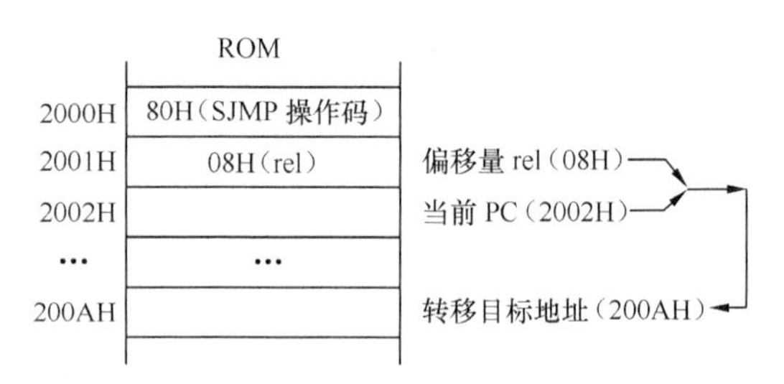

图 3-5　SJMP　08H 相对寻址示意图

7. 位寻址

位寻址是对内 RAM 和特殊功能寄存器中的可寻址位进行操作的寻址方式。这种寻址方式属于直接寻址方式，因此与直接寻址方式执行过程基本相同，但参与操作的数据是 1 位而不是 8 位，使用时需予以注意。

例如：MOV　C，07H；将位地址 07H（字节地址 20H 中最高位）中的数据传送至进位位 Cy。

位寻址与直接寻址的区别。例如，MOV A，07H；将字节地址 07H 中的数据传送至累加器 A。同样是 07H，在位操作指令中代表位地址，在字节操作指令中代表字节地址，不能混淆。

位寻址区包括专门安排在内部 RAM 中的两个区域，一是内部 RAM 的位寻址区，地址范围是 20H～2FH，共 16 个 RAM 单元，位地址为 00H～7FH；二是特殊功能寄存器 SFR 中有 11 个寄存器可以位寻址。例如，指令 SETB 3DH 执行的操作是将内部 RAM 位寻址区中的 3DH 位置 1。设内部 RAM 27H 单元的内容是 00H，执行 SETB 3DH 后，由于 3DH 对应内部 RAM 27H 的第 5 位，该位变为 1，因此 27H 单元的内容变为 20H。该指令的执行过程如图 3-6 所示。

内部 RAM
27H　0 0 1 0 0 0 0 0
二进制 1

图 3-6　位寻址

各寻址方式所对应的存储器空间见表 3-1。

表 3-1　寻址方式与相应的存储器空间

寻址方式	存储器空间
立即寻址	
直接寻址	片内 RAM 低 128 字节，特殊功能寄存器 SFR
寄存器寻址	工作寄存器 R0～R7，A，AB，DPTR，Cy
寄存器间接寻址	片内 RAM 低 128 字节（@R0、@R1、SP），片外 RAM（@R0、@R1、@DPTR）
变址寻址	程序存储器（@A+PC，@A+DPTR）
相对寻址	程序存储器当前 PC−128 B～+127 B（字节）范围（PC+rel）
位寻址	片内 RAM 的 20H～2FH 字节地址中的所有位和 SFR 中字节地址能被 8 整除单元的位

3.2 指令系统

计算机的指令系统是表征计算机性能的重要标志。80C51 指令系统采用汇编语言指令，共有 42 种助记符来表示 33 种指令功能。这些助记符与操作数各种寻址方式相结合，共生成 111

条指令。按指令功能分类可分为数据传送、算术运算、逻辑运算、位操作和控制转移五大类指令，本节将分别叙述五大类指令的功能。

3.2.1 数据传送类指令

80C51 指令系统中，各类数据传送指令共有 29 条，是运用最频繁的一类指令。这类指令一般不影响标志位。但当执行结果改变累加器 A 的值时，会影响奇偶标志 P。

1. 内 RAM 数据传送指令

数据传送类指令的指令格式为：

MOV [目的字节]，[源字节]

指令功能是将源字节的内容传送到目的字节，传送过程具有复制性质，因此源字节的内容不变。指令书写顺序是目的字节在前，源字节在后。

（1）以累加器 A 为目的字节的传送指令（4 条）

```
① MOV  A，Rn       ; Rn→A，n=0～7
② MOV  A，@Ri      ;（Ri）→A，i=0、1
③ MOV  A，direct   ;（direct）→A
④ MOV  A，#data    ; data→A
```

例 3-1 若 R0=11H，（11H）=22H，（33H）=44H，将执行下列指令后的结果写在注释区。

```
MOV  A，R0     ; R0→A，A=11H
MOV  A，@R0    ;（R0）→A，A=22H
MOV  A，33H    ;（33H）→A，A=44H
MOV  A，#33H   ; 33H→A，A=33H
```

请注意上述第 1 条与第 2 条指令、第 3 条与第 4 条指令的区别。需要指出以下几点。

有间接寻址符@为前缀的@R0 和 R0 二者含义不同，R0 是寄存器寻址；@R0 是寄存器间接寻址。而且@Ri 与 Rn 应用范围也不同，i 的范围为 0～1，n 的范围为 0～7。

直接地址和立即数在指令中均以十六进制数形式出现，但二者含义不同。在指令中用#作为立即数的前缀，以示区别。

为表达简捷清晰，工作寄存器 Rn 和特殊功能寄存器中的内容不加括号，用工作寄存器 Rn 和特殊功能寄存器直接表示，如 R0=11H，A=11H。直接地址中的内容则必须加括号，如（11H）=22H。工作寄存器 Ri 加括号时表示间接寻址，以 Ri 中内容为地址的存储单元中的数据，如（R0）=（11H）=22H。

（2）以工作寄存器 Rn 为目的字节的传送指令（3 条）

```
① MOV  Rn，A        ; A→Rn，n=0～7
② MOV  Rn，direct   ;（direct）→Rn，n=0～7
③ MOV  Rn，#data    ; data→Rn，n=0～7
```

例 3-2 若 A=11H，（11H）=22H，B=44H，将执行下列指令后的结果写在注释区。

```
MOV  R1，A      ; A→R1，R1=11H
MOV  R3，11H    ;（11H）→R3，R3=22H
```

MOV　R3，#11H　　　；11H→R3，R3=11H

MOV　R3，B　　　　；B→R3，R3=44H

请注意上述第 2 与第 3 条指令的区别。另外，工作寄存器之间没有直接传送的指令，若要传送，需要通过一个中间寄存器来缓冲。

例 3-3　试将 R1 中的数据传送到 R2。

解：MOV　A，R1　　；R1→A

　　MOV　R2，A　　；A→R2

初学者常写出错误的指令：MOV R2，R1。注意，运用指令时，必须严格按照指令的格式书写，不能发明创造。否则，单片机不能识别，也是无法执行的。

（3）以直接地址为目的字节的传送指令（5 条）

① MOV　direct，A　　　；A→（direct）

② MOV　direct，Rn　　　；Rn→（direct），n=0～7

③ MOV　direct，@Ri　　；（Ri）→（direct），i=0、1

④ MOV　direct1，direct2　；（direct2）→（direct1）

⑤ MOV　direct，#data　　；data→（direct）

例 3-4　若 A=11H，R0=33H，（22H）=66H，（33H）=44H，将执行下列指令后的结果写在注释区。

MOV　40H，A　　　；A→（40H），（40H）=11H

MOV　40H，R0　　　；R0→（40H），（40H）=33H

MOV　40H，@R0　　；（R0）→（40H），（40H）=44H

MOV　40H，22H　　；（22H）→（40H），（40H）=66H

MOV　40H，#22H　　；22H→（40H），（40H）=22H

请注意上述第 2 与第 3 条指令、第 4 与第 5 条指令的区别。

（4）以寄存器间址为目的字节的传送指令（3 条）

① MOV　@Ri，A　　　；A→（Ri），i=0、1

② MOV　@Ri，direct　　；（direct）→（Ri），i=0、1

③ MOV　@Ri，#data　　；data→（Ri），i=0、1

例 3-5　若 A=11H，R0=33H，（22H）=66H，（33H）=44H，将执行下列指令后的结果写在注释区。

MOV　@R0，A　　　；A→（R0），（33H）=11H，R0=33H（不变）

MOV　@R0，22H　　；（22H）→（R0），（33H）=66H，R0=33H（不变）

MOV　@R0，#22H　　；22H→（R0），（33H）=22H，R0=33H（不变）

例 3-6　设内 RAM（30H）=60H，分析以下程序连续运行的结果。

MOV　60H，#30H　　；30H→（60H），（60H）=30H

MOV　R0，#60H　　；60H→R0，R0=60H

MOV　A，@R0　　　；（R0）→A，A=（R0）=（60H）=30H

MOV　R1，A　　　　；A→R1，R1=30H

MOV　40H，@R1　　；（R1）→（40H），（40H）=（R1）=（30H）=60H

MOV　60H，30H　　；（30H）→（60H），（60H）=（30H）=60H

运行结果是：A=30H，R0=60H，R1=30H，（60H）=60H，（40H）=60H；（30H）=60H 内容未变。

2. 16 位数据传送指令（1 条）

MOV DPTR，#data16 ；data16→DPTR

80C51 系列单片机指令系统中仅此一条 16 位数据传送指令，其功能是将 16 位立即数送入 DPTR，其中数据高 8 位送入 DPH 中，数据低 8 位送入 DPL 中。DPTR 一般用作 16 位间址，可以是外 RAM 地址，也可以是 ROM 地址。用 MOVC 指令，则一定是 ROM 地址，用 MOVX 指令，则一定是外 RAM 地址。

例如，MOV DPTR，#1 234H ；DPTR=1234H，该指令也可以用两条 8 位数据传送指令实现。

MOV DPH，#12H ；DPH=12H

MOV DPL，#34H ；DPL=34H，DPTR=1234H

3. 外 RAM 传送指令（4 条）

① MOVX A，@Ri ；（Ri）→A，i=0、1

② MOVX A，@ DPTR ；（DPTR）→A

③ MOVX @ Ri，A ；A→（Ri），i=0、1

④ MOVX @ DPTR，A ；A→（DPTR）

① MOVX 指令用于 80C51 与片外 RAM 之间的数据传送；MOV 指令用于 80C51 片内 RAM 之间的数据传送。

② 对 80C51 片外 RAM 的访问必须采用间接寻址方式。间接寻址寄存器有两类：8 位间址寄存器 R0，R1，寻址范围为片外 RAM 最低 256B 地址空间（00H～FFH）；16 位间址寄存器 DPTR，寻址范围为片外 RAM 64KB 地址空间（0000H～FFFFH）。

③ 对外部数据存储器的访问必须通过累加器 A。

④ 前两条指令为读外 RAM 指令，后两条指令为写外 RAM 指令。外 RAM 的低 8 位地址由 P0 口送出，高 8 位地址由 P2 口送出，8 位数据也是通过 P0 口传送。P0 口分时传送低 8 位地址和 8 位数据。在执行读外 RAM 的 MOVX 指令时，$\overline{\text{RD}}$ 信号会自动有效；在执行写外 RAM 的 MOVX 指令时，$\overline{\text{WR}}$ 信号会自动有效。

⑤ 由于 80C51 指令系统中没有专门的片外扩展 I/O 接口电路输入/输出指令，且片外扩展的 I/O 接口电路与片外 RAM 是统一编址的，所以上面 4 条指令也可以作为片外扩展 I/O 接口电路的数据输入/输出指令。

例 3-7 试按下列要求传送数据。

（1）内 RAM 50H 单元数据送外 RAM 50H 单元；设内 RAM（50H）=11H。

（2）R0 中数据送外 RAM 50H 单元；设 R0=FFH。

（3）外 RAM 50H 单元数据送内 RAM 50H 单元；设外 RAM（50H）=22H。

（4）外 RAM 50H 单元数据送 R0；设外 RAM（50H）=22H。

（5）外 RAM 2000H 单元数据送内 RAM 50H 单元；设外 RAM（2000H）=33H

（6）外 RAM 2000H 单元数据送外 RAM 3000H 单元；设外 RAM（2000H）=33H

解（1）：

方法 1 MOV A， 50H ；内 RAM（50H）→A，A=11H

```
        MOV    R0,     #50H    ; 置外 RAM 50H 单元间址，R0=50H
        MOVX   @R0,    A       ; 将数据送外 RAM 50H 单元，外 RAM（50H）=11H
方法 2  MOV    A,      50H     ; 内 RAM（50H）→A，A=11H
        MOV    DPTR,   #0050H  ; 置外 RAM 50H 单元间址，DPTR：0 050H
        MOVX   @DPTR,  A       ; 将数据送外 RAM 50H 单元，外 RAM（50H）=11H
方法 3  MOV    R0,     #50H    ; 置间址，R0=50H
        MOV    A,      @R0     ; 内 RAM（50H）→A，A=11H
        MOVX   @R0,    A       ; 将数据送外 RAM 50H 单元，外 RAM（50H）=11H
   （2）：MOV  A,      R0      ; R0→A ，A=FFH
        MOV    R1,     #50H    ; 置外 RAM 50H 单元间址，R1 = 50H
        MOVX   @R1,    A       ; 将数据送外 RAM 50H 单元，外 RAM（50H）=FFH
   （3）：
方法 1  MOV    R0,     #50H    ; 置间址，R0=50H
        MOVX   A,      @R0     ; 读外 RAM 50H，A=外 RAM（50H）=22H
        MOV    @R0,    A       ; 内 RAM（50H）=22H
方法 2  MOV    R0,     #50H    ; 置间址，R0=50H
        MOVX   A,      @ R0    ; 读外 RAM 50H，A=外 RAM（50H）=22H
        MOV    50H,    A       ; 内 RAM（50H）=22H
   （4）：MOV  R0,     #50H    ; 置间址，R0=50H
        MOVX   A,      @R0     ; 读外 RAM 50H，A=外 RAM（50H）=22H
        MOV    R0,     A       ; R0=22H
   （5）：MOV  DPTR ,  #2000H  ; DPTR=2000H
        MOVX   A,      @DPTR   ; A=（2000H）=33H
        MOV    50H,    A       ; （50H）=33H
   （6）：
方法 1  MOV    DPTR,   #2000H  ; 置外 RAM 读出单元地址，DPTR=2000H
        MOVX   A,      @DPTR   ; 读外 RAM 2000H 单元的数据，A=33H
        MOV    DPTR,   #3000H  ; 置外 RAM 写入单元地址，DPTR=3000H
        MOVX   @ DPTR  A       ; 写入外 RAM 3000H 单元，（3000H）=33H
方法 2  MOV    DPTR,   #2000H  ; 置外 RAM 读出单元地址，DPTR=2000H
        MOVX   A,      @ DPTR  ; 读外 RAM 2000H 单元的数据，A=33H
        MOV    DPH,    #30H    ; 修改外 RAM 高 8 位地址，DPTR=3000H
        MOVX   @DPTR,  A       ; 写入外 RAM 3000H 单元，（3000H）=33H
```

4. 读 ROM 指令（2 条）

80C51 系列单片机的程序指令是按 PC 值依次自动读取并执行的，一般不需要人为去读。但程序中有时会涉及一些数据（或称为表格），放在 ROM 中，需要去读。80C51 系列单片机指令系统提供了 2 条读 ROM 的指令，也称为查表指令。

① MOVC A，@A+DPTR ；（A+DPTR）→A

② MOVC　A，@A+PC　　　；PC+1→PC，（A+PC）→A

读 ROM 指令属变址寻址，都是一字节指令。前一条指令用 DPTR 作为基址寄存器，因此其寻址范围为整个程序存储器的 64KB 空间，表格可以放在程序存储器的任何位置。后一条指令用 PC 作为基址寄存器，虽然也能提供 16 位地址，但其基址值取决于当前 PC 内容（该指令的地址加 1）。所以用 PC 为基址寄存器时，其寻址范围只能是该指令后 256 B 的地址空间。

综上所述，3 个不同的存储空间用 3 种不同的指令传送：内 RAM（包括特殊功能寄存器）用 MOV 指令传送；外 RAM 用 MOVX 指令传送；ROM 用 MOVC 指令传送。虽然 3 个不同的存储空间地址是重叠的，但由于采用 3 种不同的指令传送，因此不会弄错。

例 3-8　按下列要求传送数据，设 ROM（4000H）=44H。

（1）ROM 4000H 单元数据送内 RAM 20H 单元。

（2）ROM 4000H 单元数据送 P1 口。

（3）ROM 4000H 单元数据送 R0。

（4）ROM 4000H 单元数据送外 RAM 20H 单元。

（5）ROM 4000H 单元数据送外 RAM 2000H 单元。

解（1）：
```
MOV    DPTR，   #4000H      ；置基址 4000H，DPTR=4000H
MOV    A，      #00H        ；置变址 00H，A=00H
MOVC   A，      @A+DPTR     ；读 ROM（4000H），A=44H
MOV    20H，    A           ；存内 RAM 20H 单元，（20H）=44H
```
（2）：
```
MOV    DPTR，   #4000H      ；置基址 4000H，DPTR=4000H
MOV    A，      #00H        ；置变址 00H，A=00H
MOVC   A，      @A+DPTR     ；读 ROM（4000H），A=44H
MOV    P1，     A           ；ROM 4000H 单元数据送 P1 口，P1=44H
```
（3）：
```
MOV    DPTR，   #4000H      ；置基址 4000H，DPTR=4000H
MOV    A，      #00H        ；置变址 00H，A=00H
MOVC   A，      @A+DPTR     ；读 ROM（4000H），A=44H
MOV    R0，     A           ；R0=44H
```
（4）：
```
MOV    DPTR，   #4000H      ；置基址 4000H，DPTR=4000H
MOV    A，      #00H        ；置变址 00H，A=00H
MOVC   A，      @A+ DPTR    ；读 ROM（4000H），A=44H
MOV    R0，     #20H        ；置外 RAM 间址，R0=20H
MOVX   @R0，    A           ；写外 RAM 20H，外 RAM（20H）= 44H
```
（5）：
```
MOV    DPTR，   #4000H      ；置基址 4000H，DPTR=4000H
MOV    A，      #00H        ；置变址 00H，A=00H
MOVC   A，      @A+DPTR     ；读 ROM（4000H），A=44H
MOV    DPH，    #20H        ；修改外 RAM 地址，DPTR =2000H
MOVX   @ DPTR，A            ；写外 RAM（2000H），外 RAM（2000H）=44H
```

例 3-9　已知 ROM 中存有 0～9 的平方表，首地址为 2000H，试根据累加器 A 中的数值查找对应的平方值，存入内 RAM 30H。（设 A = 3）

解：若用 DPTR 作为基址寄存器，可编程如下。

1000H：MOV　DPTR，#2000H　；置 ROM 平方表首地址

　　MOVC　A，　@A+DPTR；A+2000H=2003H（设 A=3），A=（2003H）=09H

　　MOV　30H，　A　；平方值存入内 RAM 30H 中

2000H：00H　；平方表：　$0^2=0$

2001H：01H　；　$1^2=1$

2002H：04H　；　$2^2=4$

2003H：09H　；　$3^2=9$

2004H：10H　；　$4^2=16$，16=10H

…　…

2009H：51H　；　$9^2=81$，81=51H

若用 PC 作为基址寄存器，可编程如下。

1FEEH：ADD　A，　#0FH　；加上地址调整值，A=A+0FH=3+15=18=12H

1FF0H：MOVC　A，　@A+PC　；PC =PC+1=1FF0H+1=1FF1H，A+PC=12H+1FF1H=2003H

1FF1H：MOV　30H，A　；（30H）=A=（2003H）=09H

…　…

2000H：00H　；平方表：　$0^2=0$

…　…

2009H：51H　；$9^2=81$，81=51H

说明

用 PC 作为基址寄存器时，查表范围只能是查表指令后 256B 的地址空间。

用 PC 作为基址寄存器时，应在 MOVC 指令之前先用一条加法指令 ADD A，#data 进行地址调整。data=平方表首地址-（执行 MOVC　A，@A+PC 后的当前 PC 值）=2000H－1FF1H=0FH。

综上所述，用 PC 作基址寄存器时，一是查表范围有限；二是计算麻烦，易出错。因此建议一般不用 PC 作基址寄存器。只有在 DPTR 很忙不能用，不得已时才用 PC 作为基址寄存器。

5. 堆栈操作指令（2 条）

① PUSH direct　；SP+1→SP，（direct）→（SP）

② POP　direct　；（SP）→（direct），SP－1→SP

① PUSH 为入栈指令，是将其指定的直接寻址单元中的数据压入堆栈。由于 80C51 是向上生长型堆栈，所以进栈时堆栈指针要先加 1，然后再将数据压入堆栈。例如，PUSH 30H；（30H）=2BH，具体操作是：先将堆栈指针 SP 的内容（0FH）加 1，指向堆栈顶的一个空单元，此时 SP=10H；将指令指定的直接寻址单元 30H 中的数据（2BH）送到该空单元中。执行指令结果：SP=10H，（10H）=2BH，如图 3-7 所示。

② POP 为出栈指令，是将当前堆栈指针 SP 所指示单元中的数据弹出到指定的内 RAM 单元，然后将 SP 减 1，SP 始终指向栈顶地址。例如，POP 40H；具体操作是，先将 SP 所指单元 0FH（栈顶地址）中的数据（4CH）弹出，送到指定的内 RAM 单元 40H，（40H）=4CH；SP−1→SP，SP=0EH，SP 仍指向栈顶地址，如图 3-8 所示。

③ 由于堆栈操作时只能以直接寻址方式来取得操作数，故不能用累加器 A 和工作寄存器 Rn 作为操作对象。若要把 A 的内容推入堆栈，应用指令 PUSH Acc，这里 Acc 表示 A 的直接地址 E0H。若要把 R0 的内容推入堆栈，应用指令 PUSH 00H，这里 00H 表示 R0 的直接地址（设当前工作寄存器区为 0 区）。

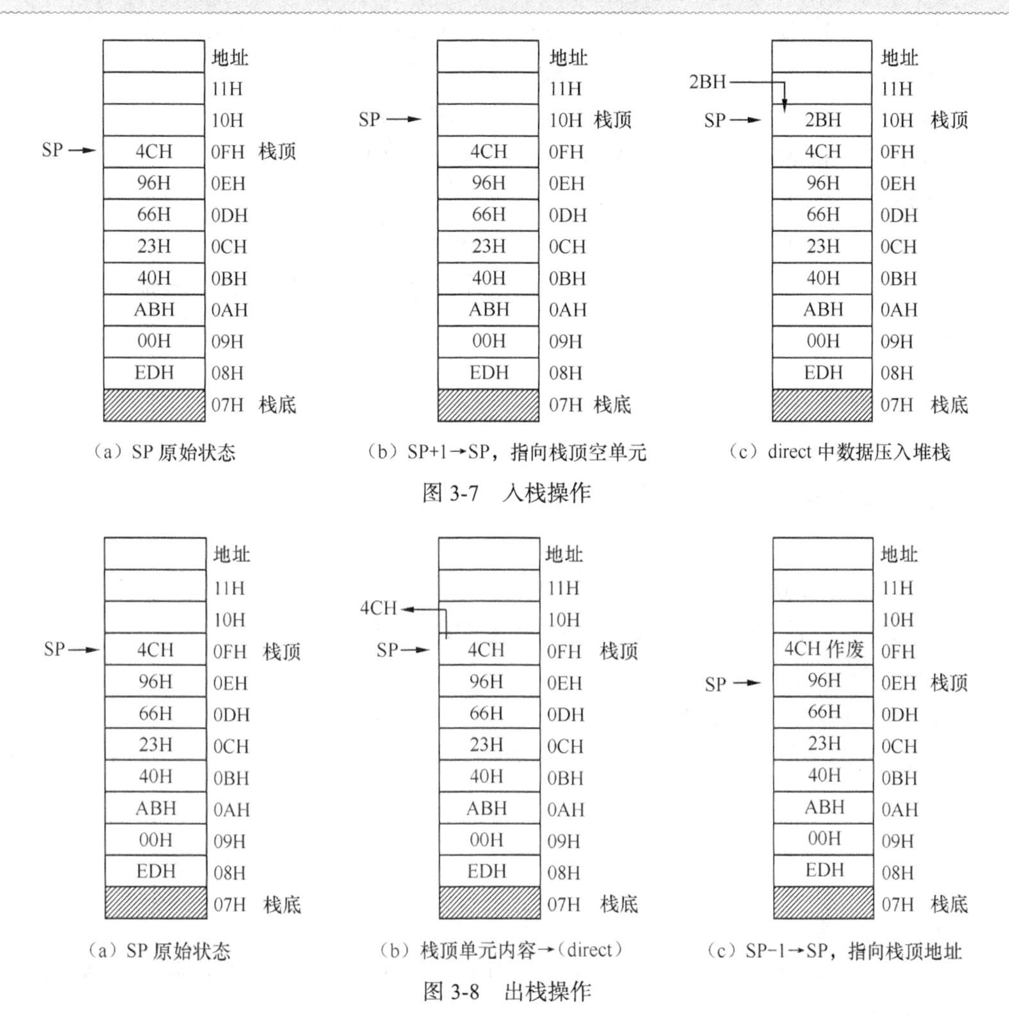

（a）SP 原始状态　（b）SP+1→SP，指向栈顶空单元　（c）direct 中数据压入堆栈

图 3-7　入栈操作

（a）SP 原始状态　（b）栈顶单元内容→（direct）　（c）SP−1→SP，指向栈顶地址

图 3-8　出栈操作

例 3-10　试将 30H、R7、B、A、PSW、DPTR 中的数据依次压入堆栈。并指出每次堆栈操作后，SP=?、（SP）=?，设原 SP=60H，当前工作寄存器区为 0 区，（30H）=11H，R7 = 22H，B=33H，A=44H，PSW=55H，DPTR=6 677H。

解：
```
PUSH   30H    ; SP=61H，（SP）=（61H）=11H
PUSH   07H    ; SP=62H，（SP）=（62H）=22H
PUSH   B      ; SP=63H，（SP）=（63H）=33H
PUSH   Acc    ; SP=64H，（SP）=（64H）=44H
PUSH   PSW    ; SP=65H，（SP）=（65H）=55H
PUSH   DPH    ; SP=66H，（SP）=（66H）=66H
PUSH   DPL    ; SP=67H，（SP）=（67H）=77H
```

注：将 R7 中数据压入堆栈时，不能写成 PUSH R7；而应写成 PUSH 07H；07H 是当前工

作寄存器区为 0 区时的 R7 直接地址。

例 3-11 已知条件同例 3-10 堆栈操作结果，试将堆栈中数据依次弹出存入 DPH、DPL、A、B、PSW、30H、R7，求 DPTR、A、B、PSW、30H、R7 中的内容和当前工作寄存器区编号。

解：
```
POP  DPH    ; DPH=77H，SP=66H，（66H）=66H
POP  DPL    ; DPL=66H，SP=65H，（65H）=55H，DPTR=7 766H
POP  Acc    ; Acc=55H，SP=64H，（64H）=44H
POP  B      ; B=44H，SP=63H，（63H）=33H
POP  PSW    ; PSW=33H，SP=62H，（62H）=22H
POP  30H    ;（30H）=22H，SP=61H，（61H）=11H
POP  17H    ;（17H）=11H，SP=60H
```

注：PSW=0 0110 011B，RS1RS0=10，当前工作寄存器区为 3 区，R7 直接地址已不是 07H，而是 17H。

6. 交换指令（5 条）

（1）字节交换指令

① XCH A，Rn   ；A←→Rn，n=0～7

② XCH A，@Ri   ；A←→（Ri），i=0、1

③ XCH A，direct   ；A←→（direct）

指令的功能是将 A 中的数据与源字节中的数据相互交换。

（2）半字节交换指令

XCHD A，@Ri   ；A3～0←→（Ri）3～0，高 4 位不变。i=0、1

指令的功能是将 A 中数据的低 4 位和 Ri 间址单元中数据的低 4 位交换，它们的高 4 位均不变。

（3）累加器高低四位互换

SWAP A   ；A7～4←→A3～0

指令的功能是将 A 中数据的高低四位互换。

例 3-12 若 A=ABH，R0=34H，（34H）=CDH，（56H）=EFH，将分别执行下列指令后的结果写在注释区。

```
XCH   A，R0    ; A=34H，R0=ABH
XCH   A，@R0   ; A=CDH，（34H）=ABH，R0=34H（不变）
XCH   A，56H   ; A=EFH，（56H）=ABH
XCHD  A，@R0   ; A=ADH，（34H）=CBH，R0=34H（不变）
SWAP  A        ; A=BAH
```

例 3-13 设内 RAM 40H、41H 单元中连续存放有 4 个 BCD 码数据，试编一程序将这 4 个 BCD 码倒序排列，如图 3-9 所示。

41H	40H		41H	40H
a0a1	a2a3	→	a3a2	a1a0

图 3-9　4 个 BCD 码

解：程序如下。

```
MOV   A，  41H   ; A=（41H）= a0a1
SWAP  A          ; A7～4←→A3～0，A=a1a0
```

```
XCH    A,  40H     ; A←→(40H), A=a2a3,(40H)=a1a0
SWAP   A           ; A=a3a2
MOV    41H, A      ;(41H)=a3a2
```

例 3-14 试分别用 3 种方法编程实现数据互换：R0←→50H。(设当前工作寄存区为 0 区)

解：

方法 1：用一般的传送指令。

```
MOV    A,    R0
MOV    R0,   50H
MOV    50H,  A
```

方法 2：用堆栈操作指令。

```
PUSH   50H
MOV    50H,  R0
POP    00H
```

方法 3：用交换类指令。

```
XCH    A,    50H
XCH    A,    R0
XCH    A,    50H
```

80C51 指令系统的数据传送指令种类很多，这为程序中进行数据传送提供了方便。在使用中，需注意如下问题。

同样的数据传送，可以使用不同寻址方式的指令来实现。例如，要把 A 中的内容送内 RAM 40H 单元，可由以下不同的指令来完成。

```
① MOV   40H,   A
② MOV   R0,    #40H
  MOV   @R0,   A
③ MOV   40H,   Acc
④ PUSH  Acc
  POP   40H
```

在实际应用中选用哪种指令，可根据具体情况决定。一般情况下，选用指令条数少，指令字节少，指令执行速度快和程序条理清晰、阅读方便的方法编程。

有些指令看起来很相似，但实际上是两种不同的指令。

```
例如：MOV  40H, A        ; 指令码 F5  40
      MOV  40H, Acc      ; 指令码 85  E0  40（注意 E0 在前，40 在后）
```

这两条指令的功能都是把 A 中的内容送入内 RAM 40H 单元中，指令功能相同且外形相似，但实际上它们却是两种不同寻址方式的指令。前一条指令的源操作数是寄存器寻址方式，指令长度为 2 字节，指令执行时间是一个机器周期；而后一条指令的源操作数则是直接寻址方式，指令长度为 3 字节，指令执行时间是两个机器周期。

需要指出的是，前面所述 80C51 指令格式是目的操作数在前，源操作数在后。译成机器码后，也是如此。唯独 MOV direct1，direct2 指令译成机器码时，是源操作数在前，目的操作数在后。如 MOV 40H，Acc 指令，译成机器码为 85 E0 40。

数据传送类指令一般不影响程序状态字 PSW。

数据传送类指令汇总见表 3-2。

表 3-2　　　　80C51 数据传送类指令表

类型	助记符		功能	对标志位影响				机器代码	字节数	周期数
				Cy	AC	OV	P			
片内 RAM 传送指令	MOV A,	Rn	Rn→A	×	×	×	√	E8～EF	1	1
		direct	(direct) →A	×	×	×	√	E5 dir	2	1
		@Ri	(Ri)→A	×	×	×	√	E6/E7	1	1
		#data	data→A	×	×	×	√	74 dat	2	1
	MOV Rn,	A	A→Rn	×	×	×	×	F8～FF	1	1
		direct	(direct)→Rn	×	×	×	×	A8～AF dir	2	2
		#data	data→Rn	×	×	×	×	78～7F dat	2	1
	MOV direct1,	A	A→(direct)	×	×	×	×	F5 dir	2	1
		Rn	Rn→(direct)	×	×	×	×	88～8F dir	2	2
		direct2	(direct2)→(direct1)	×	×	×	×	85 dir2 dir	3	2
		@Ri	(Ri)→(direct)	×	×	×	×	86/87 dir	2	2
		#data	data→(direct)	×	×	×	×	75 dir dat	3	2
	MOV @Ri	A	A→(Ri)	×	×	×	×	F6/F7	1	1
		direct	(direct)→(Ri)	×	×	×	×	A6/A7 dir	2	2
		#date	data→(Ri)	×	×	×	×	76/77 dat	2	1
	MOV DPTR，#data16		data16→DPTR	×	×	×	×	90 datH datL	3	2
片外 RAM 传送指令	MOVX A,@Ri		外 RAM(Ri)→A	×	×	×	√	E2/E3	1	2
	MOVX A, @DPTR		外 RAM(DPTR)→A	×	×	×	√	E0	1	2
	MOVX @Ri,A		A→外 RAM(Ri)	×	×	×	×	F2/F3	1	2
	MOVX @DPTR,A		A→外 RAM(DPTR)	×	×	×	×	F0	1	2
读 ROM 指令	MOVC A,@A+PC		PC + 1→PC,ROM(A + PC)→A	×	×	×	√	83	1	2
	MOVC A,@A+DPTR		ROM(A+DPTR)→A	×	×	×	√	93	1	2
交换指令	XCH A,Rn		A←→Rn	×	×	×	√	C8～CF	1	1
	XCH A,@Ri		A←→（Ri）	×	×	×	√	C6/C7	1	1
	XCH A,direct		A←→(direct)	×	×	×	√	C5 dir	2	1
	XCHD A,@Ri		$A_{3\sim0}$←→$(Ri)_{3\sim0}$	×	×	×	√	D6/D7	1	1
	SWAP A		$A_{3\sim0}$←→$A_{7\sim4}$	×	×	×	×	C4	1	1
堆栈指令	PUSH direct		SP + 1→SP，(direct)→(SP)	×	×	×	×	C0 dir	2	2
	POP direct		(SP) →(direct),SP – 1→SP	×	×	×	×	D0 dir	2	2

3.2.2 算术运算类指令

80C51 系列单片机的算术运算类指令共 24 条，包括加、减、乘、除、加 1、减 1 等指令。这类指令涉及 A 时，会影响标志位。

1. 加法指令

（1）不带 Cy 加法指令（4 条）

① ADD A，Rn ；A+ Rn→A（n=0～7），有进位，Cy=1；无进位，Cy=0

② ADD A，@Ri ；A+（Ri）→A（i=0、1），有进位，Cy=1；无进位，Cy=0

③ ADD A，direct ；A+（direct）→A，有进位，Cy=1；无进位，Cy=0

④ ADD A，#data ；A+data→A，有进位，Cy=1；无进位，Cy=0

ADD 指令的功能是把源操作数所指出的内容加到累加器 A 中，并把运算结果存放到 A 中，运算结果将对 PSW 相关位产生影响。在加法运算中，如果位 3 有进位，则半进位标志 AC 置 1，否则 AC 清零；如果位 7 有进位，则进位标志 Cy 置 1，否则 Cy 清零。若两个数是带符号数相加，还要考虑溢出问题。如果运算结果使溢出标志 OV 置 1，则表示和数产生了溢出。

例 3-15 A=A9H，R0=8DH，执行指令 ADD A，R0，求运算结果以及标志寄存器中相关位的值。

解：本条指令的操作如下。

```
      1010  1001
  +   1000  1101
  ──────────────
     10011  0110
     ↑
    进位
```

运算结果：A=36H，AC=1，Cy=1，P=0。

若 A9H 和 8DH 作为无符号数相加，则结果为 136H，这时不考虑 OV 位；反之，若上述两数作为带符号数相加，则会得到两个负数相加得到正数的错误结论，此时溢出标志 OV=1，指出了这一错误。

（2）带 Cy 加法指令（4 条）

① ADDC A，Rn ；A+Rn+ Cy→A，有进位，Cy=1；无进位，Cy=0

② ADDC A，@Ri ；A+（Ri）+ Cy→A，有进位，Cy=1；无进位，Cy=0

③ ADDC A，direct ；A+（direct）+ Cy→A，有进位，Cy=1；无进位，Cy=0

④ ADDC A，#data ；A+data+Cy→A，有进位，Cy = 1；无进位，Cy=0

ADDC 指令的功能是把源操作数所指出的内容和进位标志 Cy 及累加器 A 的内容相加，结果存放在 A 中，与 ADD 指令的区别是相加时再加上 Cy，其余功能相同。运算结果对各标志位的影响与上述不带进位加法指令相同。带进位加法运算指令常用于多字节数的加法运算中，这是因为在多字节数的运算中，低位字节相加时可能会产生进位。

例 3-16 A=0A9H，R0=8DH，Cy=1，执行指令 ADDC A，R0，求运算结果以及标志寄存器中相关位的值。

解：本条指令的操作如下。

```
      1010  1001
      1000  1101
+              1
────────────────
     10011  0111
     ↑
     进位
```

运算结果：A=37H，AC=1，Cy =1，P=1。

2. 减法指令（4 条）

① SUBB A，Rn ；A－Rn－Cy→A（n=0～7），有借位，Cy=1；无借位，Cy=0

② SUBB A，@Ri ；A－（Ri）－Cy→A（i=0、1），有借位，Cy=1；无借位，Cy=0

③ SUBB A，direct ；A－（direct）－Cy →A，有借位，Cy=1；无借位，Cy=0

④ SUBB A，#data ；A－data－Cy→A，有借位，Cy=1；无借位，Cy=0

减法指令的功能是将 A 中的数据减去源操作数所指示的数据及进位位 Cy，不够减时向高位借位后再减，差存入 A 中。运算结果将对 PSW 相关位产生影响。在 80C51 指令系统中，减法必须带进位位。即没有不带进位位的减法指令。若要进行不带进位位的减法运算，可先将进位位清零，再执行减法指令。带借位减法指令影响 PSW 的状态。当进行无符号数运算时，如果位 3 有借位，AC 置 1，否则清零；如果位 7 向上有借位，Cy 置 1，否则清零。当进行带符号数运算时，若发生溢出，OV 置 1，否则清零。

例 3-17 设 A=0C9H，R3=54H，Cy=1，执行指令 SUBB A，R3。

解：本条指令的操作如下。

```
   1100  1001
－ 0000  0001
─────────────
   1100  1000
－ 0101  0100
─────────────
   0111  0100
```

结果：（A）=74H，Cy =0，AC=0，OV=0，P=0。

3. 加 1、减 1 指令

（1）加 1 指令（5 条）

① INC A ；A+1→A

② INC Rn ；Rn+1→Rn，n=0～7

③ INC @Ri ；（Ri）+1→（Ri），i=0、1

④ INC direct ；（direct）+1→（direct）

⑤ INC DPTR ；DPTR+1→DPTR

加 1 指令的功能是将指定单元的数据加 1 再送回该单元。

例 3-18 若 A=FFH，R0=40H，（40H）=FFH，（30H）=82H，DPTR=FFFFH，Cy=0，将分别执行下列指令后的结果写在注释区。

INC A ；A+1→A，A=00H，有进位，不影响标志位，Cy = 0（不变）

INC　R0　　；R0+1→R0，R0=41H
INC　@R0　；（R0）+1→（R0），（40H）=00H
INC　30H　；（30H）+1→（30H），（30H）=83H
INC　DPTR　；DPTR+1→DPTR，DPTR=0000H

（2）减 1 指令（4 条）

① DEC　A　　；A−1→A
② DEC　Rn　　；Rn−1→Rn，n=0～7
③ DEC　@Ri　；（Ri）−1→（Ri），i=0、1
④ DEC　direct　；（direct）−1→（direct）

减 1 指令的功能是将指定单元的数据减 1 再送回该单元。

加 1 减 1 指令涉及 A 时，会影响 P，但不影响其他标志位。

例 3-19　若 A=00H，R0=40H，（40H）=00H，（30H）=ABH，Cy=1，将分别执行下列指令后的结果写在注释区。

DEC　A　　；A−1→A，A=FFH，有借位，不影响标志位，Cy=1（不变）
DEC　R0　　；R0−1→R0，R0=3FH
DEC　@R0　；（R0）−1→（R0），（40H）=FFH
DEC　30H　；（30H）−1→（30H），（30H）=AAH

需要注意的是：加 1 减 1 指令与加法、减法指令中加 1 减 1 运算的区别是加 1 减 1 指令不影响标志位，特别是不影响进位标志 Cy，即加 1 等于 256 时不向 Cy 进位，Cy 保持不变；减 1 不够减时向高位借位，但 Cy 保持不变。

对于指令 INC direct，若直接地址是 I/O 端口，则进行“读—改—写”操作，其功能是修改输出口的内容。指令执行过程中，首先读入端口的内容，然后在 CPU 中加 1，继而输出到端口。应注意，读入内容来自端口锁存器而不是端口引脚。指令 INC DPTR 是唯一的一条 16 位加 1 指令。DPTR 在加 1 的过程中，若低 8 位 DPL 有进位，可直接向高 8 位 DPH 进位。无 16 位减 1 指令。即只有 INC DPTR 指令，没有 DEC DPTR 指令。

4. BCD 码调整指令（1 条）

DA　A

这条指令的功能是对加法运算结果进行 BCD 码调整，主要用于 BCD 码加法运算。从 1.4 节中可知，BCD 码按二进制数运算法则加减以后，有可能出错，需进行调整。DA A 指令即用来对 BCD 码的加法运算结果自动进行调整。进行 BCD 码加法运算时，只需在加法指令后紧跟一条 DA A 指令，即可实现 BCD 码调整，但对 BCD 码的减法运算不能用此指令来调整。

需要指出的是，调整过程是在计算机内部自动进行的，是执行 DA A 指令的结果。在计算机中的 ALU 硬件中设有十进制调整电路，由它来完成这些操作。

使用 DA 指令要注意以下 3 点。

① DA 指令不影响溢出标志。

② 不能用 DA 指令对十进制减法操作的结果进行调整。

③ 若两个 BCD 数相加结果大于 99，则 Cy 置 1，否则 Cy 清零，因此借助标志位 Cy 可以实现多位 BCD 数加法结果的调整。

例 3-20 已知两个 BCD 码分别存在 31H30H 和 33H32H，试编程求其和，并存入 R4R3R2。

```
        31H   30H
  +     33H   32H
  ---------------
  R4    R3    R2
```

解：程序如下。

```
MOV     A， 30H       ；取一个加数低位
ADD     A， 32H       ；低位相加
DA      A             ；低位和 BCD 码调整
MOV     R2，A         ；低位和存入 R2
MOV     A， 31H       ；取一个加数高位
ADDC    A， 33H       ；高位连同进位相加
DA      A             ；高位和 BCD 码调整
MOV     R3，A         ；高位和存入 R3
MOV     A， #00H      ；A 清零
ADDC    A， #00H      ；把进位位置入 A 中
MOV     R4，A         ；进位存入 R4
```

5. 乘、除法指令

（1）乘法指令（1 条）

```
MUL   AB              ；A×B→BA
```

这条指令的功能是实现两个 8 位无符号数的乘法操作。两个无符号数分别存放在 A 和 B 中，乘积为 16 位，积低 8 位存于 A 中，积高 8 位存于 B 中。如果积大于 255（即积高 8 位 B≠0），则 OV 置 1，否则 OV 清零，而该指令执行后，Cy 总是清零。

例 3-21 编写一个程序段，实现 21H×33H，并将乘积的低 8 位存入 0A1H 单元，高 8 位存入 0A2H 单元。

解：根据题意，程序清单如下。

```
MOV   A，#21H         ；21H→A
MOV   B，#33H         ；33H→B
MUL   AB              ；A×B→BA
MOV   0A1H，A         ；A→（A1H）
MOV   0A2H，B         ；B→（A2H）
```

（2）除法指令（1 条）

```
DIV   AB    ；（A÷B）商→A，（A÷B）余数→B，Cy=0，OV=0
```

此指令的功能是实现两个 8 位无符号数的除法操作。要求被除数放在 A 中，除数放在 B 中。指令执行后，商放在 A 中，余数放在 B 中。进位位 Cy 和溢出标志位 OV 均清零。只有当除数为 0 时，运算结果为不确定值，OV 位置 1，说明除法溢出。

例 3-22 已知被除数和除数分别存在 R7 和 R6 中，试编程求其商，商存入 R7，余数存入 R6。

解：编程如下。

```
MOV   A， R7          ；读被除数
```

```
MOV   B， R6        ； 读除数
DIV   AB            ； 相除，A÷B
MOV   R7，A         ； 存商，商→R7
MOV   R6，B         ； 存余数，余数→R6
```

需要说明以下几点。

① 乘法指令和除法指令是80C51单片机指令系统中执行时间最长的指令，需4个机器周期。

② 80C51进行8位数乘除法运算时，必须将被乘数和乘数、被除数和除数分别放在A和B中才能进行。

③ 乘法指令和除法指令仅适用于8位二进制数乘、除法运算。若被乘数和乘数、被除数和除数中有一个数是16位，则不能用MUL和DIV指令。

算术运算类指令汇总见表3-3。

表3-3 80C51算术运算类指令

类型		助记符		功能	对PSW的影响				机器代码	字节数	周期数
					Cy	AC	OV	P			
加法	不带Cy	ADD A，	Rn	A+Rn→A	√	√	√	√	28～2F	1	1
			@Ri	A+（Ri）→A	√	√	√	√	26/27	1	1
			direct	A+（direct）→A	√	√	√	√	25 dir	2	1
			#data	A+data→A	√	√	√	√	24 dat	2	1
	带Cy	ADDC A，	Rn	A+Rn+Cy→A	√	√	√	√	38～3F	1	1
			@Ri	A+（Ri）+Cy→A	√	√	√	√	36/37	1	1
			direct	A+（direct）+Cy→A	√	√	√	√	35 dir	2	1
			#data	A+data+Cy→A	√	√	√	√	34 dat	2	1
减法		SUBB A，	Rn	A−Rn−Cy→A	√	√	√	√	√	1	1
			@Ri	A−（Ri）−Cy→A	√	√	√	√	√	1	1
			direct	A−（direct）−Cy→A	√	√	√	√	√	2	1
			#data	A−data−Cy→A	√	√	√	√	√	2	1
加1		INC	A	A+1→A	×	×	×	√	04	1	1
			Rn	Rn+1→Rn	×	×	×	×	08～OF	1	1
			@Ri	（Ri）+1→（Ri）	×	×	×	×	06/07	1	1
			direct	（direct）+1→（direct）	×	×	×	×	05 dir	2	1
			DPTR	DPTR+1→DPTR	×	×	×	×	A3	1	2
减1		DEC	A	A−1→A	×	×	×	√	14	1	1
			Rn	Rn−1→Rn	×	×	×	×	18～1F	1	1
			@Ri	（Ri）−1→（Ri）	×	×	×	×	16/17	1	1
			direct	（direct）−1→（direct）	×	×	×	×	15 dir	2	1
乘法		MUL AB		A×B→BA	0	×	√	√	A4	1	4
除法		DIV AB		A÷B，商→A，余数→B	0	×	√	√	84	1	4
BCD调整		DA A		十进制调整	√	√	×	√	D4	1	1

3.2.3 逻辑运算及移位指令

逻辑运算类指令共24条，包括与、或、异或、清零、取反及移位等操作指令。这些指令涉及A时，影响奇偶标志P，但对Cy（除带Cy移位）、AC、OV无影响。

1. 逻辑“与”运算指令（6 条）

```
① ANL   A，Rn               ；A∧Rn→A
② ANL   A，@Ri              ；A∧（Ri）→A
③ ANL   A，#data            ；A∧data→A
④ ANL   A，direct           ；A∧（direct）→A
⑤ ANL   direct，A           ；（direct）∧A→（direct）
⑥ ANL   direct，#data       ；（direct）∧data→（direct）
```

逻辑“与”运算指令共 6 条，前 4 条的功能是将 A 中的数据与源操作数所指出的数据按位进行“与”运算，运算结果送入 A 中。指令执行后影响奇偶标志位 P。后两条指令是将直接地址单元中的数据与源操作数所指出的数据按位进行“与”运算，运算结果送入直接地址单元中。逻辑“与”运算也称为逻辑乘，可用符号“∧”或“·”表示，两个二进制数相“与”，运算结果是有 0 出 0，全 1 出 1。

例 3-23 若 A=5BH=01011011B，R0=46H=01000110B，（46H）=58H=01011000B，（32H）=ABH=1 0101 011B，将分别执行下列指令后的结果写在注释区。

解：
```
ANL   A，R0         ；A=A∧R0=5BH∧46H=01000010B=42H
ANL   A，@R0        ；A=A∧（R0）=5BH∧58H=01011000B=58H
ANL   A，#32H       ；A=A∧data=5BH∧32H=00010010B=12H
ANL   A，32H        ；A=A∧（32H）=5BH∧ABH=00001011B=0BH
ANL   32H，A        ；（32H）=（32H）∧A=ABH∧5BH=00001011B=0BH
ANL   32H，#32H     ；（32H）=（32H）∧data=ABH∧32H=00100010B=22H
```

例 3-24 将累加器 A 中的压缩 BCD 码拆成 2 个字节的非压缩 BCD 码，低位放入 30H，高位放入 31H 单元中。

解：程序如下。

```
PUSH   Acc          ；保存 A 中的内容
ANL    A，#0FH      ；清除高 4 位，保留低 4 位
MOV    30H，A       ；低位存入 30H
POP    Acc          ；恢复 A 中原数据
SWAP   A            ；高、低 4 位互换
ANL    A，#0FH      ；清除高 4 位，保留低 4 位
MOV    31H，A       ；高位存入 31H
```

2. 逻辑“或”运算指令（6 条）

```
① ORL   A，Rn               ；A∨Rn→A
② ORL   A，@Ri              ；A∨（Ri）→A
③ ORL   A，#data            ；A∨ data→A
④ ORL   A，direct           ；A∨（direct）→A
⑤ ORL   direct，A           ；（direct）∨ A→（direct）
⑥ ORL   direct，#data       ；（direct）∨ data→（direct）
```

逻辑“或”运算指令共6条，前4条的功能是将A中的数据与源操作数所指出的数据按位进行“或”运算，运算结果送入A中，指令执行后影响奇偶标志位P。后两条指令是将直接地址单元中的数据与源操作数所指出的数据按位进行“或”运算，运算结果送入直接地址单元中。逻辑“或”运算也称逻辑加，可用符号“∨”或“+”表示，两个二进制数相“或”，运算结果是有1出1，全0出0。在实际编程中，逻辑“或”运算指令具有“置位”功能，主要用于使一个8位二进制数中的某几位置1，而保留其余的几位不变。即要置1的位同“1”相或，反之，要保持不变的位同“0”相或。

例3-25 若A=1BH=00011011B，R0=46H=01000110B，(46H)=58H=01011000B，(32H)=ABH=1 0101 011B，将分别执行下列指令后的结果写在注释区。

解：

```
ORL  A，  R0        ；A=A∨R0=1BH∨46H=01011111B=5FH
ORL  A，  @R0       ；A=A∨（R0）=1BH∨58H=01011011B=5BH
ORL  A，  #32H      ；A=A∨data=1BH∨32H=00111011B=3BH
ORL  A，  32H       ；A=A∨（32H）=1BH∨ABH=10111011B=BBH
ORL  32H，A         ；（32H）=（32H）∨A=ABH∨1BH=10111011B=BBH
ORL  32H，#32H      ；（32H）=（32H）∨data=ABH∨32H=10111011B=BBH
```

例3-26 将累加器A的高4位传送到P1口的高4位，保持P1口的低4位不变。

解：

```
ANL   A， #11110000B      ；屏蔽累加器A的低4位，保留高4位，送回A
ANL   P1，#00001111B      ；屏蔽P1口的高4位，保留P1口的低4位不变
ORL   P1，A               ；将累加器A的高4位送入P1口的高4位
SJMP  $                   ；程序执行完，“原地踏步”
```

例3-27 将片内RAM中20H单元存放的BCD码转换为ASCII码。

解：

```
ORL  20H，#30H            ；用00110000B“或”20H单元的内容
```

设20H单元内存放的BCD码为00001001B=9

执行结果为：(20H)=00111001B=39H，这是ASCII码的9。

3. 逻辑“异或”运算指令（6条）

```
① XRL  A，Rn              ；A⊕Rn→A
② XRL  A，@Ri             ；A⊕（Ri）→A
③ XRL  A，#data           ；A⊕data→A
④ XRL  A，direct          ；A⊕（direct）→A
⑤ XRL  direct，A          ；（direct）⊕A→（direct）
⑥ XRL  direct，#data      ；（direct）⊕data→（direct）
```

逻辑“异或”运算指令共6条，前4条的功能是将A中的数据与源操作数所指出的数据按位进行“异或”运算，运算结果送入A中，指令执行后影响奇偶标志位P。后两条指令是将直接地址单元中的数据与源操作数所指出的数据按位进行“异或”运算，运算结果送入直接地址单元中。“异或”运算可用符号“⊕”表示，两个二进制数“异或”，运算结果是相同出0，相异出1。在实际编程中，逻辑异或运算指令具有“对位求反”功能，主要用于使一个8位二进制数中的某几位取反，而保留其余的几位不变。即取反的位同“1”相异或；反之，要保持不变的位同“0”相异或。

例3-28 若A=1BH=00011011B，R0=46H=01000110B，(46H)=58H=01011000B，

（32H）=ABH=10101011B，将分别执行下列指令后的结果写在注释区。

```
XRL   A，R0          ; A=A⊕R0=1BH⊕46H=01011101B=5DH
XRL   A，@R0         ; A=A⊕（R0）=1BH⊕58H=01000011B=43H
XRL   A，#32H        ; A=A⊕data=1BH⊕32H=00101001B=29H
XRL   A，32H         ; A=A⊕（32H）=1BH⊕ABH=10110000B=B0H
XBL   32H，A         ;（32H）=（32H）⊕A=ABH⊕1BH=10110000B=B0H
XRL   32H，#32H      ;（32H）=（32H）⊕data=ABH⊕32H=10011001B=99H
```

例 3-29 编制程序将存放在片外 RAM 的 30H 单元中某数的低 4 位取反，高 2 位置 1，其余 2 位清零。

解：

```
ORG    0100H
MOV    R0，   #30H          ; 将地址 30H 送入 R0
MOVX   A，    @R0           ; 用间接寻址将片外 30H 中的内容送入 A 中
XRL    A，    #00001111B    ; 将 30H 中的内容高 4 位保留，低 4 位取反
ORL    A，    #11000000B    ; 高 2 位置 1
ANL    A，    #11001111B    ; 其余 2 位清零
MOVX   @R0，A               ; 处理完毕，数据送回 30H 单元中
SJMP   $                    ; 程序执行完，"原地踏步"
END
```

4. 清零和取反指令

① CLR　A　；0→A

② CPL　A　；$\overline{A}$→A

第一条指令的作用是将 A 的内容清零；后一条指令的作用是将 A 的内容按位取反后送回 A 中。

例 3-30 若 A=10010110B，求分别执行下列指令后 A 中数值，写在注释区

```
CLR   A      ; A=0
CPL   A      ; A=01101001B
```

5. 循环移位指令（4 条，如图 3-10 所示）

① RL　A　　；循环左移

② RLC　A　　；带 Cy 循环左移

③ RR　A　　；循环右移

④ RRC　A　　；带 Cy 循环右移

带 Cy 循环移位时将影响 Cy 值。

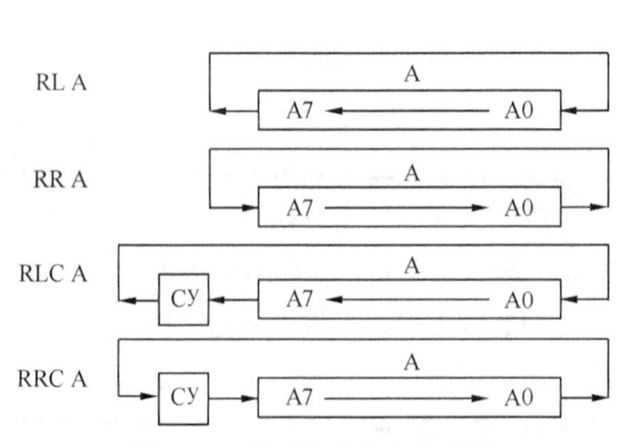

图 3-10　循环移位指令示意图

例 3-31 设 A=08H=00001000B=8，试分析下面程序的执行结果。

解：

```
RL   A    ; A=00010000B=10H=16
RL   A    ; A=00100000B=20H=32
RL   A    ; A=01000000B=40H=64
```

可见运行了 3 条左移指令后，将原数扩大到 8 倍（每次乘以 2）。

```
RR  A     ; A=00000100B=04H=4
RR  A     ; A=00000010B=02H=2
RR  A     ; A=00000001B=01H=1
```

可见运行了 3 条右移指令后，将原数缩小 1/8（每次除以 2）。

逻辑运算类指令汇总见表 3-4。

表 3-4　　80C51 逻辑运算类指令

类型	助记符		功能	对 PSW 的影响 Cy	AC	OV	P	机器代码	字节数	周期数
与	ANL A,	Rn	A∧Rn→A	×	×	×	√	58～5F	1	1
		@Ri	A∧（Ri）→A	×	×	×	√	56/57	1	1
		direct	A∧（direct）→A	×	×	×	√	55 dir	2	1
		# data	A∧data→A	×	×	×	√	54 dat	2	1
	ANL direct	A	（direct）∧A→（direct）	×	×	×	×	52 dir	2	1
		# data	（direct）∧data→（direct）	×	×	×	×	53 dir dat	3	2
或	ORL A,	Rn	A∨Rn→A	×	×	×	√	48～4F	1	1
		@Ri	A∨（Ri）→A	×	×	×	√	46/47	1	1
或	ORL A,	direct	A∨（direct）→A	×	×	×	√	45 dir	2	1
		# data	A∨data→A	×	×	×	√	44 dat	2	1
	ORL direct,	A	（direct）∨A→（direct）	×	×	×	×	42 dir	2	1
		# data	（direct）∨data→（direct）	×	×	×	×	43 dir dat	3	2
异或	XRL A,	Rn	A⊕Rn→A	×	×	×	√	68～6F	1	1
		@Ri	A⊕Ri→A	×	×	×	√	66/67	1	1
		direct	A⊕（direct）→A	×	×	×	√	65 dir	2	1
		# data	A⊕data→A	×	×	×	√	64 dat	2	1
	XRL direct,	A	（direct）⊕A→（direct）	×	×	×	×	62 dir	2	1
		# data	（direct）⊕data→（direct）	×	×	×	×	63 dir dat	3	2
循环移位	RL A		A7←…←A0	×	×	×	×	23	1	1
	RLC A		Cy←A7←…←A0	√	×	×	√	33	1	1
	RR A		A7→…→A0	×	×	×	×	03	1	1
	RRC A		Cy→A7→…→A0	√	×	×	√	13	1	1
求反	CPL A		A←$\overline{A}$	×	×	×	×	F4	1	1
清零	CLR A		A←0	×	×	×	√	E4	1	1

3.2.4　位操作类指令

80C51 硬件结构中有一个布尔处理器，它是一个 1 位处理器，有自己的累加器（借用进位位 Cy）、自己的存储器（即位寻址区中的各位），也有完成位操作的运算器等。从指令系统中，与此相对应的有一个进行布尔操作的指令集，包括位变量的传送、修改和逻辑操作等。

1. 位传送指令（2条）

① MOV　C，bit　　　　；（bit）→Cy

② MOV　bit，C　　　　；Cy→（bit）

指令中C即进位位Cy的助记符，bit为内RAM 20H～2FH中的128个可寻址位和特殊功能寄存器中的可寻址位存储单元。

例3-32　将位存储单元24H.4中的内容传送到位存储单元24H.0。

解：MOV　C，24H.4　　；（24H.4）→C

MOV　24H.0，C　　；C→（24H.0）

或写成：

MOV　C，24H　　；（24H）→C，（24H=24H.4）

MOV　20H，C　　；C→（20H），（20H=24H.0）

后两条指令中的24H和20H分别为24H.4和24H.0的位地址，而不是字节地址。在80C51单片机指令系统中，位地址和字节地址均用2位十六进制数表示。区别的方法是：在位操作指令中出现的直接地址均为位地址，而在字节操作指令中出现的直接地址均为字节地址。

不能写成MOV　24H.4，24H.0；在80C51指令系统中bit与bit之间不能直接传送，必须通过C。

2. 位修正指令（6条）

（1）位清零指令

① CLR　C　　　　；0→C

② CLR　bit　　　　；0→（bit）

（2）位取反指令

① CPL　C　　　　；$\overline{C}$→C

② CPL　bit　　　　；（$\overline{bit}$）→（bit）

（3）位置1指令

① SETB　C　　　　；1→C

② SETB　bit　　　　；1→（bit）

3. 位逻辑运算指令（4条）

（1）位逻辑“与”运算指令

① ANL　C，bit　　　　；C∧（bit）→C

② ANL　C，/bit　　　　；C∧（$\overline{bit}$）→C

（2）位逻辑“或”运算指令

① ORL　C，bit　　　　；C∨（bit）→C

② ORL　C，/bit　　　　；C∨（$\overline{bit}$）→C

例 3-33 试编制程序实现图 3-11 所示的逻辑电路的功能。

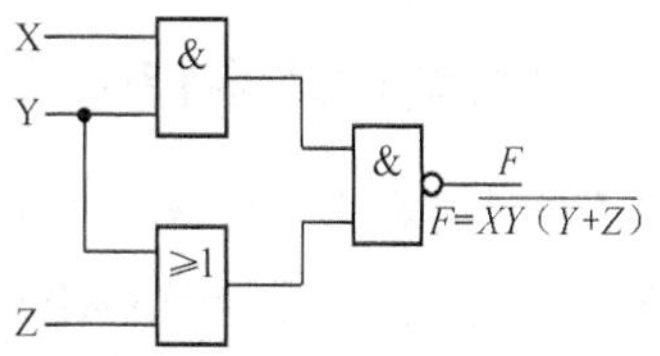

解：

```
ORG     1 000H
MOV     C，X        ；将 X 送入 Cy
ANL     C，Y        ；将 X 与 Y 后送入 Cy
MOV     F，C        ；再送入 F 保存
MOV     C，Y        ；将 Y 送入 Cy
ORL     C，Z        ；将 Y 或 Z 后送入 Cy
ANL     C，F        ；再将（Y+Z）“与”XY
CPL     C           ；最后取非
SJMP    $           ；程序执行完，“原地踏步”
END
```

图 3-11 实现 $F=\overline{XY(Y+Z)}$ 功能的电路

位操作类指令汇总见表 3-5。

表 3-5 80C51 位操作类指令

类型		助记符	功能	对 PSW 的影响				机器代码	字节数	周期数
				Cy	AC	OV	P			
位传送		MOV C，bit	(bit)→C	√	×	×	×	A2 bit	2	1
		MOV bit，C	C→(bit)	×	×	×	×	92 bit	2	1
位修正	清零	CLR C	0→C	√	×	×	×	C3	1	1
		CLR bit	0→(bit)	×	×	×	×	C2 bit	2	1
	取反	CPL C	$\overline{C}$ →C	√	×	×	×	B3	1	1
		CPL bit	($\overline{bit}$)→(bit)	×	×	×	×	B2 bit	2	1
	置 1	SETB C	1→C	√	×	×	×	D3	1	1
		SETB bit	1→(bit)	×	×	×	×	D2 bit	2	1
位逻辑运算	与	ANL C，bit	C∧(bit)→C	√	×	×	×	82 bit	2	2
		ANL C，$\overline{bit}$	C∧($\overline{bit}$)→C	√	×	×	×	B0 bit	2	2
	或	ORL C，bit	C∨(bit)→C	√	×	×	×	72 bit	2	2
		ORL C，$\overline{bit}$	C∨($\overline{bit}$)→C	√	×	×	×	A0 bit	2	2

3.2.5 控制转移类指令

计算机在运行过程中，有时因为操作的需要或程序较复杂，程序指令往往不能按顺序逐条执行，需要改变程序运行的方向，即将程序跳转到某个指定的地址后再执行。这类指令通过修改 PC 的内容来控制程序的执行过程，可极大提高程序的效率。这类指令（除比较转移指令）一般不影响标志位。MCS-51 提供了丰富的控制转移类指令，包括无条件转移、条件转移、调用和返回指令等。这类指令有 AJMP、LJMP、SJMP、JMP、JZ、JNZ、CJNE、DJNZ、ACALL、LCALL、RET、RETI、NOP，共 13 种操作助记符。

1. 无条件转移指令（4 条）

无条件转移指令根据其转移范围可分为长转移、短转移、相对转移和间接转移 4 种指令。

（1）绝对短跳转 AJMP addr11

这是 2KB 范围内的无条件转移，是绝对跳转。跳转的目标地址必须与 AJMP 的下一条指令的第一个字节在同一 2KB 范围内，这是因为跳转的目的地址与 AJMP 的下一条指令的第一个字节的高 5 位 addr15～11 相同。

AJMP 指令执行的步骤如下。

产生当前 PC。PC+2→PC，前一个 PC 是指令执行前的地址，后一个 PC 是指令执行后的 PC（称为当前 PC），PC+2 是因为该指令为双字节指令。

形成转移目标地址。当前 PC 的高 5 位和指令中的 11 位地址构成转移目标地址，即 PC=$PC_{15\sim11}$ a10～a0（a10～a0 即为转移目标地址中的低 11 位）。

例如：设标号 THIS 的地址为 1FF0H，则执行以下指令，程序的跳转目的地址为多少?

THIS：AJMP　01FFH

程序执行过程为：（PC）=（PC）+2=1FF0H+2=1FF2H；

程序的跳转目的地址为：19FFH（$PC_{15\sim11}$=00011，$PC_{10\sim0}$=00111111111）。

需要说明并强调以下几点。

① AJMP 指令的转移范围为：与当前 PC 同一 2KB 区域内，转移可向前或向后。

② 一般来说，在编程过程中，未确定指令的 PC 地址，就无法确定转移目标地址是否在同一 2KB 区域内。因此，AJMP 指令应用不便，受到限制，建议尽量不用 AJMP 指令，而用 LJMP 指令。

③ AJMP 指令的机器码是 a10a9a8（00001）a7～a0，其中 00001 为操作码，a10～a0 为操作数，由于在同一 2KB 区域内 a10a9a8 有 8 种不同的组合，即有 8 种不同的指令码。

④ 在指令程序中，转移目标地址一般不用十六进制数表达，而用转移目标的标号地址替代，如 AJMP　LOOP；LOOP 是转移目标地址的标号，但标号不能用指令助记符和伪指令码。

（2）长跳转指令 LJMP addr16

这条指令执行时把 16 位操作数的高、低 8 位分别装入 PC 的 PCH 和 PCL，无条件转向指定地址。跳转的目的地址可以在 64KB 程序存储器地址空间的任何地方，不影响任何标志位。例如：设标号 NEXT 的地址为 3 010H，则执行以下程序。

LJMP　NEXT

不管这条长跳转指令存放在程序存储器地址空间的什么位置，运行结果都会使程序跳转到 3 010H 地址后执行。

（3）相对转移指令 SJMP rel

这条指令为双字节指令，转移范围为当前 PC+127 B～−128 B。指令执行的步骤如下。

产生当前 PC。PC+2→PC，PC+2 是因为该指令为双字节指令。

形成转移目标地址。PC+rel→PC，rel 称为相对偏移量，是一个带符号的 8 位二进制数，用补码表示，其范围为−128～+127。rel≤7FH，程序向后转移；rel≥80H，程序向前转移。

在指令程序中，SJMP 转移目标地址一般也不用十六进制数表达，同样用转移目标的标号地址替代。如 SJMP WORK；WORK 是转移目标指令的标号。

例如，THIS：SJMP　WORK

设标号 THIS 的地址为 0100H，标号 WORK 的地址为 0155H，则可按以下表达式来计算偏移量：0100H+2+rel=0155H，则 rel=53H。

同理若已知偏移量，则可计算出目标地址为：（PC）+2+rel。

上述 3 条无条件转移指令的区别如下。

① 转移范围不一样。LJMP 转移范围是 64KB；AJMP 转移范围是与当前 PC 值同一 2KB；SJMP 转移范围是当前 PC−128B～+127B。使用 AJMP 和 SJMP 指令应注意转移目标地址是否在转移范围内，若超出范围，程序将出错。

② 指令字节不一样。LJMP 是 3 字节指令，AJMP、SJMP 是 2 字节指令。

例 3-34　求分别执行下列指令后 PC 值。

（1）2000H：LJMP　3000H　;
（2）27FDH：AJMP　600H　;
（3）27FDH：AJMP　700H　;
（4）27FEH：AJMP　600H　;
（5）27FDH：AJMP　LOOP1　; LOOP1 地址：2800H
（6）2000H：SJMP　60H　;
（7）2000H：SJMP　90H　;
（8）2000H：SJMP　LOOP2　; LOOP2 地址：2090H
（9）2000H：SJMP　0FEH　;

解（1）PC = 3000H，16 位目标地址直接进入 PC。

（2）①产生当前 PC，PC=PC+2=27FDH+2=27FFH = 0010011111111111B，取出高 5 位：00100。

②低 11 位目标地址：600H=01100000000B。

③组成 16 位目标地址：PC=0010011000000000B=2600H。

④指令码为：1100000100000000B=C100H（00001 为操作码，余为 11 位地址）。

（3）①产生当前 PC，PC=PC+2=27FDH+2=27FFH=0010011111111111B，取出高 5 位：00100。

②低 11 位目标地址：700H=01110000000B。

③组成 16 位目标地址：PC=0010011100000000B=2700H。

④指令码为：1110000100000000B=E100H。

题（2）与题（3）相比，除了转移目标地址不同，同一类型指令，指令码却不同。这是由于 11 位目标地址中的高 3 位可有 8 种不同的组合，因此，AJMP 指令有 8 种指令码。

（4）①产生当前 PC，PC=PC+2=27FEH+2=2800H=0010100000000000B，取出高 5 位：00101。

②低 11 位目标地址：600H=01100000000B。

③组成 16 位目标地址：PC=0010111000000000B=2E00H。

④指令码为：1100000100000000B=C100H。

题（4）与题（2）相比，指令码相同，这是由于11位目标地址中的高3位地址相同。但转移目标地址2E00H与原指令地址27FEH不在同一2KB区域，与原指令执行后的当前PC地址2800H在同一2KB区域。两题相比，原指令地址仅相差1字节，题（2）是27FDH，题（4）是27FEH，转移目标地址竟会产生如此大的差别。因此在未确定指令的PC地址时，应用AJMP指令很容易出错。

（5）①当前PC=0010011111111111B，高5位：00100。

②转移目标地址：2800H=0010100000000000B，高5位：00101；转移目标地址与当前PC高5位不相同，即不在同一2KB，无法转移。

（6）①产生当前PC，PC=PC+2=2000H+2=2002H。

②形成转移目标地址，PC=PC+rel=2002H+60H=2062H，向2000H后转移。

（7）①产生当前PC，PC=PC+2=2000H+2=2002H。

②rel是带符号的补码，当rel≥80H时，计算前应加上FF，即rel=FF90H。

③形成转移目标地址，PC=PC+rel=2002H+FF90H=1F92H，向2000H前转移。

（8）①当前PC：2002H；LOOP2地址：2090H。

②最大转移范围：（2002H+FF80H）～（2 002H+7FH）=1F82H～2081H　LOOP2地址（2090H）已超出最大转移范围，无法转移。

（9）①产生当前PC，PC=PC+2=2 000H+2=2002H。

②形成转移目标地址，PC=PC+rel=2002H+FFFEH=2000H，在“原地踏步”。

① SJMP 0FEH是常用的在“原地踏步”等待的指令。转移目标地址0FEH常用符号“$”替代，“$”表示本指令首字节地址。SJMP $ 即表示在“原地踏步”等待。

② 0FEH=FEH，之所以在FEH前加0，是为了键入电脑时便于仿真软件识别。仿真软件要求：凡用英文字母开头的地址或数据，在英文字母前要加0，这并非是80C51指令系统本身需要。在后续文字中，有0无0具有同等效果，以后不再赘述。

（4）间接转移指令JMP

JMP　@A+DPTR；A+DPTR→PC

这条指令的功能是把累加器A中的8位无符号数与数据指针DPTR中的16位地址相加，相加形成的16位新地址送入PC。这条指令为一字节无条件转移指令，属变址寻址。转移目标地址由累加器A的内容和数据指针DPTR内容之和来决定，两者都是无符号数。一般是以DPTR的内容为基址，而由A的值来决定具体的转移地址。这条指令的特点是转移地址可以在程序运行中加以改变。例如，当DPTR为确定值时，根据A的不同值可控制程序转向不同的程序段，实现程序的散转，因此也称为散转指令。

例如，如果累加器A中存放待处理命令编号（0～7），程序存储器中存放着标号为PMTB的转移表首地址，则执行下面的程序，将根据A中命令编号转向相应的处理程序。

```
PM:   MOV    R1,    A            ；（A）×3
      RL     A
      ADD    A,     R1
      MOV    DPTR，#PMTB         ；转移表首地址
      JMP    @A+DPTR             ；跳转到（A+DPTR）间接地址单元
```

```
PMTB：LJMP    PM0        ；转向命令 0 处理入口
      LJMP    PM1        ；转向命令 1 处理入口
      LJMP    PM2        ；转向命令 2 处理入口
      LJMP    PM3        ；转向命令 3 处理入口
      LJMP    PM4        ；转向命令 4 处理入口
      LJMP    PM5        ；转向命令 5 处理入口
      LJMP    PM6        ；转向命令 6 处理入口
      LJMP    PM7        ；转向命令 7 处理入口
```

将 A 中数据变换为 3A，是因为 LJMP 指令为 3 字节指令，2 条指令间间隔为 3 字节。

2. 条件转移指令（13 条）

条件转移指令是依据某种特定条件转移的指令。条件满足时转移（相当于一条相对转移指令），条件不满足时则顺序执行下面的指令。目的地址在下一条指令的起始地址为中心的 256 字节范围内（−128B～+127B）。条件转移指令均为相对转移指令，因此指令的转移范围十分有限。若要实现 64KB 范围内的转移，则可以借助于一条长转移指令的过渡来实现。

条件转移指令根据判断条件可分为判 C 转移、判 bit 转移、判 A 转移、减 1 非 0 转移和比较转移指令。满足条件，则转移；不满足条件，则程序顺序执行。

（1）判 C 转移指令（2 条）

① C=1 转移指令：JC　rel；PC+2→PC，若 Cy=1，则 PC+ rel →PC 转移
若 Cy=0，则程序顺序执行

② C=0 转移指令：JNC　rel；PC+2→PC，若 Cy=0，则 PC+ rel →PC 转移
若 Cy=1，则程序顺序执行

（2）判 bit 转移指令（3 条）

①（bit）=1 转移指令：JB　bit，rel；PC+3→PC，若（bit）=1，则 PC+rel→PC 转移
若（bit）=0，则程序顺序执行

②（bit）=0 转移指令：JNB　bit，rel；PC+3→PC，若（bit）=0，则 PC+rel→PC 转移
若（bit）=1，则程序顺序执行

③（bit）=1 转移并清零指令：JBC　bit，rel；PC+3→PC，若（bit）=1，则 0→（bit），PC+rel→PC 转移
若（bit）=0，则程序顺序执行

以上两种指令均为判位条件转移指令，也可属于位操作指令。

例 3-35　检测 P1.0，若 P1.0=0，则将 P1.1 送入 C 累加器；若 P1.0=1，则从 P1.4 输出 1。

解：

```
         JNB    P1.0，TEXTP11    ；P1.0=0 转至 TEXTP11
         SETB   P1.4             ；P1.0=1 时从 P1.4 输出 1
         ……
TEXTP11：MOV    C，P1.1           ；将 P1.1 的内容送入 C
```

（3）判A转移指令（2条）

① A=0转移指令：JZ　rel　　；PC+2→PC，若A＝0，则PC+rel→PC转移
　　　　　　　　　　　　　　　　若A≠0，则程序顺序执行

② A≠0转移指令：JNZ　rel　；PC+2→PC，若A≠0，则PC+rel→PC转移
　　　　　　　　　　　　　　　　若A＝0，则程序顺序执行

例3-36　已知片内RAM中以30H为起始地址的数据块以0为结束标志，试编制程序将其传送到以DATA为起始地址的片内RAM区中。

解：

```
        ORG     1000H
        MOV     R0，#30H     ；将源数据块起始地址30H送入R0
        MOV     R1，#DATA    ；将目的数据块起始地址DATA送入R1
LOOP：  MOV     A，@R0       ；将源数据块起始地址30H中的内容送A
        JZ      DONE         ；若A的内容为0，则跳至DONE结束，反之继续执行
        MOV     @R1，A       ；将30H中的内容送入DATA中
        INC     R0           ；将源数据块地址加1
        INC     R1           ；将目的数据块起始地址也加1
        SJMP    LOOP         ；程序上跳回LOOP处执行
DONE：  SJMP    $            ；程序执行完，"原地踏步"
        END
```

（4）减1非0转移指令（2条）

形式：DJNZ　操作数，rel

功能：PC+2→PC，操作数−1，判等于0否？不等于0转移；等于0，程序顺序执行。

DJNZ具体有以下两种指令格式。

① DJNZ　Rn，rel　；PC+2→PC，Rn−1→Rn，若Rn=0，则程序顺序执行
　　　　　　　　　　　　　　　　　　　　若Rn≠0，则PC+rel→PC，转移

② DJNZ　direct，rel；PC+3→PC，（direct）−1→（direct）
　　　　　　　　　　　　　　　　　　　　若（direct）=0，则程序顺序执行
　　　　　　　　　　　　　　　　　　　　若（direct）≠0，则PC+rel→PC，转移

DJNZ指令常用于循环程序中控制循环次数。

例3-37　试编写程序，对片内RAM以DATA为起始地址的10个单元中的数据求和，并将结果送入SUM单元。设相加结果不超过8位二进制数能表示的范围。

解：

方法1：顺序结构。

```
    ORG   1 000H
    MOV   A，    #00H        ；将累加器A清零
    MOV   R0，   #DATA       ；将起始地址送入R0
    ADD   A，    @R0         ；求和，结果送入A中
    INC   R0                 ；地址加1
    ADD   A，    @R0         ；再求和，结果送入A中
    …                        ；（总共要加10次）
```

```
        INC    R0                  ; 地址再加 1
        ADD    A,    @R0           ; 再求和，结果送入 A 中（10 个单元已求和完毕）
        MOV    SUM, A              ; 求和的结果送入 SUM 单元保存
        SJMP   $                   ; 程序执行完，"原地踏步"
        END
```

方法 2：循环结构。

```
        ORG   1000H
        MOV   A,    #00H           ; 将累加器清零作为和的初值
        MOV   R0,   #DATA          ; 起始地址送 R0（循环初始化）
        MOV   R7,   #0AH           ; 求和单元个数送 R7
LOOP：ADD   A,    @R0            ; 求和，结果送入 A 中（循环体）
        INC   R0                   ; 地址加 1（循环修改）
        DJNZ  R7,    LOOP          ;（R7）-1≠0，则程序转至 LOOP 处
                                   ;（R7）-1=0，求和完毕，程序顺序执行（循环控制）
        MOV   SUM, A               ; 求和的结果送入 SUM 单元保存（循环结束）
        SJMP  $                    ; 程序执行完，"原地踏步"
        END
```

（5）比较转移指令（4 条）

形式：CJNE　（目的操作数），（源操作数），rel

功能：PC+3→PC，目的操作数与源操作数进行比较，不相等则转移。

若（目的操作数）=（源操作数），则程序顺序执行，且 Cy=0

若（目的操作数）≠（源操作数），则 PC+rel→PC，转移

且若（目的操作数）>（源操作数），则 Cy=0

若（目的操作数）<（源操作数），则 Cy=1

CJNE 具体有以下 4 种指令格式。

① CJNE　A，direct，rel ；PC+3→PC，　若 A=（direct），则程序顺序执行，且 Cy=0
若 A>（direct），则 Cy=0 且 PC+rel→PC，转移
若 A<（direct），则 Cy=1 且 PC+rel→PC，转移

② CJNE　A，#data，rel ；PC+3→PC，　若 A=data，则程序顺序执行，且 Cy=0
若 A>data，则 Cy=0 且 PC+rel→PC，转移
若 A<data，则 Cy=1 且 PC+rel→PC，转移

③ CJNE　Rn，#data，rel ；PC+3→PC，若 Rn=data，则程序顺序执行，且 Cy=0
若 Rn>data，则 Cy=0 且 PC+rel→PC，转移
若 Rn<data，则 Cy=1 且 PC+rel→PC，转移

④ CJNE　@Ri，#data，rel；PC+3→PC，若（Ri）=data，则程序顺序执行，且 Cy=0
若（Ri）>data，则 Cy=0 且 PC+rel→PC，转移
若（Ri）<data，则 Cy=1 且 PC+rel→PC，转移

实际上，CJNE 指令执行后的 Cy 状态相当于减法指令，CJNE 指令是做了一次没有差值的减法，（试减），目的操作数大于等于源操作数时，Cy=0；目的操作数小于源操作数时，Cy=1。

例 3-38 试用含有 CJNE 的指令编写程序，将片内 RAM 以 30H 为起始地址的数据块（以 0 为结束标志）传送到以 DATA 为起始地址的片内 RAM 的区域。

解：

```
        ORG   1000H
        MOV   R0,   #30H           ；将源数据块起始地址 30H 送入 R0
        MOV   R1,   #DATA          ；将目的数据块起始地址 DATA 送入 R1
LOOP:   CJNE  @R0, #00H, LOOP1     ；若（30H）=0，程序顺序执行；若（30H）≠0
                                   ；程序转至 LOOP1 处（并影响 Cy）
        SJMP  $                    ；程序执行完，“原地踏步”
LOOP1:  MOV   A,    @R0            ；将 R0 中 30H 的内容送入 A 中
        MOV   @R1, A               ；将 30H 中的内容送入 DATA 中
        INC   R0                   ；将源数据块地址加 1
        INC   R1                   ；将目的数据块地址加 1
        SJMP  LOOP                 ；程序上跳回 LOOP 处执行
        END
```

3. 调用和返回指令

在一个程序中经常会遇到反复多次执行某程序段的情况，如果重复书写这个程序段，会使程序变得冗长而杂乱。对此，可把重复的程序编写为一个子程序，在主程序中调用子程序。这样，不仅减少了编程的工作量，而且也缩短了程序的总长度。另外，子程序还增加了程序的可移植性，一些常用的运算程序写成子程序形式，可以被随时引用、参考，为广大单片机用户提供了方便。

调用子程序的程序称为主程序，主程序与子程序间的调用关系如图 3-12（a）所示。在一个比较复杂的子程序中，往往还可能再调用另一个子程序，这种子程序再次调用子程序的情况，称为子程序的嵌套，如图 3-12（b）所示。从图 3-12（b）中可看出，调用和返回构成了子程序调用的完整过程。为了实现这一过程，必须有子程序调用和返回指令，调用指令在主程序中使用，而返回指令则应该是子程序的最后一条指令。为保证正确返回，每次调用子程序时，CPU 将自动把断口地址保存到堆栈中，返回时按后进先出原则把地址弹出到 PC 中，从原断口地址开始继续执行主程序。调用指令根据其调用子程序范围可分为长调用和短调用两种，其特点类似于长转移和短转移指令。

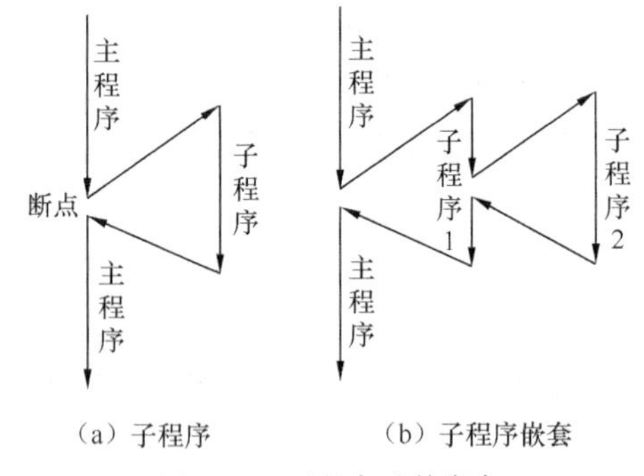

图 3-12 子程序及其嵌套

（1）长调用指令

```
LCALL  addr16  ；PC+3→PC，SP+1→SP，（PC）0～7→（SP）
               ；SP+1→SP，（PC）8～15→（SP），addr16→PC
```

LCALL 指令执行步骤如下。

① 产生当前 PC：PC+3→PC，PC+3 是因为该指令为 3 字节指令。

② 断口地址低 8 位保存到堆栈中：SP+1→SP，（PC）0～7→（SP）。

③ 断口地址高 8 位保存到堆栈中：SP+1→SP，（PC）8～15→（SP）。

④ 形成转移目标地址：addr16→PC。

例 3-39 若 SP=54H，G01=105DH，G02=3000H，执行指令 G01：LCALL　G02，结果如何？

解：结果为 SP=56H，（55H）=60H，（56H）=10H，（PC）=3000H。

（2）短调用指令

ACALL　addr11　　　　；PC+2→PC，SP+1→SP，（PC）0～7→（SP）
　　　　　　　　　　　；SP+1→SP，（PC）8～15→（SP），addr0～10→PC0～10

ACALL 指令执行步骤如下。

① 产生当前 PC：PC+2→PC，PC+2 是因为该指令为双字节指令。

② 断口地址低 8 位保存到堆栈中：SP+1→SP，（PC）0～7→（SP）。

③ 断口地址高 8 位保存到堆栈中：SP+1→SP，（PC）8～15→（SP）。

④ 形成转移目标地址：addr11→PC0～10，PC11～15 不变。

⑤ ACALL 指令的机器码是 a10a9a8（10001）a7～a0，其中 10001 为操作码，a10～a0 为操作数，由于在同一 2KB 区域内 a10a9a8 有 8 种不同的组合，即有 8 种不同的指令码。

例 3-40 若 SP=07H，NEW 表示实际地址为 0345H，PC 当前值为 0123H，执行指令 ACALL NEW 后，结果如何？

解：结果为 SP=09H，（08H）=25H，（09H）=01H，PC=0345H。

LCALL 与 ACALL 的区别和 LJMP 与 AJMP 的区别相同。但执行转移指令不考虑返回，而执行调用指令后需要返回，因此在将新的地址送入 PC 之前，先要把原 PC 值压入堆栈保存。

LCALL 可以调用存储在 64KB ROM 范围内任何地方的子程序；ACALL 只能调用与当前 PC 同一 2KB 范围内的子程序。

ACALL 指令的缺点与 AJMP 指令相同，容易出错，建议尽量不用。

（3）返回指令（2 条）

返回指令有子程序返回和中断返回两种。

① RET　　；子程序返回

② RETI　　；中断返回

返回指令执行步骤如下。

（SP）→PC8～15，SP−1→SP；

（SP）→PC0～7，SP−1→SP。

返回指令的功能都是从堆栈中取出断点地址，送入 PC，使程序从主程序断点处继续执行。但两者不能混淆，子程序返回对应于子程序调用，中断返回应用于中断服务子程序中，中断服务子程序是在发生中断时 CPU 自动调用的。中断返回指令除了具有返回断点的功能以外，还对中断系统有影响。

无论 RET 还是 RETI 都是子程序执行的最后一条指令。

例 3-41 设 SP=54H，（54H）=00H，A=FFH，标号 WOK1=205DH，SUB1=3000H，求执行下列指令后的结果。

```
WOK1：LCALL   SUB1      ；PC+3→PC，PC=2060H，SP+1→SP，SP=55H，（55H）=60H
                        ；SP+1→SP，SP=56H，（56H）=20H，PC=3000H
WOK2：SJMP  $           ；SP=54H，（54H）=00H，PC=2060H
……                      ；……
```

```
SUB1：PUSH  Acc       ；SP=57H，（57H）=FFH，（56H）=20H，（55H）=60H
      MOV  A，#00H    ；A=00H
……                    ；注：中间无堆栈操作指令
      POP  Acc        ；A=FFH，SP = 56H，（56H）=20H，（55H） = 60H
      RET             ；（SP） →PCH，PCH=20H，SP－1→SP，SP=55H
                      ；（SP） →PCL，PCL=60H，SP－1→SP，SP=54H
                      ；PC=2 060H，（54H）=00H
```

执行最终结果：SP=54H，（54H）=00H，A= FFH，PC=2 060H，程序在 WOK2 “原地踏步” 等待。

4. 空操作指令（1 条）

```
NOP     ；PC+1→PC
```

NOP 指令的功能仅使 PC 加 1，然后继续执行下条指令，无任何其他操作。NOP 为单机器周期指令，在时间上占用一个机器周期，因而在延时或等待程序中常用于时间“微调”。

例 3-42　利用 NOP 指令产生矩形波从 P1.0 输出。

```
HATE：CLR   P1.0     ；P1.0 清零
      NOP            ；空操作
      NOP
      NOP
      NOP
      SETB  P1.0     ；P1.0 置 1
      NOP            ；空操作
      NOP
      SJMP  HATE     ；无条件返回
```

控制转移类指令汇总见表 3-6。

表 3-6　80C51 控制转移类指令

类型		助 记 符	功 能	对 PSW 的影响				机 器 代 码	字节数	周期数
				Cy	AC	OV	P			
无条件转移	转移	LJMP addr16	addr16→PC	×	×	×	×	02 adrH adrL	3	2
		AJMP addr11	PC+2→PC,addr11→PC	×	×	×	×	*1 adrL	2	2
		SJMP rel	PC+2+rel→PC	×	×	×	×	80 rel	2	2
		JMP @A+DPTR	A+DPTR→PC	×	×	×	×	73	1	2
	调用	LCALL addr16	PC+3→PC 断点入栈，addr16→PC	×	×	×	×	12 adrH,adrL	3	2
		ACALL addr11	PC+2→PC 断点入栈，addr11→PC	×	×	×	×	※1 adL	2	2
	返回	RET	子程序返回	×	×	×	×	22	1	2
		RETI	中断返回	×	×	×	×	32	1	2
条件转移		JZ rel	A = 0，则 PC + 2 + rel→PC	×	×	×	×	60 rel	2	2
		JNZ rel	A≠0，则 PC + 2 + rel→PC	×	×	×	×	70 rel	2	2
		JC rel	Cy = 1，则 PC + 2 + rel→PC	×	×	×	×	40 rel	2	2

续表

类型	助 记 符	功 能	对 PSW 的影响				机 器 代 码	字节数	周期数
			Cy	AC	OV	P			
条件转移	JNC rel	Cy = 0，则 PC+2 + rel→PC	×	×	×	×	50 rel	2	2
	JB bit，rel	(bit) = 1，则 PC + 3 + rel →PC	×	×	×	×	20 bit rel	3	2
	JNB bit，rel	(bit) = 0，则 PC + 3 + rel →PC	×	×	×	×	30 bit rel	3	2
	JBC bit，rel	(bit) = 1，则 PC + 3 + rel →PC,0→bit	√	×	×	×	10 bit rel	3	2
	CJNE A，#data，rel	A≠data，则 PC + 3 + rel →PC	√	×	×	×	B4 dat rel	3	2
	CJNE A，direct，rel	A≠(direct)，则 PC + 3 + rel→PC	√	×	×	×	B5 dir rel	3	2
	CJNE Rn,#data,rel	Rn≠data，则 PC + 3 + rel →PC	√	×	×	×	B8～BF dat rel	3	2
	CJNE @Ri，#dara，rel	(Ri)≠data，则 PC + 3 + rel →PC	√	×	×	×	B6/B7 dat rel	3	2
	DJNZ Rn，rel	Rn−1→Rn，若 Rn≠0，则 PC + 2 + rel→PC	×	×	×	×	D8～DF rel	2	2
	DJNZ direct，rel	(direct) −1 → (direct), 若 (direct)≠0，则 PC+3+rel →PC	×	×	×	×	D5 dir rel	3	2
空操作	NOP	PC + 1→PC	×	×	×	×	00	1	1

注：*1，*表示 0，2，4，…，C，E；※1，※表示 1，3，5，…，D，F。

项目 3 内存初始化

1. 项目概述

内存是单片机中的重要资源，其功能是存储信息，从结构上来看可以分成两类：RAM 和 ROM。前者是随机存储器，主要实现数据的输入/输出、中间结果存放和堆栈操作等，但是掉电后信息将消失；后者是只读存储器，主要用于存放程序或常数，掉电后信息保持不变，本项目的目的是正确地认识和使用这些存储器。

2. 应用环境

对于一个由单片机组成的工程项目来说，开机后首先要做的事情就是内存初始化，如将指定的一片内存清零或写成特定的二进制信息，有时也要对内存进行功能性检测以确认内存是否存在器质性的问题。

3. 实现过程

（1）存储结构和流程分析

对于 MCS-51 系列单片机来说，其基本型的 RAM 地址是 00H～7FH 共 128 个单元，本项目的任务是仅仅对其中的一段内存 20H～2FH 单元进行清零处理，从图 3-13 可以看出，对于内存可以从地址、单元内容和指针这三者的关系进行理解，并且这三者关系可以通过汇编语言进行精确地控制，其左边显示了算法的实现过程。程序开始后，首先进行初始化，确定首地址 20H 和数据个数 10H 个（16 个），然后对指定单元送 0，每送一次后就将指针向高地址移动一次，然后判断是否送了 10H 次，没完则继续，如果送完就结束程序。

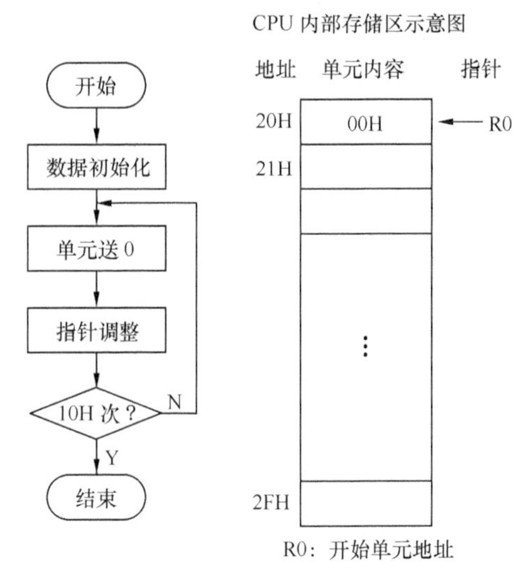

图 3-13 算法流程和存储器结构

（2）程序的实现

首先建立该项目的工程文件夹，然后编辑汇编语言源文件，以“.ASM”形式保存文件，对文件进行编译、连接、下载和运行，然后通过监控命令可以查看指定的 20H～2FH 中的内容是否已被清零。以下的源程序中除了我们熟悉的标号、助记符和注释外，前面增加了地址和机器码的内容，实际上，用汇编语言编写出来的程序最终是以机器码的形式存放在所指定的地址单元中，机器码才是真正的可执行代码。

```
地址     机器码   标号      助记符                    注释
                           ORG    0 000H             ；程序首地址
0000H    0130              AJMP   START              ；跳过敏感区
                           ORG    0 030H             ；新的首地址
0030H    7820     START：  MOV    R0，   #20H        ；指针指向 20H 单元
0032H    7910              MOV    R1，   #16         ；数据个数为 16 个
0034H    7600     LOOP：   MOV    @R0，#00H          ；清零
0036H    08                INC    R0                 ；指针调整
0037H    D9FB              DJNZ   R1，   LOOP        ；未完，继续
0039H    80F9              SJMP   $                  ；“原地踏步”
                           END                       ；结束汇编
```

（3）指令精练

从源代码来看，程序并不复杂，然而我们对指令的理解不应该只停留在字面上，而应该从本质上进行理解，例如，“MOV R0，#20H”语句，表面上看这是一个立即数寻址，执行后 R0 中的内容为 20H。实际上，比较好的理解是：R0 是一条指针，它指向了内存中的某一个单元，单元中的内容是立即数，是 20H。而“MOV @R0，#00H”是将立即数 0 送到了 R0 所指示的内存单元中去，这就是所谓的清零，“INC R0”指令是将指针指向下一个要操作的单元；另一方面，R1 用来存放所要处理数据的个数，对“DJNZ R1，LOOP”指令的理解可以是这样

的：字母 D 理解为对 R1 减 1，字母 J 理解为跳转，字母 NZ 理解为不是 0，简称“减 1 不为 0”操作。这里就形成一个判断：16 个数都操作完了吗？未操作完就转移到标号 LOOP 中继续执行，直到 16 个数操作完毕才执行下一条“原地踏步”语句，这样的操作在汇编语言中使用得非常广泛，应正确理解。

（4）深入讨论

本项目中对内存单元的检查是通过监控命令来实现的，如果设计了一个最小系统，并且没有键盘，那么如何查看内存中的内容呢？根据我们已经掌握的技能，可以把内存中的内容送到带有 LED 显示器的 P1 端口上进行显示。通过这种方式，可以熟悉两种知识，其一是端口知识，其二是编程技巧。以下的程序就实现了所要求的功能，请你把它编辑并完整执行，你看到了什么？

```
        ORG     0000H
        AJMP    START
        ORG     0030H
START： MOV     R0，    #20H            ；清零处理
        MOV     R1，    #10H
LOOP：  MOV     @R0，   #00H
        INC     R0
        DJNZ    R1，    LOOP
        MOV     R0，    #20H            ；检测处理
        MOV     R1，    #10H
TEST：  MOV     P1，    @R0
        ACALL   DELAY
        MOV     P1，    #0FFH
        ACALL   DELAY
        INC     R0
        DJNZ    R1，    TEST
        SJMP    $
DELAY： MOV     R5，    #4H             ；延时约 0.5s
  F3：  MOV     R6，    #0FFH
  F2：  MOV     R7，    #0FFH
  F1：  DJNZ    R7，    F1
        DJNZ    R6，F2
        DJNZ    R5，F3
        RET
        END
```

4. 思考与讨论

（1）老师与同学之间讨论的问题

① 如何用监控命令检查 20H～2FH 单元中的内容？

② 如果把 20H～2FH 中的内容改成 FF，如何修改程序？

③ 在P1端口的LED灯亮代表“0”还是“1”？

④ 程序存储区的地址范围是0000H～0FFFH，CPU内部RAM存储区为00H～7FH，这两种存储器有何区别？

（2）同学与同学之间讨论的问题，训练倾听和协作的能力

以下问题只是一个参考，鼓励同学之间提出不同的问题，老师可以适当地参与讨论并答疑解惑。

① 同学A提出的问题：如果源文件用汉字起文件名将会出现什么问题？

② 同学B提出的问题：工程文件可以建立在Dais目录之外吗？

A和B两个同学互相提问并做相应的回答，把这些内容记录下来然后写在作业本上。

思考与练习题

3.1 80C51系列单片机有哪几种寻址方式？这几种寻址方式是如何寻址的？

3.2 访问特殊功能寄存器和片外数据存储器应采用哪些寻址方式？

3.3 80C51系列单片机的指令系统可以分为哪几类？试说明各类指令的功能。

3.4 外部数据传送指令有哪几条？试比较下面每一组中两条指令的区别。

（1）MOVX A，@R0　　MOVX A，@DPTR

（2）MOVX @R0，A　　MOVX @DPTR，A

（3）MOVX A，@R0　　MOVX @R0，A

3.5 在80C51片内RAM中，已知（30H）=38H，（38H）=40H，（40H）=48H，（48H）=90H。请分析下段程序中各指令的作用；说明源操作数的寻址方式及顺序执行每条指令后的结果。

```
MOV   A,      40H              MOV   R0, 30H
MOV   R0,     A                MOV   90H, R0
MOV   P1,     #0F0H            MOV   48H, #30H
MOV   @R0,    30H              MOV   A, @R0
MOV   DPTR,   #1246H           MOV   P2, P1
MOV   40H,    38H
```

3.6 指出下列指令中画线的操作数的寻址方式。

（1）MOV R0，<u>#30H</u>　　（2）MOV A，<u>30H</u>

（3）MOV A，<u>@R0</u>　　（4）MOV @R0，<u>A</u>

（5）MOVC A，<u>@A+DPTR</u>　　（6）CJNE A，#00H，<u>30H</u>

（7）MOV C，<u>30H</u>　　（8）MUL <u>AB</u>

（9）MOV DPTR，<u>1234H</u>　　（10）POP <u>Acc</u>

3.7 已知R1=30H，A=40H，（30H）=60H，（40H）=08H，试分析执行下列指令后，上述各单元内容的变化。

（1）MOV A，R1

（2）MOV @R1，40H

（3）MOV　40H，A

（4）MOV　R1，#7FH

3.8　若(50H)=40H，试写出执行下列程序段后累加器A、寄存器R0及片内RAM的40H、41H、42H单元中的内容各为多少?

```
MOV    A,     50H
MOV    R0,    A
MOV    A,     #00H
MOV    @R0,   A
MOV    A,     #3BH
MOV    41H,   A
MOV    42H,   41H
```

3.9　已知（30H）=11H、（11H）=22H、（40H）=33H，试求下列程序依次连续运行后A、R0和30H、40H、50H、60H单元中的内容。

```
MOV    50H,   30H
MOV    R0,    #40H
MOV    A,     11H
MOV    60H,   @R0
MOV    @R0,   A
MOV    30H,   R0
```

3.10　设片内RAM（40H）= FFH，分析以下程序连续运行的结果。

```
MOV    50H, #40H
MOV    R1,  #50H
MOV    A,   @R1
MOV    R0,  A
MOV    60H, @R0
MOV    30H, 60H
```

3.11　设A=11H，(44H)=22H，R0=33H，试求下列程序依次运行后有关单元中的内容。

```
MOV    A,     R0
MOV    R0,    #44H
MOV    33H,   @R0
MOV    @R0,   A
MOV    A,     R0
MOVX   @R0,   A
```

3.12　试写出完成以下的数据传送的指令序列。

（1）R1内容传送到R0。

（2）片内RAM单元60H的内容传送到寄存器R2。

（3）片内单元20H内容送到片内RAM单元60H。

（4）片外RAM单元1 000H的内容送到片内RAM单元20H。

（5）片外RAM单元1 000H的内容送到寄存器R2。

（6）片外 ROM 单元 2000H 的内容送到片内 RAM 单元 20H。

（7）片外 RAM 单元 1000H 的内容送到片外 RAM 单元 2000H。

3.13 设堆栈指针 SP 中的内容为 60H，内部 RAM 中 30H 和 31H 单元的内容分别为 24H 和 10H，执行下列程序段后 61H、62H、30H、31H、DPTR 及 SP 的内容将有何变化？

```
PUSH    30H
PUSH    31H
POP     DPL
POP     DPH
MOV     30H，#00H
MOV     31H，#FFH
```

3.14 试将 30H、R7、B、A、PSW、DFFR 中的数据依次压入堆栈。并指出每次堆栈操作后，SP=?、（SP）=?设原 SP=70H，当前工作寄存器区为 0 区，（30H）=FFH，R7=12H，B=22H，A=32H，PSW=42H，DPTR=5252H。

3.15 已知 SP=25H，PC=2345H，（24H）=12H，（25H）=34H，（26H）=56H。问此时执行 RET 指令以后，（SP）=? PC=?

3.16 设 A=40H，R1=23H，（40H）= 05H。执行下列两条指令后，累加器 A 和 R1 以及内部 RAM 中 40H 单元的内容各为何值?

```
XCH     A，R1
XCHD    A，@R1
```

3.17 设 A=01010101B，R5=10101010B，分别写出执行下列指令后的结果。

```
ANL  A，R5
ORL  A，R5
XRL  A，R5
```

3.18 若 A=ABH，R0=34H，（34H）=CDH，（56H）=EFH，将分别执行下列指令后的结果写在注释区。

```
（1）XCH    A， R0
（2）XCH    A， @R0
（3）XCH    A， 56H
（4）XCHD   A，@R0
（5）SWAP   A
```

3.19 说明下列指令的作用，执行后 R0=?

```
MOV     R0，#72H
XCH     A， R0
SWAP    A
XCH     A， R0
```

3.20 若 A=78H，R0=34H，（34H）=DCH，（56H）=ABH，求分别执行下列指令后 A 和 Cy 中的数据。

```
（1）ADD  A，R0          （2）ADD   A，@R0
（3）ADD  A，56H         （4）ADD   A，#56H
```

3.21　若A=96H，R0=47H，（47H）=CBH，（69H）=34H，（95H）=96H，Cy=1，求分别执行下列指令后A和Cy中的数据。

（1）ADDC　A，R0　　（2）ADDC　A，@R0
（3）ADDC　A，69H　　（4）ADDC　A，#69H
（5）SUBB　A，R0　　（6）SUBB　A，@R0
（7）SUBB　A，95H　　（8）SUBB　A，#95H

3.22　若A=FFH，R0=00H，（00H）=FFH，DPTR=FFFFH，Cy=0，位地址（00H）=1，写出分别执行下列指令后的结果。

（1）DEC　A
（2）DEC　R0
（3）INC　@R0
（4）INC　DPTR
（5）CPL　00H
（6）SETB　00H
（7）ANL　C，/00H
（8）ORL　C，00H

3.23　设A=5AH，R1=30H，（30H）=E0H，Cy=1。分析执行下列各指令后A的内容以及对Cy、P的影响。（每条指令都以题中规定的原始数据参加操作）

（1）XCH　A，R1　　（2）XCHD　A，@R1
（3）SWAP　A　　（4）ADD　A，#30H
（5）ADDC　A，30H　　（6）INC　A
（7）SUBB　A，30H　　（8）DEC　A
（9）RL　A　　（10）RLC　A
（11）CPL　A　　（12）CLR　A
（13）ANL　A，30H　　（14）ORL　A，@R1
（15）XRL　A，#30H

3.24　若已知A=76H，PSW=81H，转移指令所在地址为2080H，当执行以下指令后，程序是否发生转移?PC值等于多少?其中12H、34H、9AH均为偏移量。

（1）JNZ　12H
（2）JNC　34H
（3）CJNE　A，#50H，9AH

第4章 汇编语言程序设计

【学习目标】

1. 了解汇编语言程序的基本结构
2. 掌握汇编语言程序设计的步骤和基本方法
3. 会用汇编语言编写程序
4. 能熟练进行常用的语言程序设计

【重点内容】

1. 伪指令的功能和应用
2. 单片机程序设计语言
3. 单片机程序设计方法

指令只有按工作要求有序地编排为一段完整的程序，才能起到作用，完成某一特定任务。通过程序的设计、调试和运行，可以进一步加深对指令系统的了解和掌握，提高单片机控制技术的应用水平。本章将详细介绍80C51汇编语言程序设计方法，列举一些具有代表性的汇编语言程序实例，作为设计程序的参考。

4.1 伪指令

用汇编语言编写的程序称为汇编语言源程序。计算机是不能直接识别源程序的，必须把它翻译成目标程序（机器语言程序），这个翻译过程叫“汇编”。当汇编程序对汇编语言源程序进行汇编时，还要求提供一些有关汇编信息的指令，例如指定程序或数据存放的起始地址、给一些连续存放的数据确定单元等。这类指令在汇编时并不产生机器码，不影响程序的执行，仅用来对汇编过程进行某种控制，所以称为伪指令。常用伪指令有下列几种。

1. 起始伪指令 ORG

格式：ORG 16 位地址

功能：ORG 伪指令总是出现在每段源程序或数据块的开始。它指明此语句后面的程序或数据块的起始地址。

在汇编时，由 16 位地址确定此语句下面第一条指令（或第一个数据）的地址。该段源程序（或数据块）就连续存放在以后的地址内，直到遇到另一条 ORG 伪指令为止。

例如：

```
        ORG     1000H
START： MOV     R0，#50H
        MOV     A，  R4
        ADD     A，  @R0
```

汇编后，目标代码在存储器中存放的起始地址是 1000H，ORG 1000H 表示该伪指令下面第一条指令的起始地址是 1000H，即 MOV　R0，#50H 指令的第一个字节地址为 1 000H。

2. 程序结束伪指令 END

格式：END

功能：表示汇编结束，位于源程序结尾处。

例 4-1　主程序中 END 的位置。

```
        ORG     0120H
START： MOV     A，#80H
        ……
        SJMP    $           ；本指令是执行指令，用于动态停机
        END                 ；本指令是伪指令，不执行，表示汇编到此结束
```

3. 字节定义伪指令 DB

格式：标号：DB 字节数据、字符或表达式

功能：在 ROM 中开辟数据存储区，以字节为单位依次存放着 DB 后面的数据。这些数据如果是字符（必须用单引号括起），将以 ASCII 码形式出现；如果是表达式，则存放着表达式的值。数据区的起始地址可以用标号代替。

例 4-2　程序如下。

```
地址                ORG     0120H               指令字节数
0120H               MOV     A，  #03H              2
0122H               MOVC    A，@A+PC               1
0123H     XXX：     RET                            1
0124H     YYY：     DB      01H，04H，09H，'A'
```

伪指令 YYY：DB　01H，04H，09H，'A'就是从 0124H 单元开始创建一个数据区，依次存放的内容是（0124H）=01H，（0125H）=04H，（0126H）=09H，（0127H）=41H，其中 41H 是字符 A 的 ASCII 码，这个数据区的首地址 0124H 可以使用标号 YYY 代替。

4. 定义字伪指令 DW

格式：标号：DW　16 位二进制数表

功能：从指定的地址单元开始，定义若干个 16 位数据。因为 16 位须占用两个字节，所以高 8 位先存入，低 8 位后存入。不足 16 位者，用 0 填充。

例 4-3　ORG　1000H

HTAB：DW 7 856H，89H，30

汇编后：(1000H)=78H，(1001H)=56H，(1002H)=00H，(1003H)=89H，(1004H)=00H，(1005H)=1EH。

5. 等值伪指令 EQU

格式：字符名称　EQU　数据或汇编符号

功能：将一个数据或特定的汇编符号赋予规定的字符名称。

```
例如： PP      EQU   R0           ; PP=R0
       MOV   A，PP               ; A←R0
```

这里将 PP 等值为汇编符号 R0，在指令中 PP 就可以代替 R0 来使用。例如：

```
ABC     EQU    30H          ; ABC=30H
DELY    EQU   1234H         ; DELY=1234H
MOV     A，  #ABC           ; A=#30H
LCALL   DELY                ; 调用首地址为 1234H 的子程序
```

6. 数据地址赋值伪指令 DATA

格式：字符名称　DATA　表达式

功能：将数据地址或代码地址赋予规定的字符名称。

DATA 与 EQU 的功能有些相似，区别为 EQU 定义的符号必须先定义后使用，而 DATA 可以先使用后定义。因此用它定义数据可以放在程序末尾进行数据定义。

例如：…

```
     MOV   A，#LEN
     LEN   DATA   10
```

尽管 LEN 的引用在定义之前，但汇编语言系统仍可以知道累加器 A 中的值是 0AH。

7. 定义位地址伪指令 BIT

格式：字符名称　BIT　位地址

功能：将位地址赋予所规定的字符名称。

例如：

```
AQ    BIT    P0.0
DEF   BIT   30H
```

把 P0.0 的位地址赋给字符 AQ，把位地址 30H 赋给字符 DEF。在其后的编程中，AQ 可作 P0.0 使用，DEF 可作位地址 30H 使用。

4.2 汇编语言程序设计的基本方法

当给定一个题目并进行程序设计时，一般应按以下几个步骤进行：分析题目、确定算法、程序结构的设计、编写源程序、汇编和调试。

1. 分析题目

分析题目就是明确题目的任务，弄清所给定的原始数据和应得到的结果，以及对运算精度和速度的要求等。分析题目是整个程度设计工作的基础。若任务比较简单，其原始数据和目的要求就比较清楚，就容易确定设计方法。而对于比较复杂的题目，必须进行全面深入的分析。

2. 确定算法

确定算法就是选择求解问题的方法。例如，对于单纯的数值计算问题，汇编语言指令本身只能进行加减乘除等基本运算，但是实际问题可能是计算某个函数或解方程。在这种情况下，确定算法就是设法用基本运算方法来解决其他的复杂问题。算法往往不是唯一的。不同算法在占用存储单元数、计算精度、编程工作量等方面是有差别的，这就需要进行比较和选择。

3. 程序结构的设计

程序结构的设计是把算法转化为程序的准备阶段。如果算法比较简单，这一步可以省掉，直接按算法编写程序。如果比较复杂，则需要进行程序结构的设计。程序结构的设计一般采用流程图法。流程图是用规定的图形符号配合文字说明来表示算法或处理问题的步骤。它具有直观、易懂的特点，是程序结构设计的有力工具。

流程图的符号和说明见表 4-1。

表 4-1　　流程图的符号和说明

符　号	名　称	表示的功能
	终端框	程序的开始或结束
	处理框	各种处理操作
	判断框	条件转移操作
	输入/输出框	输入/输出操作
	流向线	程序执行方向
	引出/引入连接线	流程的连接

流程图的绘制是一个由简略到精细的过程，需要反复修改，以求完善。程序的基本结构有顺序结构、分支结构、循环结构、查表程序结构和散转程序结构等。

当程序较大时，应根据功能将整个程序分为若干个模块。例如，流程图上的一个框就是一个模块，而每一个模块又有局部流程图。在这种情况下，总的流程图可以简略一点，着重反映设计思想和整体结构，表示出各模块之间的相互联系。

4. 编写源程序

程序结构设计完成以后，下一步是编写源程序。在编程之前，要规划好寄存器和存储器的使用。对于程序区、表格、数据缓冲区、标志单元等做好统一安排。

编程根据程序流程图来进行。所编写的源程序要力求简单明了，层次清晰，运行时间短，占用存储单元少。建立源程序就是将程序输入计算机的过程。原则上可以使用任何文字处理软件完成该任务，但绝大多数开发系统会提供方便的程序输入环境。源程序输入计算机后以文件形式保存，汇编语言源程序文件的扩展名为“.ASM”。

5. 汇编和调试

对于编写好的源程序，要进行汇编和调试。汇编是将源程序变为可执行的目标程序。在汇编过程中，可能会发现源程序的某些错误，需要做修改。汇编过程目前有两种形式：手工汇编和机器汇编。手工汇编是编程人员手工查阅指令表获取指令代码的过程，速度慢，且容易出错，已很少使用。机器汇编是用汇编程序对源程序进行语法检查、翻译的过程。速度快、效率高，是目前普遍使用的方法。

汇编工作完成后，还要通过调试来检查所编程序是否能正常运行。调试方法一般是输入给定的数据，使程序运行，检查程序运行结果是否正确。调试工作可以先部分（或模块）而后整体。如果程序运行结果不正确或不能运行，应修改源程序中不正确的地方，并重新汇编（编译）、连接、运行程序，逐步完善程序的行为和功能。

在程序设计过程中，为了使程序结构清晰、易读、易懂，应采用结构化程序设计方法。根据结构化程序设计的观点，任何程序都可以用3种基本控制结构，即顺序结构、选择（分支）结构和循环结构来组成，反过来用这3种基本程序结构，可以构成任何程序。同时，程序设计一般还有查表以及散转等编制方法。

4.3 顺序程序

顺序程序是指按顺序依次执行的程序，也称为简单程序或直线程序。顺序程序结构虽然比较简单，但也能完成一定的功能任务，是构成复杂程序的基础。

例4-4 已知16位二进制负数存放在R1、R0中，试求其补码，并将结果存在R3、R2中。

解：二进制负数的求补方法可归结为“求反加1”，符号位不变。利用CPL指令实现求反；加1时，则应低8位先加1，高8位再加上低位的进位。注意这里不能用INC指令，因为INC指令不影响标志位。

程序如下。

```
CONT: MOV    A, R0      ; 读低8位
```

```
        CPL     A           ; 取反
        ADD     A, #1       ; 加 1
        MOV     R2, A       ; 存低 8 位
        MOV     A, R1       ; 读高 8 位
        CPL     A           ; 取反
        ADDC    A, #80H     ; 加进位及符号位
        MOV     R3, A       ; 存高 8 位
        RET
```

例 4-5 假设两个双字节无符号数，分别存放在 R1R0 和 R3R2 中，高字节在前，低字节在后。编程使两数相加，和数存放回 R2R1R0 中。

解： 此为简单程序，求和的方法与笔算类同，先加低位，后加高位，无需画流程图。

直接编程如下。

```
    ORG     1000H
    CLR     C
    MOV     A, R0       ; 取被加数低字节至 A
    ADD     A, R2       ; 与加数低字节相加
    MOV     R0, A       ; 存和数低字节
    MOV     A, R1       ; 取被加数高字节至 A
    ADDC    A, R3       ; 与加数高字节相加
    MOV     R1, A       ; 存和数高字节
    MOV     A, #0
    ADDC    A, #0       ; 加进位位
    MOV     R2, A       ; 存和数进位位
    SJMP    $           ; “原地踏步”
    END
```

例 4-6 试编写逻辑运算程序，功能如下。

（1）$F=X(Y+Z)$。

（2）$F=\overline{\overline{X}YZ}$。

其中，F、X、Y、Z 均为位变量，依次存在以 30H 为首址的位寻址区中。

解：（1）

```
        F  BIT  30H
        X  BIT  31H
        Y  BIT  32H
        Z  BIT  33H
LOG1:   MOV  C, Y           ; Y→C
        ORL  C, Z           ; (Y+Z)→C
        ANL  C, X           ; X(Y+Z)→C
        MOV  F, C           ; X(Y+Z)→F
        RET
```

（2）

LOG2：MOV　C，Y　　　　；$Y \to C$

　　　ANL　C，Z　　　　；$YZ \to C$

　　　ANL　C，/X　　　 ；$\overline{X}YZ \to C$

　　　CPL　C　　　　　 ；$\overline{\overline{X}YZ} \to C$

　　　MOV　F，C　　　　；$\overline{\overline{X}YZ} \to F$

　　　RET

4.4 分支程序

分支程序的主要特点是程序包含有判断环节，不同的条件对应不同的执行路径。编程的关键任务是合理选用具有逻辑判断功能的指令。由于选择结构程序的走向不再是单一的，因此，在程序设计时，应该借助程序框图（判断框）来明确程序的走向，避免犯逻辑错误。一般情况下，每个选择分支均需要一段单独的程序，并有特定的名字，以便当条件满足时实现转移。80C51的判断跳转指令极其丰富，功能极强，为复杂问题的编程提供了极大方便。从形式上可以把分支程序分为单分支和多分支两种。

1. 单分支选择结构

当程序的判断是二选一时，称为单分支选择结构。通常用条件转移指令实现判断及转移。单分支选择结构有 3 种典型表现形式，如图 4-1 所示。

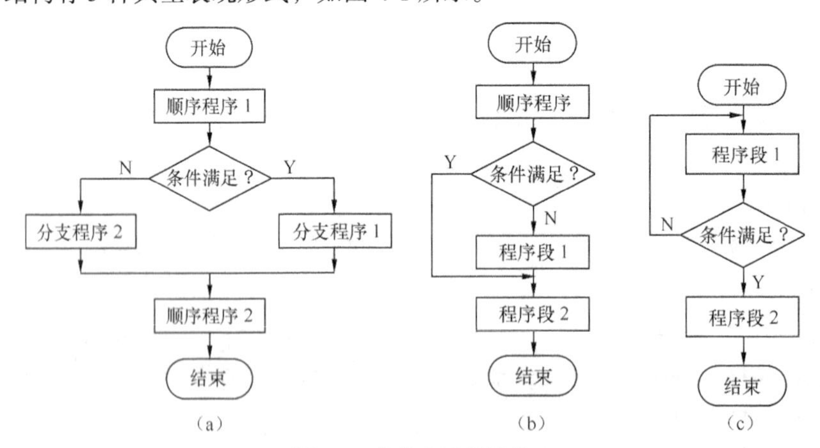

图 4-1　单分支选择结构

在图 4-1（a）中，当条件满足时执行分支程序 1，否则执行分支程序 2。

在图 4-1（b）中，当条件满足时跳过程序段 1，从程序段 2 顺序执行；否则，顺序执行程序段 1 和程序段 2。

在图 4-1（c）中，当条件满足时程序顺序执行程序段 2；否则，重复执行程序段 1，直到条件满足为止。

由于条件转移指令均属相对寻址方式，其相对偏移量 rel 是个带符号的 8 位二进制数，可正可负。因此，它可向高地址方向转移，也可向低地址方向转移。

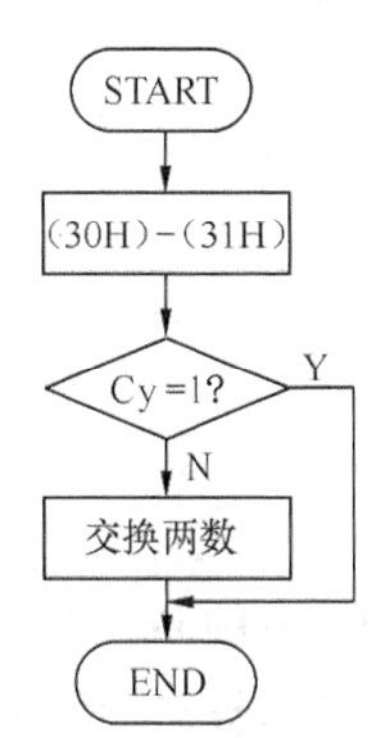

图 4-2 例 4-7 程序流程图

对于第三种形式，可用程序段 1 重复执行的次数作为判断条件，当重复次数达到某一数值时，停止重复，程序顺序往下执行。这是分支结构的一种特殊情况，实际上它是循环结构程序，用这种方式可方便实现状态检测。

例 4-7 设内部 RAM 30H31H 单元中存放两个无符号数，试比较它们的大小。将较小的数存放在 30H 单元，较大的数存放在 31H 单元中。

解：这是一个简单分支程序，可以使两数相减，用 JC 指令进行判断。若 Cy=1，则被减数小于减数。程序流程图如图 4-2 所示。

编程如下。

```
        ORG     1000H
START:  CLR     C               ；0→Cy
        MOV     A,    30H
        SUBB    A,    31H       ；做减法比较两数
        JC      NEXT            ；若（30H）小，则转移
        MOV     A,    30H
        XCH     A,    31H
        MOV     30H, A          ；交换两数
NEXT:   NOP
        SJMP    $
        END
```

例 4-8 空调机在制冷时，若排出空气比吸入空气温度低 8℃，则认为工作正常，否则认为工作故障，并设置故障标志。

设内存单元 40H 存放吸入空气温度值，41H 存放排出空气温度值。若（40H）–（41H）≥8℃，则空调机制冷正常，在 42H 单元中存放“0”，否则在 42H 单元中存放“FFH”以示故障（在此 42H 单元被设定为故障标志）。

解：为了可靠地监控空调机的工作情况，应做两次减法，第一次减法（40H）–（41H），若 Cy=1，则肯定有故障；第二次减法用两个温度的差值减去 8℃，若 Cy=1，说明温差小于 8℃，空调机工作不正常。程序流程图如图 4-3 所示。

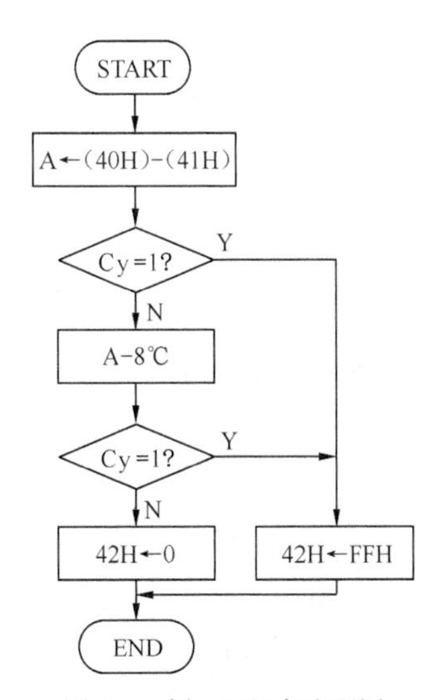

图 4-3 例 4-8 程序流程图

编程如下。

```
        ORG     1000H
START:  MOV     A,    40H       ；吸入温度值送 A
        CLR     C               ；0→Cy
        SUBB    A,    41H       ；（40H）–（41H）→A
        JC      ERROR           ；Cy=1，则故障
```

```
          SUBB   A,   #8          ; 温差小于8℃
          JC     ERROR            ; 是则故障
          MOV    42H, #0          ; 工作正常
          SJMP   EXIT             ; 转出口
ERROR:    MOV    42H, #0FFH       ; 否则置故障标志
EXIT:     SJMP   $                ; "原地踏步"
          END
```

2. 多分支选择结构

当程序的判断输出有两个以上的出口流向时，称为多分支选择结构，80C51 的多分支结构程序还允许嵌套，即分支程序中又有另一个分支程序。汇编语言本身并不限制这种嵌套的层次数，但过多的嵌套层次将使程序的结构变得十分复杂和臃肿，以致造成逻辑上的混乱。所以，不建议嵌套层次过多。多分支选择结构通常有两种形式，如图 4-4 所示。

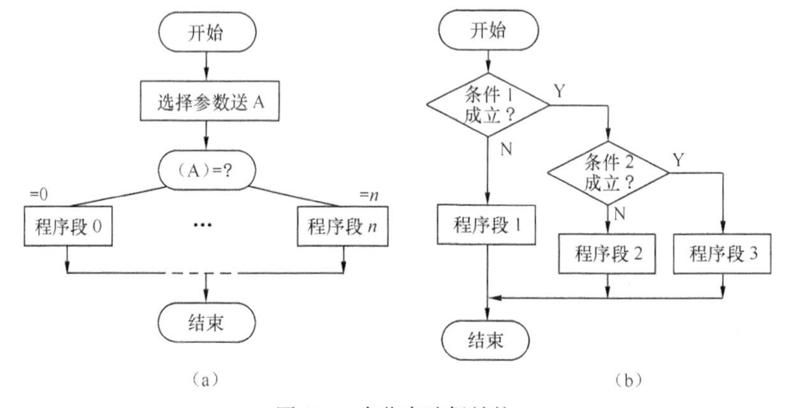

图 4-4　多分支选择结构

例 4-9　编程求 Y 值。设 m、n 存在 31H 和 32H 中，Y 存在 33H 中，且 $m\times n<256$，$m\div n$ 商为整数。

$$Y=\begin{cases} m\times n & (m<n) \\ 0 & (m=n) \\ m\div n & (m>n) \end{cases}$$

解：编程如下。

```
          m      EQU   31H
          n      EQU   32H
          Y      EQU   33H
CMP:      MOV    A, m            ; 读m
          MOV    B, n            ; 置n
          CJNE   A, B, CMP1      ; m与n比较，m≠n，转
          MOV    Y, #0           ; m=n，Y=0
          RET                    ;
CMP1:     JC     CMP2            ; C=1，m<n，转m×n
          DIV    AB              ; C=0，m>n，m÷n
```

```
        SJMP   CMP3           ; 转存
CMP2:   MUL    AB             ; m<n, m×n
CMP3:   MOV    Y, A           ; 存运算结果
        RET
```

例 4-10 已知电路如图 4-5 所示，要求实现如下功能。

（1）S0 单独按下，红灯亮，其余灯灭。

（2）S1 单独按下，绿灯亮，其余灯灭。

（3）S0、S1 均按下，红绿黄灯全亮。

（4）其余情况黄灯亮。

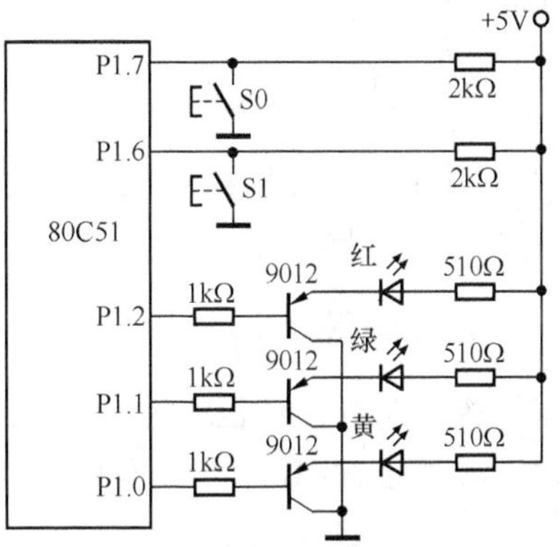

图 4-5 信号灯电路

解： 程序如下。

```
SGNL:  ORL   P1, #11000111B   ; 置 P1.6、P1.7
                              ; 输入态，红绿黄灯灭，P1.3～P1.5 状态不变
SL0:   JB    P1.7, SL1        ; P1.7=1，S0 未按下，转判 S1
       JB    P1.6, RED        ; P1.7=0，S0 按下；且 P1.6=1，S1 未按下，转红灯亮
ALIT:  CLR   P1.2             ; 红灯亮
       CLR   P1.1             ; 绿灯亮
       CLR   P1.0             ; 黄灯亮
       SJMP  SL0              ; 转循环
SL1:   JB    P1.6, YELW       ; P1.7=1，S0 未按下；且 P1.6=1，S1 未按下，转黄
                              灯亮
GREN:  CLR   P1.1             ; 绿灯亮
       SETB  P1.2             ; 红灯灭
       SETB  P1.0             ; 黄灯灭
       SJMP  SL0              ; 转循环
RED:   CLR   P1.2             ; 红灯亮
       SETB  P1.1             ; 绿灯灭
       SETB  P1.0             ; 黄灯灭
       SJMP  SL0              ; 转循环
YELW:  CLR   P1.0             ; 黄灯亮
       SETB  P1.2             ; 红灯灭
       SETB  P1.1             ; 绿灯灭
       SJMP  SL0              ; 转循环
```

4.5 循环程序设计

循环程序的特点是程序中含有可以重复执行的程序段，该程序段称为循环体。采用循环程序可以有效缩短程序，减少程序占用的内存空间，使程序的结构紧凑、可读性好。循环程序一

般由 4 部分组成。

1. 循环初始化

循环初始化程序段位于循环程序开头，用于完成循环前的准备工作，如设置各工作单元的初始值以及循环次数。

2. 循环体

循环体是循环程序的主体，也是循环程序的工作程序，在执行中会被多次重复使用。要求编写尽可能简练，以提高程序的执行速度。

3. 循环控制

循环控制位于循环体内，一般由循环次数修改、循环修改和条件语句等组成，用于控制循环次数和修改每次循环时的参数。循环次数修改是指对循环计数器内容的修改；循环修改是指每执行一次循环体都要对参与工作的各单元的地址进行修改，以便指向下一个待处理的单元；条件语句一般是 DJNZ 语句，用于对循环结束条件进行判断，若不满足结束条件，则继续循环，若满足结束条件，则退出循环。循环次数修改一般包含在 DJNZ 指令中。

4. 循环结束

循环结束用于存放执行循环程序所得的结果以及恢复各工作单元的初值。常见的循环结构有两种，一种是先循环处理，后循环控制（即先处理后控制）；另一种是先循环控制，后循环处理（即先控制后处理），如图 4-6 所示。

例 4-11 在内 RAM 30H ~ 4FH 连续 32 个单元中存放单字节无符号数。求 32 个无符号数之和，并存入内 RAM 51H、50H 中。

解：这是重复相加问题。设用 R0 作为加数地址指针，R7 作为循环次数计数器，R3 作为和数高字节寄存器。则程序流程图如图 4-7 所示。

参考程序如下。

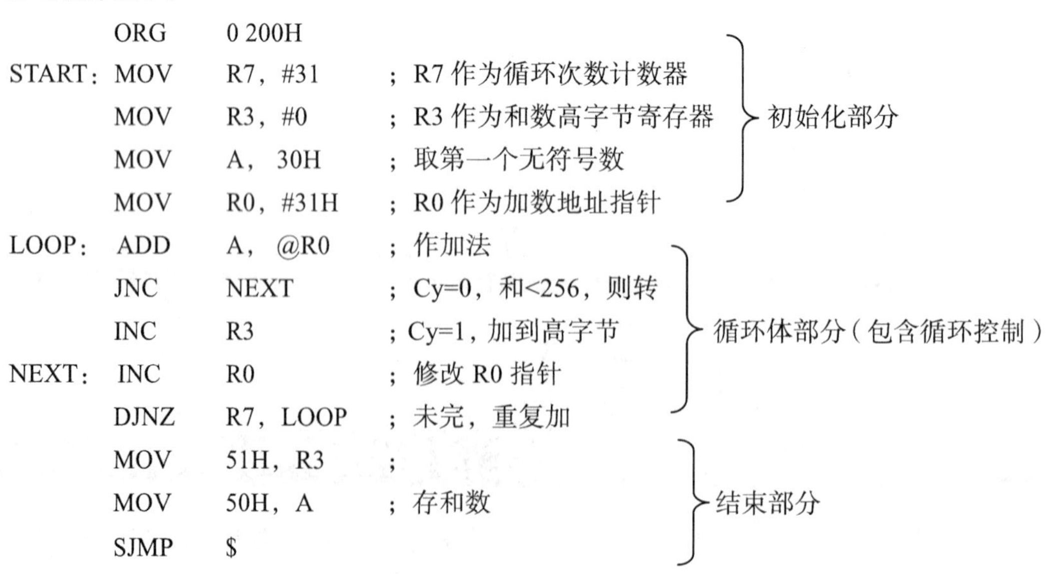

```
        ORG     0 200H
START： MOV     R7，#31      ；R7 作为循环次数计数器
        MOV     R3，#0       ；R3 作为和数高字节寄存器
        MOV     A， 30H      ；取第一个无符号数
        MOV     R0，#31H     ；R0 作为加数地址指针
LOOP：  ADD     A， @R0      ；作加法
        JNC     NEXT         ；Cy=0，和<256，则转
        INC     R3           ；Cy=1，加到高字节
NEXT：  INC     R0           ；修改 R0 指针
        DJNZ    R7，LOOP     ；未完，重复加
        MOV     51H，R3      ；
        MOV     50H，A       ；存和数
        SJMP    $
        END
```

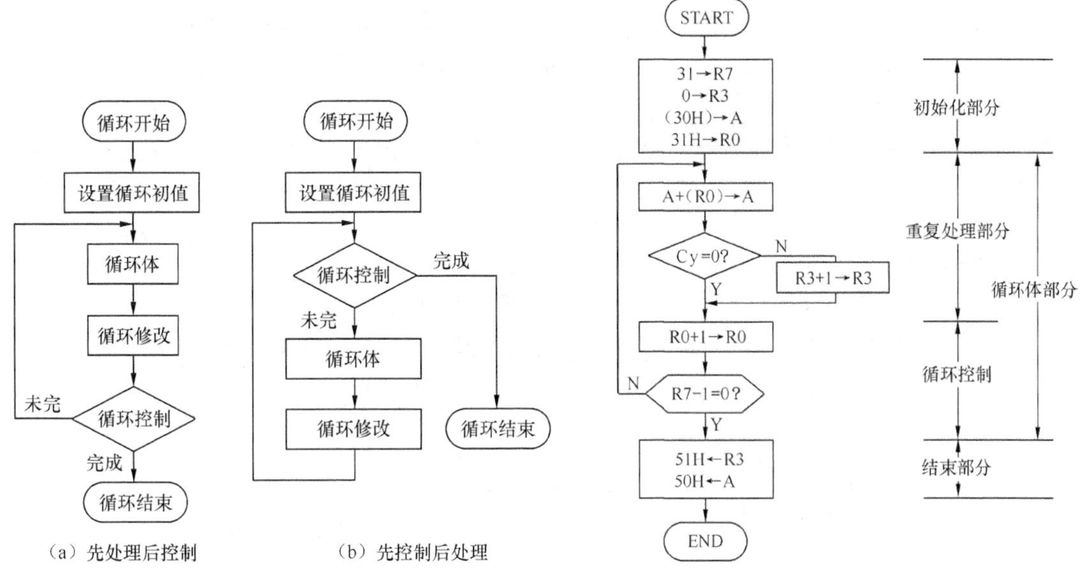

（a）先处理后控制　　（b）先控制后处理

图 4-6　循环程序结构类型

图 4-7　例 4-11 程序流程图

例 4-12　从片内 RAM 50H 单元开始存放一无符号数的数据块，其长度为 10H，试找出其中的最小数，并存入 70H 单元中。程序流程图如图 4-8 所示。

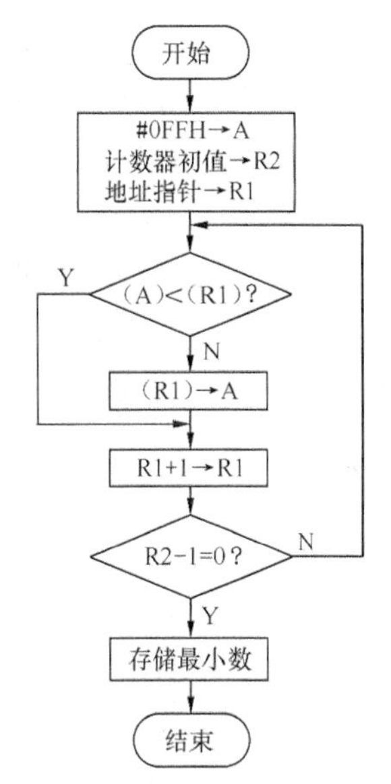

图 4-8　例 4-12 程序流程图

解：实现程序如下。

```
        ORG     3000H
        MOV     A,   #0FFH    ; 设置比较初始值 FFH 送 A
        MOV     R2,  #10H     ; 循环次数初值送 R2
        MOV     R1,  #50H     ; 地址指针初值送 R1
LOOP:   CLR     C
        SUBB    A,   @R1      ; 比较
        JC      NEXT          ; 若被减数小，则恢复原值
        MOV     A,   @R1      ; 若被减数大，较小值送 A
        SJMP    NEXT1
NEXT:   ADD     A,   @R1      ; 恢复原值
NEXT1:  INC     R1            ; 修改减数地址指针
        DJNZ    R2,  LOOP     ; 判断循环结束
        MOV     70H, A        ; 存储结果
        SJMP    $
        END
```

例 4-13　按下列要求编写延时子程序。

（1）延时 1 ms，f_{osc} = 6 MHz。

（2）延时 10 ms，f_{osc}=12 MHz。

（3）延时 1 s，f_{osc}=6 MHz。

解：（1）f_{osc}=6 MHz，一个机器周期为 2 μs，DJNZ 指令为 2 个机器周期。

```
DY1ms: MOV   R7,  #250          ; 置循环次数（指令为 1 个机器周期）
```

```
DLOP:  DJNZ   R7, DLOP          ; 2机周×250×2 μs/机周=1 000 μs =1 ms
       RET                      ;(指令为2个机器周期)
```

上述子程序实际延时 1000 μs +(2+1)机周×2 μs/机周=1006 μs。

(2)f_{osc}=12 MHz，一个机器周期为 1 μs。

```
DY10ms: MOV   R 6,   #20        ; 置外循环次数
DLP1:   MOV   R 7,   #250       ; 置内循环次数
DLP2:   DJNZ  R7,    DLP2       ; 2机周×250×1 μs/机周=500 μs=0.5 ms
        DJNZ  R6,    DLP1       ; 0.5 ms×20=10 ms
        RET
```

① 上述子程序实际延时[(500+2+1)×20+2+1]机周×1μs/机周=10063 μs。

② 适当选择外循环次数可以编制延时 2 ms、3 ms 等延时子程序。

(3)f_{osc}=6 MHz，一个机器周期为 2 μs。

```
DY1s:   MOV    R5,  #5          ; 置外循环次数
DYS0:   MOV    R6,  #200        ; 置中循环次数
DYS1:   MOV    R7,  #250        ; 置内循环次数
DYS2:   DJNZ   R7,  DYS2        ; 2机周×250×2 μs/机周=1 ms
        DJNZ   R6,  DYS1        ; 1 ms×200=200 ms=0.2 s
        DJNZ   R5,  DYS0        ; 0.2 s×5=1 s
        RET
```

① 上述子程序实际延时{[(2×250+2+1)×200+2+1]×5+2+1}×2 μs=1006036 μs。

② 适当选择外、中、内循环次数可以编制其他要求的延时子程序，若要实现更长时间的延时，可采用多重循环，如采用 7 重循环，延时可达几年。

③ 以上延时程序不太精确，原因是未考虑除 DJNZ 指令外，还有其他指令的执行时间。若要求比较精确的延时，可按如下修改。

```
DY1s: MOV    R5,  #5            ; 置外循环次数(1机周)
DYS0: MOV    R6,  #200          ; 置中循环次数(1机周)
DYS1: MOV    R7,  #248          ; 置内循环次数(1机周)
DYS2: DJNZ   R7,  DYS2          ;(2机周)
      NOP                       ; 空操作(1机周)
      DJNZ   R6,  DYS1          ;(2机周)
      DJNZ   R5,  DYS0          ;(2机周)
      RET                       ;(2机周)
```

实际延时{[(2×248+2+1+1)×200+2+1]×5+2+1}机周×2 μs/机周=1000036 μs。

④ 工作寄存器R0~R7使用一般较频繁，可用内RAM中任一存储单元构成延时程序。

```
如 DY1ms: MOV   30H, #250       ; 置循环次数(指令为2个机器周期)
   DLOP:  DJNZ  30H, DLOP       ; 2机周×250×2 μs/机周=1000 μs=1 ms
          RET
```

实际延时 1000 μs+（2+2）机周×2 μs/机周=1008 μs，比用工作寄存器时多 2 μs。

例 4-14 编制一个循环闪烁灯的程序。设 80C51 单片机的 P1 口作为输出口，经驱动电路（74LS240：8 反相三态缓冲/驱动器）接 8 只发光二极管，如图 4-9 所示。当输出位为 1 时，发光二极管点亮，输出位为 0 时为暗。设计灯亮移位程序，要求 8 只发光二极管每次点亮一个。点亮时间为 250 ms，顺序是从下到上一个一个地循环点亮。设 f_{osc}=6 MHz。

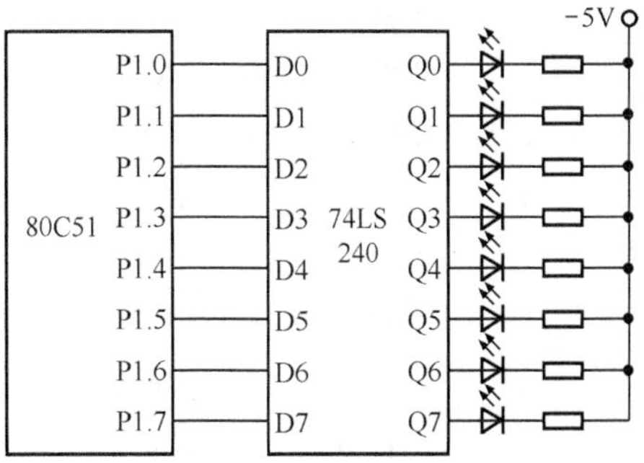

图 4-9 LED 闪烁电路

解：编程如下。

```
FLASH:   MOV     A， #80H       ；置初值
FLOP:    MOV     P1，A          ；输出
         LCALL   DY250          ；延时 250 ms
         RR      A              ；移位（从下到上）
         SJMP    FLOP           ；循环
DY250:   MOV     R7，#250       ；延时 250 ms 子程序
DY251:   MOV     R6，#250       ；
DY252:   DJNZ    R6，DY252      ；250×2×2=1 ms
         DJNZ    R7，DY251      ；1 ms×250=250 ms
         RET
```

例 4-15 双字节二进制数转换成 BCD 码。

设 R2R3 为双字节二进制数，R4R5R6 为转换完的压缩型 BCD 码。

十进制数 B 与一个 8 位二进制数的关系可以表示为

$$B = b_7 \times 2^7 + b_6 \times 2^6 + \cdots + b_1 \times 2 + b_0$$

只要依十进制数运算法则，将 b_i（i=7，6，…，1，0）按权相加，就可以得到对应的十进制数 B。（逐次得到：$b_7 \times 2^0$；$b_7 \times 2^1 + b_6 \times 2^0$；$b_7 \times 2^2 + b_6 \times 2^1 + b_5 \times 2^0 \cdots$）

解：实现程序如下。

```
DCDTH: CLR     A
       MOV     R4，A            ；R4 清零
       MOV     R5，A            ；R5 清零
       MOV     R6，A            ；R6 清零
       MOV     R7，#16          ；计数初值
LOOP:  CLR     C
       MOV     A，R3
       RLC     A
       MOV     R3，A            ；R3 左移 1 位并送回
       MOV     A，R2
       RLC     A
       MOV     R2，A            ；R2 左移 1 位并送回
       MOV     A，R6
```

```
        ADDC    A, R6
        DA      A
        MOV     R6, A           ; R6乘2并调整后送回
        MOV     A, R5
        ADDC    A, R5
        DA      A
        MOV     R5, A           ; R5乘2并调整后送回
        MOV     A, R4
        ADDC    A, R4
        DA      A
        MOV     R4, A           ; R4乘2并调整后送回
        DJNZ    R7, LOOP
```

设计循环程序时应注意的问题如下。

① 循环程序是一个有始有终的整体，它的执行是有条件的，所以要避免从循环体外直接转到循环体内部。

② 多重循环程序是从外层向内层一层一层进入，循环结束时是由内层到外层一层一层退出的。

③ 编写循环程序时，首先要确定程序结构，处理好逻辑关系。在一般情况下，一个循环体的设计可以从第一次执行情况入手，先画出重复执行的程序流程图，然后再加上循环控制和置循环初值部分，使其成为一个完整的循环程序。

④ 循环体是循环程序中重复执行的部分，应仔细推敲，合理安排，从改进算法、选择合适的指令入手对其进行优化，以达到缩短程序执行时间的目的。

4.6 查表程序

查表是程序设计中经常遇到的事，对于一些复杂参数的计算，不仅程序长，难以计算，而且要耗费大量时间。尤其是一些非线性参数，用一般算术运算解决是十分困难的。它涉及对数、指数、三角函数以及微分和积分运算。对于这些运算，用汇编语言编程都比较复杂，有些甚至无法建立数学模型，如果采用查表法解决就容易多了。

所谓查表，就是把事先计算或测得的数据按一定顺序编制成表格，存放在程序存储器中。查表程序的任务就是根据被测数据，查出最终所需要的结果。因此查表比直接计算简单得多，尤其是对非数值计算的处理。利用查表法可完成数据运算、数据转换和数据补偿等工作。并具有编程简单，执行速度快，适合于实时控制等优点。

编程时可以方便地利用伪指令 DB 或 DW 把表格的数据存入程序存储器 ROM 中。MCS-51 指令系统中有两条指令具有极强的查表功能。

① MOVC A，@A+DPTR

② MOVC A，@A+PC

当用 DPTR 作基址寄存器时，查表的步骤分为 3 步。

基址值（表格首地址）→DPTR。

变址值（表中要查的项与表格首地址之间的间隔字节数）→A。

执行 MOVC A，@A+ DPTR。

当用 PC 作基址寄存器时，由于 PC 本身是一个程序计数器，与指令的存放地址有关，所以查表时其操作有所不同。也可分为 3 步。

变址值（表中要查的项与表格首地址之间的间隔字节数）→A。

偏移量（查表指令下一条指令的首地址到表格首地址之间的间隔字节数）+ A→A。

执行 MOVC A，@A+PC 指令。

需要说明的是，应用“MOVC A，@A+PC”查表指令，其表格首地址与 PC 值间距不能超过 256 字节，编程时事先计算好偏移量，比较麻烦。而应用“MOVC A，@A+DPTR”指令，其表格位置可放在 64KB 范围内，使用方便。因此，一般情况下用 DPTR 作为基址寄存器。

例 4-16 在单片机应用系统中，常用 LED 数码管显示数码，但显示数与显示数编码并不相同，需要将显示数转换为显示字段码，通常是用查表的方法。现要求将 30H 中的显示数字（≤9）转换为显示字段码并存入 30H。已知共阴字段码表首地址为 TABD。

解：编程如下。

```
CHAG：MOV     DPTR，#TABD        ；置共阴字段码表首地址
      MOV     A，   30H          ；读显示数
      MOVC    A，   @A+DPTR      ；查表，转换为显示字段码
      MOV     30H，A             ；存显示字段码
      RET
TABD：DB   3FH，06H，5BH，4FH，66H   ；0～4 共阴字段码表
      DB   6DH，7DH，07H，7FH，6FH   ；5～9 共阴字段码表
```

例 4-17 利用查表的方法编写 $Y=X^2$（X=0，1，2，…，9）的程序。

解：设变量 X 的值存放在内存 30H 单元中，求得的 Y 的值存放在内存 31H 单元中。平方表存放在首地址为 TABLE 的程序存储器中。

方法 1：采用 MOVC A，@A+DPTR 指令实现，查表过程如图 4-10 所示。程序如下。

```
        ORG     1000H
START： MOV     A，       30H        ；将查表的变量 X 送入 A
        MOV     DPTR，    #TABLE     ；将查表的 16 位基地址 TABLE 送 DPTR
        MOVC    A，       @A+DPTR    ；将查表结果 Y 送 A
        MOV     31H，     A          ；Y 值最后放入 31H 中
TABLE： DB      0，1，4，9，16
        DB      25，36，49，64，81
        END
```

方法 2：采用 MOVC A，@A+PC 指令实现，查表过程如图 4-11 所示。程序如下。

```
         ORG     1000H
START：  MOV     A，     30H       ；将查表的变量 X 送入 A
         ADD     A，     #02H      ；定位修正
```

```
        MOVC    A,      @A+PC       ；将查表结果 Y 送 A
        MOV     31H,    A           ；Y 值最后放入 31H 中
TABLE:  DB      0, 1, 4, 9, 16
        DB      25, 36, 49, 64, 81
        END
```

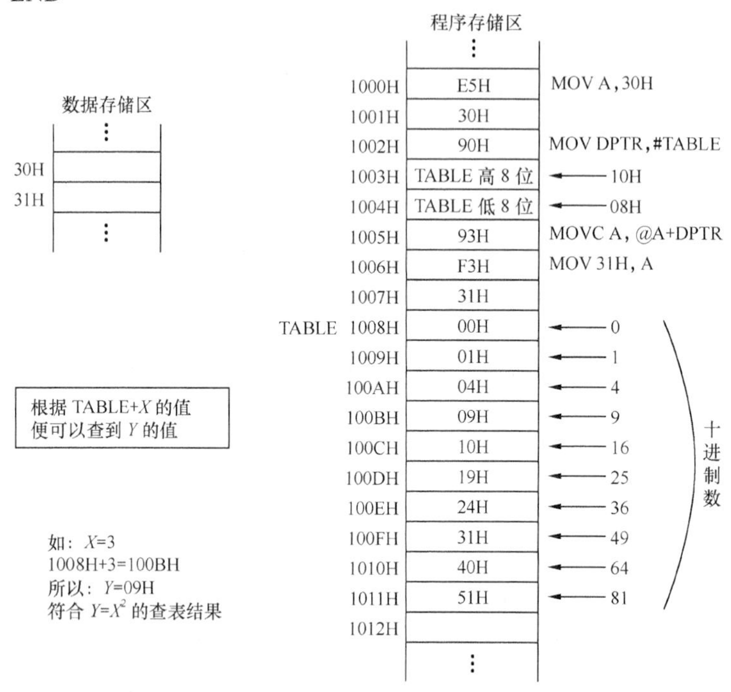

图 4-10　例 4-17 方法 1 查表过程示意图

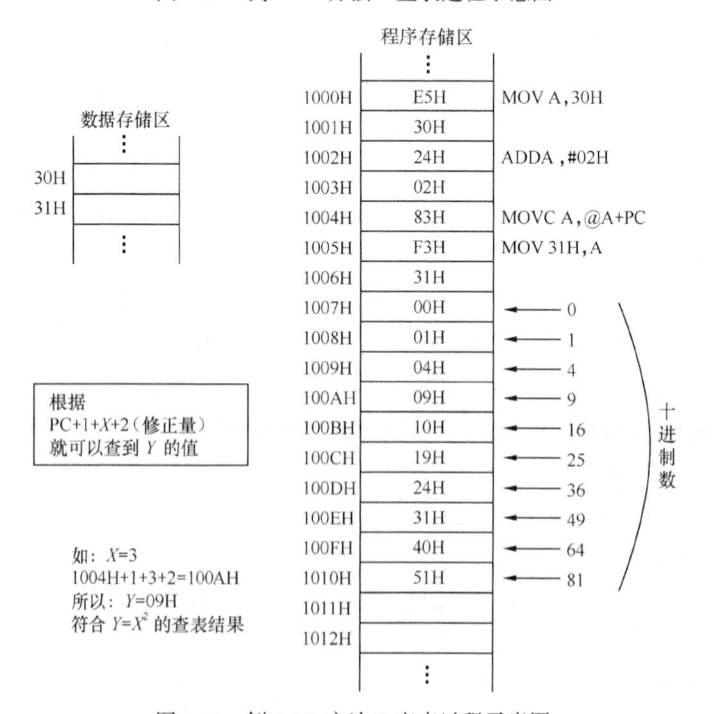

图 4-11　例 4-17 方法 2 查表过程示意图

例 4-18 如图 4-12 所示，利用取表的方法，使端口 P1 做单一灯的变化：左移 2 次，右移 2 次，闪烁 2 次（延时时间 0.2 s）。

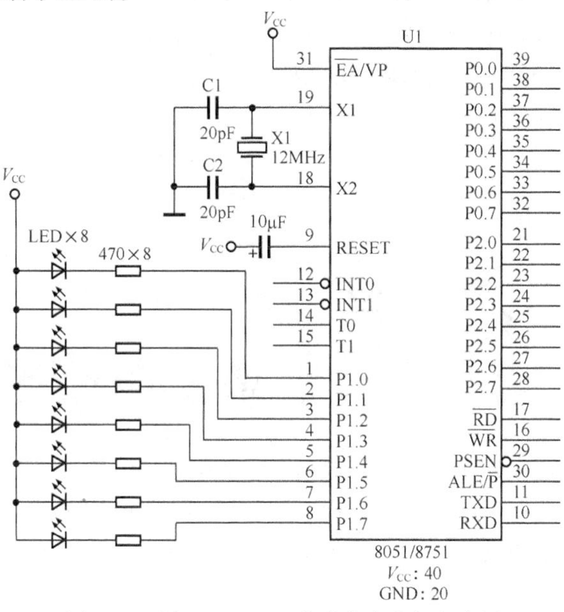

图 4-12 例 4-18 80C51 构成的广告灯电路图

解：编程如下。

```
        ORG     2 000H
START:  MOV     DPTR，#TABLE           ；TABLE 表的地址存入数据指针
LOOP:   CLR     A                      ；清除 Acc
        MOVC    A，    @A+DPTR         ；到数据指针所指的地址取码
        CJNE    A，#01， LOOP1         ；取出的码是否 01H？不是则跳到 LOOP1
        JMP     START
LOOP1:  MOV     P1，    A              ；将 A 输出至 P1
        MOV     R3，    #20            ；延时 0.2 s
        LCALL   DELAY
        INC     DPTR                   ；数据指针加 1，取下一个码
        JMP     LOOP
DELAY:  MOV     R4，    #20
D1:     MOV     R5，    #248
        DJNZ    R5，    $
        DJNZ    R4，    D1
        DJNZ    R3，    DELAY
        RET
TABLE: DB 0FEH，0FDH，0FBH，0F7H       ；左移
       DB 0EFH，0DFH，0BFH，7FH
       DB 0FEH，0FDH，0FBH，0F7H       ；左移
       DB 0EFH，0DFH，0BFH，7FH
```

```
DB 7FH，  0BFH，0DFH，0EFH        ；右移
DB 0F7H，0FBH，0FDH，0FEH
DB 7FH，0BFH，0DFH，  0EFH        ；右移
DB 0F7H，0FBH，0FDH，0FEH
DB 00H，0FFH，00H，    0FFH       ；闪烁 2 次
DB 01H                            ；结束码
END
```

4.7 散转程序

散转程序是一种并行多分支程序。它根据系统的某种输入或运算结果，分别转向各个处理程序。与分支程序不同的是，散转程序一般采用 JMP @A+DPTR 指令，根据输入或运算结果，确定 A 或 DPTR 的内容，直接跳转到相应的分支程序中去。而分支程序一般是采用条件转移或比较转移指令实现程序的跳转。

例 4-19 单片机四则运算系统。在单片机系统中设置+、－、×、÷ 4 个运算命令键，它们的键号分别为 0、1、2、3。当其中一个键按下时，进行相应的运算。操作数由 P1 口和 P3 口输入，运算结果仍由 P1 口和 P3 口输出。具体如下。P1 口输入被加数、被减数、被乘数和被除数，输出运算结果的低 8 位或商；P3 口输入加数、减数、乘数和除数，输出进位（借位）、运算结果的高 8 位或余数。键盘号已存放在 30H 中。

解：程序如下。

```
PRGM：  MOV    P1，    #0FFH        ；P1 口置输入态
        MOV    P3，    #0FFH        ；P3 口置输入态
        MOV    DPTR，  #TBJ         ；置“＋－×÷”表首地址
        MOV    A，     30H          ；读键号
        RL     A                    ；键号×2→A
        ADD    A，     30H          ；键号×3→A
        JMP    @A+DPTR              ；散转
TBJ：   LJMP   PRGM0                ；转 PRGM0（加法）
        LJMP   PRGM1                ；转 PRGM1（减法）
        LJMP   PRGM2                ；转 PRGM2（乘法）
        LJMP   PRGM3                ；转 PRGM3（除法）
PRGM0： MOV    A，     P1           ；读被加数
        ADD    A，     P3           ；P1+P3
        MOV    P1，    A            ；和→P1
        CLR    A                    ；
        ADDC   A，     #00H         ；进位→A
        MOV    P3，    A            ；进位→P3
```

```
        RET                     ;
PRGM1:  MOV     A,  P1          ; 读被减数
        CLR     C               ;
        SUBB    A,  P3          ; P1–P3
        MOV     P1, A           ; 差→P1
        CLR     A               ;
        RLC     A               ; 借位→A
        MOV     P3, A           ; 借位→P3
        RET                     ;
PRGM2:  MOV     A,  Pl          ; 读被乘数
        MOV     B,  P3          ; 置乘数
        MUL     AB              ; P1×P3
        MOV     P1, A           ; 积低 8 位→P1
        MOV     P3, B           ; 积高 8 位→P3
        RET                     ;
PRGM3:  MOV     A,  P1          ; 读被除数
        MOV     B,  P3          ; 置除数
        DIV     AB              ; P1÷P3
        MOV     P1, A           ; 商→P1
        MOV     P3, B           ; 余数→P3
        RET                     ;
```

由于 LJMP 为 3 字节指令，因此键号需先乘 3，以便转到正确的位置。

4.8 子程序及其调用

1. 子程序结构

用汇编语言编制程序时，要注意以下两个问题。

① 子程序开头的标号区段必须有一个使用户了解其功能的标志（或称为名字），该标志即子程序的入口地址，以便在主程序中使用绝对调用指令 ACALL 或长调用指令 LCALL 转入子程序。例如调用延时子程序：

LCALL DELY

或 ACALL DELY

这两条调用指令不仅具有寻址子程序入口地址的功能，而且在转入子程序之前能自动使主程序断点入栈，具有保护主程序断点的功能。

② 子程序结尾必须使用一条子程序返回指令 RET，恢复主程序断点的功能，以便断点出

栈送 PC，继续执行主程序。一般来说，子程序调用指令和子程序返回指令要成对使用。

2. 子程序的调用

在实际应用中，经常会遇到一些带有通用性的问题，例如，数制转换、数值计算等，在一个程序中可能要使用多次。这时可以将其设计成通用的子程序供随时调用。利用子程序可以使程序结构紧凑，使程序的阅读和调试更加方便。

子程序的结构与一般的程序并无多大区别，它的主要特点是，在执行过程中需要由其他程序来调用，执行完后又需要把执行流程返回到调用该子程序的主程序。

子程序调用时要注意两点：一是现场的保护和恢复；二是主程序与子程序的参数传递。

3. 现场保护与恢复

在子程序执行过程中常常要用到单片机的一些通用单元，如工作寄存器 R0～R7、累加器 A、数据指针 DPTR 以及有关标志和状态等。而这些单元中的内容在调用结束后的主程序中仍有用，所以需要进行保护，称为现场保护。在执行完子程序，返回继续执行主程序前恢复其原内容，称为现场恢复。保护与恢复的方法有以下两种。

（1）在主程序中实现

其特点是结构灵活。示例如下。

```
PUSH    PSW              ；保护现场
PUSH    ACC
PUSH    B
MOV     PSW，#10H        ；换当前工作寄存器组
LCALL   addr16           ；子程序调用
POP     B                ；恢复现场
POP     ACC
POP     PSW
```

（2）在子程序中实现

其特点是程序规范、清晰。示例如下。

```
SUB1：  PUSH    PSW          ；保护现场
        PUSH    ACC
        PUSH    B
        MOV     PSW，#10H    ；换当前工作寄存器组
        …       …
        POP     B            ；恢复现场
        POP     ACC
        POP     PSW
        RET
```

应注意的是，无论哪种方法，保护与恢复的顺序都要对应，否则程序将会发生错误。

4. 参数传递

由于子程序是主程序的一部分，所以，在程序的执行时必然要发生数据上的联系。在调用

子程序时，主程序应通过某种方式把有关参数（即子程序的入口参数）传给子程序，当子程序执行完毕后，又需要通过某种方式把有关参数（即子程序的出口参数）传给主程序。在 80C51 系列单片机中，传递参数可采用多种方法。

（1）子程序无需传递参数

这类子程序中所需参数是子程序赋予，不需要主程序给出。

例 4-20 调用延时 20 ms 子程序 DELY。

主程序：
```
        …
        …
        LCALL   DELY
        …
```
子程序：
```
DELY：MOV     R7，#100
DLY0：MOV     R6，#98
      NOP
DLY1：DJNZ    R6，DLY1
      DJNZ    R7，DLY0
      RET
```
从进入子程序开始，到子程序返回，这个过程花费 CPU 时间约 20ms。

（2）用累加器和工作寄存器传递参数

在这种方式中，要把预传递的参数存放在累加器 A 或工作寄存器 R0～R7 中。即在主程序调用子程序时，应事先把子程序需要的数据送入累加器 A 或指定的工作寄存器中，当子程序执行时，可以从指定的单元中取得数据，执行运算。反之，子程序也可以用同样的方法把结果传送给主程序。

例 4-21 编写程序，实现 $c=a^2+b^2$。设 a，b，c 分别存于内部 RAM 的 30H，31H，32H 3 个单元中。

解：程序段如下。
```
START：MOV     A，   30H        ；取a
       ACALL   SQR              ；调用查平方表
       MOV     R1，  A          ；a²暂存于R1中
       MOV     A，   31H        ；取b
       ACALL   SQR              ；调用查平方表
       ADD     A，   R1         ；a²+b²存于A中
       MOV     32H，A           ；存结果
       SJMP    $
SQR：  MOV     DPTR，#TAB       ；子程序
       MOVC    A，@A+DPTR
       RET
TAB：  DB      0，1，4，9，16，25，36，49，64，81
```

（3）利用存储器传递参数

当传送的数据量比较大时，可以利用存储器实现参数的传递。在这种方式中，事先要建立一个参数表，用指针指示参数表所在的位置。当参数表建立在内部 RAM 时，用 R0 或 R1 作参数表的指针。当参数表建立在外部 RAM 时，用 DPTR 作参数表的指针。

例 4-22 将 R0 和 R1 指向的内部 RAM 中两个 3 B 无符号整数相加，结果送到由 R0 指向的内部 RAM 中。入口时，R0 和 R1 分别指向加数和被加数的低位字节；出口时，R0 指向结果的高位字节。低字节在高地址，高字节在低地址。

解：程序段如下。

```
NADD：  MOV    R7，  #3         ；3 B 加法
        CLR    C
NADD1： MOV    A，   @R0        ；取加数低字节
        ADDC   A，   @R1        ；被加数低字节加 A
        MOV    @R0，A
        DEC    R0
        DEC    R1
        DJNZ   R7，  NADDl
        INC    R0
        RET
```

（4）通过堆栈传递参数

堆栈可用于参数传递，在调用子程序前，先把参与运算的操作数压入堆栈。转入子程序之后，可用堆栈指针 SP 间接访问堆栈中的操作数，同时又可以把运算结果压入堆栈中。返回主程序后，可用 POP 指令获得运算结果。这里值得注意的是：转入子程序时，主程序的断点地址也要压入堆栈，占用堆栈两个字节，弹出参数时要用两条 DEC SP 指令修改 SP 指针，以便使 SP 指向操作数。另外，在子程序返回指令 RET 之前要加两条 INC SP 指令，以便使 SP 指向断点地址，保证能正确返回主程序。

例 4-23 在 HEX 单元存放两个十六进制数，将它们分别转换成 ASCII 码并存入 ASC 和 ASC+1 单元。

解：由于要进行两次转换，故可调用查表子程序完成。

主程序：

```
MAIN：  …
        …
        PUSH    HEX           ；取被转换数
        LCALL   HASC          ；转入子程序
        POP     ASC           ；ASCL→ASC
        MOV     A，HEX        ；取被转换数
        SWAP    A             ；处理高 4 位
        PUSH    ACC
        LCALL   HASC          ；转入子程序
        POP     ASC+1         ；ASCH→ASC+1
        …
```

在主程序中设置了入口参数 HEX 入栈，即 HEX 被推入 SP+1 指向的单元，当执行 LCALL HASC 指令之后，主程序的断点地址 PC 也被压入堆栈，即*PCL 被推入 SP+2 单元、*PCH 被推入 SP+3 单元。堆栈中的数据变化如图 4-13 所示。

SP+3	*PCH
SP+2	*PCL
SP+1	HEX
SP	

图 4-13　堆栈中的数据变化

子程序：

```
HASC：  DEC    SP
        DEC    SP               ；修改 SP 指向 HEX
        POP    ACC              ；弹出 HEX
        ANL    A，#0FH          ；屏蔽高 4 位
        ADD    A，#5            ；变址调整
        MOVC   A，@A+PC         ；查表
        PUSH   ACC              ；结果入栈（2B）
        INC    SP               ；（1B）
        INC    SP               ；修改 SP 指向断点位置（1B）
        RET                     ；（1B）
ASCTAB：DB  '0 1 2…7'
        DB  '8 9 A…F'
```

使用堆栈来传递参数，方法简单，能传递大量参数，不必为特定参数分配存储单元。

以下为例 4-24，请分析与例 4-23 的编程区别。

例 4-24　把内部 RAM 中 20H 单元中的 1B 十六进制数转换为 2 位 ASCII 码，存放在 R0 指示的两个单元中。

解：程序如下。

```
MAIN：  MOV    A，     20H
        SWAP   A
        PUSH   ACC              ；参数入栈
        ACALL  HEASC
        POP    ACC
        MOV    @R0，   A        ；存高位十六进制数转换结果
        INC    R0               ；修改指针
        PUSH   20H              ；参数入栈
        ACALL  HEASC
        POP    ACC
        MOV    @R0，   A        ；存低位十六进制数转换结果
        SJMP   $
HEASC： MOV    R1，    SP       ；借用 R1 为堆栈指针
        DEC    R1
        DEC    R1               ；R1 指向被转换数据
        XCH    A，     @R1      ；取被转换数据
        ANL    A，     #0FH     ；取 1 位十六进制数
        ADD    A，     #2       ；偏移量调整，所加值为 MOVC 与 DB 间字节数
```

```
          MOVC  A,    @A+PC        ; 查表
          XCH   A,    @R1          ; 1B 指令，存结果于堆栈
          RET                      ; 1B 指令
ASCTAB：  DB    30H，31H，32H，33H，34H，35H，36H，37H
          DB    38H，39H，41H，42H，43H，44H，45H，46H
```

项目 4 信息检索

1. 项目概述

信息是单片机处理的对象，信息检索是单片机控制系统经常遇见的问题，对于特定信息的检索涉及寄存器初始化、查找和移动指针等典型操作。本项目的练习有助于同学们进一步掌握汇编语言程序设计的基本技能，学会用框图描绘比较复杂的算法过程，在项目的进一步讨论中将再次采用 LED 灯来显示内存中的内容，以加深对内存和端口知识的理解。

2. 应用环境

信息检索广泛应用于单片机组成的控制系统中，例如在数据采集系统中，一般会检索出一个最大值和最小值，然后将其去除，余下的数据按照某种特定的数字滤波方式进行处理后才作为最后的采集数据值。

3. 实现过程

（1）存储结构和流程分析

本项目的工作要求是在内存单元 20H～3FH 中查出有几个字节是 0，并把个数放在 40H 中。其算法流程和存储器结构如图 4-14 所示。由于这是一段 RAM 存储器，上电之后每台机器中 0 的个数是不相同的，即使是同一台机器，每次开机后的结果也是不同的，这就是 RAM 的特点。现在简单分析算法流程：程序开始后，首先对欲处理内存的首地址和数据个数初始化，然后开始查找关键字 0，如果找到 0，则计数器加 1，否则调整指针，并判断是否查找完，未完则继续查找，这样直到把规定的 32 个单元全部查找一遍，统计出最后 0 的个数，并把它存放在 40H 单元中。存储器结构显示了地址、单元内容及指针之间的关系。

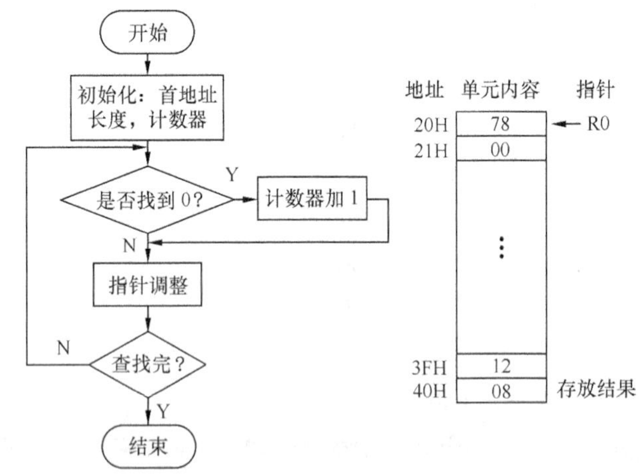

图 4-14　算法流程和存储器结构

（2）程序的实现

以下程序段可以完整地实现上述的算法，这里继续以完整的方式显示源程序代码，目的是

让同学们从一开始就对程序结构有一个正确的认识。

```
地址    机器码  标号      助记符                        注释
                         ORG    0000H
0000H   020030           LJMP   START
                         ORG    0030H
0030H   7820    START:   MOV    R0，   #20H            ；内存单元首地址
0032H   7920             MOV    R1，   #20H            ；数据个数
0034H   754000           MOV    40H，  #00H            ；存放 0 的个数
0037H   B60002  LOOP2:   CJNE   @R0，#00H，LOOP1       ；非 0
003AH   0540             INC    40H                    ；是 0，加 1
003CH   08      LOOP1:   INC    R0                     ；非 0，调节指针
003DH   D9F8             DJNZ   R1，   LOOP2           ；未完，继续
003FH   80FE             SJMP   $                      ；“原地踏步”
                         END                           ；结束汇编
```

（3）指令精练

本程序中出现了一组以前没有出现过的条件判断语句，它们是这样配套使用的：“MOV R0，#20H”语句将指针 R0 指向 20H 单元，“CJNE @R0，#00H，LOOP1”语句将 R0 间址所指示的内容与#00H 相比，如果不相等则转移到 LOOP1 所指示的标号中去，如果相等则顺序执行下一条语句，简称“比较不相等语句”，这是查找关键字的核心语句。以下举例说明该语句的用法。

（4）深入讨论

前面的程序在内存中一瞬间就执行完了，在 40H 单元中也可以得到正确的结果，那么如何查看该单元中那些非 0 的结果呢？这同样是“比较不相等语句”的用法问题，只不过上次检索的是关键字 0，而这次相反，检索的是非 0。通过这个例子，我们可以进一步掌握该语句的用法，任务是：非 0 结果在 P1 端口上的显示。以下是程序实现的过程，请将下列程序正确编辑并装入内存中运行，你看到了什么？

```
        ORG     0000H
        LJMP    TEST
        ORG     0030H
TEST:   MOV     R0，   #20H                 ；内存单元首地址
        MOV     R1，   #20H                 ；单元长度
        MOV     40H，  #00H
TES:    CJNE    @R0，#00H，DISP             ；非 0 送显示
        INC     R0                          ；0，不显示
        SJMP    HERE
DISP:   MOV     P1，@R0                     ；非 0，显示
        LCALL   DELAY
        MOV     P1，#0FFH                   ；关显示
        LCALL   DELAY
        INC     40H
        INC     R0
HERE:   DJNZ    R1，TES
```

```
        LCALL   DELAY                   ; 长延迟
        LCALL   DELAY
        MOV     P1，40H                 ; 送结果
HALT：  SJMP    HALT
DELAY：MOV     R5，#9H                 ; 延时
F3：    MOV     R6，#0FFH
F2：    MOV     R7，#0FFH
F1：    DJNZ    R7，F1
        DJNZ    R6，F2
        DJNZ    R5，F3
        RET
        END
```

4. 思考与讨论

（1）老师与同学之间讨论的问题

① 请讨论非 0 结果显示的现象，如何正确构成一组闭合的条件判断语句？

② 如果要计算 FFH 的个数，如何修改程序？

③ 为了验证结果是否正确，如何在 20H～3FH 的任意单元中输入数据？

（2）同学与同学之间讨论的问题，训练倾听和协作的能力

以下问题只是一个参考，鼓励同学之间提出不同的问题，老师可以适当地参与讨论并答疑解惑。

① 同学 A 提出的问题：为什么在信息检索之前要进行初始化操作？

② 同学 B 提出的问题：如何设计一个精确的延时程序，软件延时有何特点？

A 和 B 两个同学互相提问并做相应的回答，把这些内容记录下来然后写在作业本上。

项目 5 方波信号的处理

1. 项目概述

信号处理也是单片机控制系统经常遇见的问题之一，利用方波信号进行计数处理是一种理想的状态。实际工作中我们遇到的多数都是不理想的方波，这些不理想的方波如果直接用来计数会产生很大的误差，如果使用在控制中就会使设备产生误动作，因此，应当采取适当的方法滤除方波上的毛刺。本项目的目的是训练同学们正确使用 P3 口、P1 口资源和延时程序的编写和调试。

2. 应用环境

生产流水线上的工件计数、计算机键盘的去抖动处理和行程开关的判断等。

3. 实现过程

（1）存储结构和流程分析

图 4-15（a）和图 4-15（b）所示是方波信号处理流程和电路连接图。当我们从端口 P3.3

做一个完整的按键动作时就会产生如图 4-15（c）所示的非理想方波，其毛刺出现在键盘的按下时和抬起时，这里可以通过软件延时来消除抖动。为了确认去抖效果，在 P1 口上接了 8 个 LED 灯，用于检验计数的正确性，这样，P3.3 作为输入口，外接一方波，每输入一个方波，P1 口就按十六进制加一，8 个发光二极管按十六进制加一方式被点亮。由于 P3 口是准双向口，它作为输出口时与一般的双向口使用方法相同，但当 P3 口作为输入口时，必须先对它置高电平，使内部 MOS 管截止，因内部上拉电阻是 20～40 kΩ，故不会对外部输入产生影响。若不先对它置高，且原来是低电平，则 MOS 管导通，读入的数据是不正确的。

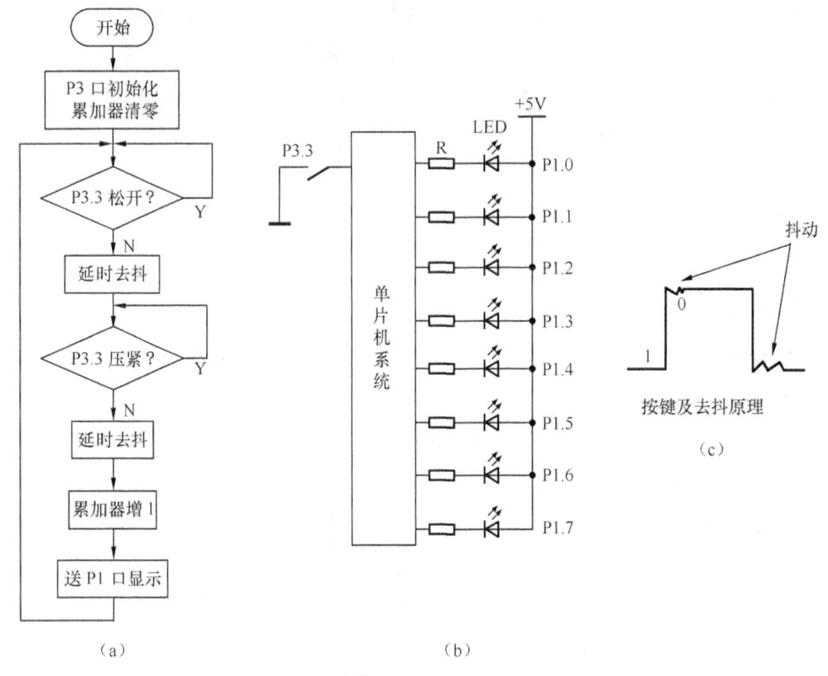

图 4-15　方波信号处理流程及电路连接图

另外，关于延时子程序的延时计算问题，在每条指令旁边标上了该指令的执行时间。

```
DELAY：  MOV    R6，#00H        ； 1 μs
DELAY1： MOV    R7，#80H        ； 1 μs
         DJNZ   R7，$           ； 2 μs
         DJNZ   R6，DELAY1      ； 2 μs
```

查指令表可知 MOV 指令需一个机器周期、DJNZ 指令需用两个机器周期，而一个机器周期时间长度为 12/6.0 MHz，所以该段指令执行时间可估算为：1+（128×2+2+1）×256=66.305 ms。（假设机器的主频是 12 MHz），通过这样的计算，可以确定去抖时间。

（2）程序的实现

以下的程序段可以完整地实现方波去抖功能。

```
地址    机器码    标号      助记符                 注释
                            ORG      0000H
0000    0130                AJMP     START
                            ORG      0030H
0030    7400      START：   MOV      A，#00H       ；累加器清零
```

```
0032    75B0FF            MOV     P3，#0FFH      ；P3 口初始化
0035    20B3FD       UP：JB   P3.3， UP          ；松开
0038    120046            LCALL   DELY           ；按下，时间延迟，去抖动
003B    30B3FD  DOWN：JNB     P3.3，DOWN     ；继续按下
003E    120046            LCALL   DELY           ；松开，延迟时间
0041    04                INC     A              ；加 1
0042    F590              MOV     P1，A          ；驱动发光二极管
0044    0135              AJMP    UP             ；循环
0046    7E00      DELY：  MOV     R6，#00H       ；延时
0048    7F80      DEL：   MOV     R7，#80H
004A    DFFE      LP3：   DJNZ    R7，LP3
004C    DEFA              DJNZ    R6，DEL
004E    22                RET
                          END
```

（3）指令精练

本程序关于键盘的按下与抬起是采用位判断转移指令 JB 和 JNB 实现的，对于这组指令的正确认识是真正理解按键原理的基础。首先要理解这是位操作指令，在这里是针对 P3.3 这 1 位，其次要理解对于输入端口来说，未按下 P3.3 时该位的逻辑状态为 1，按下 P3.3 时该位的逻辑状态为 0，这样，语句“UP：JB　P3.3，UP”就是一个按键松开的判断，即按键松开时反复执行该语句，只有当按下时才执行该语句的下一条语句；与此相反的“DOWN：JNB　P3.3，DOWN”是按键压紧的判断，即按键压紧时反复执行该语句，只有当按键松开时才执行该语句的下一条语句，“LCALL DELY”是一条去抖动的延时程序，去抖时间可以根据需要进行调整。

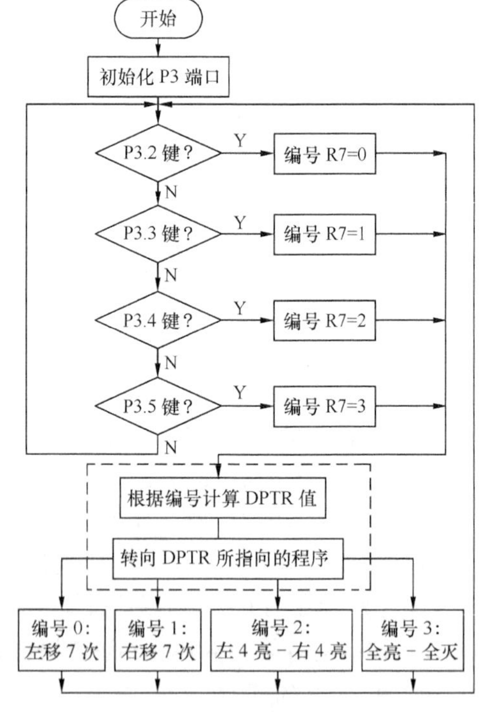

图 4-16　多路开关控制流程图

（4）深入讨论

JB 和 JNB 指令是非常有用的，它可以构成多重任务的散转控制，以实现多路开关式的操作，由于该程序比较长，同学们可以先看图 4-16 所示的算法流程，然后再来理解散转指令的用途。

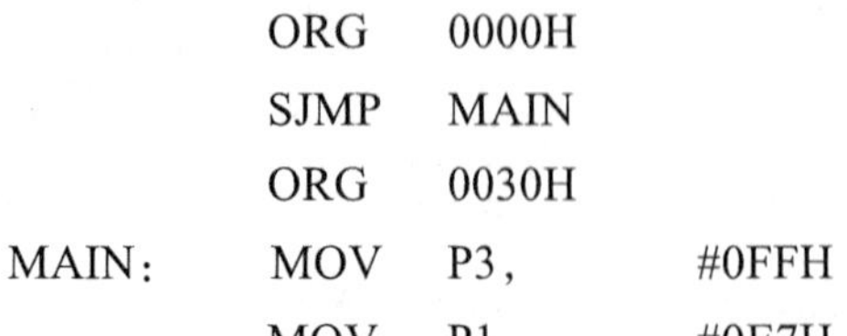

```
            ORG     0000H
            SJMP    MAIN
            ORG     0030H                   ；避开敏感地址
MAIN：      MOV     P3，     #0FFH          ；初始化，P3 口置高，重要概念
            MOV     P1，     #0E7H          ；FLAG
TEST_PT：   JNB     P3.2，   MODE1          ；判断 1
            JNB     P3.3，   MODE2          ；判断 2
```

```
        JNB    P3.4,    MODE3       ；判断 3
        JNB    P3.5,    MODE4       ；判断 4
        SJMP   TEST_PT              ；循环检测
MODE1:  MOV    R7,      #00H        ；分支号 0
        SJMP   BEGIN
MODE2:  MOV    R7,      #01H        ；分支号 1
        SJMP   BEGIN
MODE3:  MOV    R7,      #02H        ；分支号 2
        SJMP   BEGIN
MODE4:  MOV    R7,      #03H        ；分支号 3
        SJMP   BEGIN
BEGIN:  MOV    DPTR,    #TAB        ；置分支入口地址表首地址
        MOV    A,       R7          ；分支转移序号送 A
        ADD    A,       R7          ；分支转移序号乘以 2
        MOV    R3,      A           ；暂存于 R3
        MOVC   A,       @A+DPTR     ；取高位地址
        XCH    A,       R3          ；R3 为高字节数
        INC    A                    ；指向下一字节
        MOVC   A,       @A+DPTR     ；取低位地址
        MOV    DPL,     A           ；处理程序入口地址低 8 位送 DPL
        MOV    DPH,     R3          ；处理程序入口地址高 8 位送 DPH
        CLR    A
        JMP    @A+DPTR              ；转移到 DPTR 所指向的程序
        ORG    0100H
TAB:    DW     WORK0                ；每个 DW 中存放 2 个字节的地址
        DW     WORK1                ；高 8 位存低字节
        DW     WORK2                ；低 8 位存高字节
        DW     WORK3
WORK0:  LCALL  LEFT7                ；分支程序 0
        AJMP   TEST_PT
WORK1:  LCALL  RIGHT7               ；分支程序 1
        AJMP   TEST_PT
WORK2:  LCALL  L4_R4                ；分支程序 2
        AJMP   TEST_PT
WORK3:  LCALL  LIGHT0_1             ；分支程序 3
        AJMP   TEST_PT
DELAY:  MOV    R5,  #03H            ；延时子程序
F3:     MOV    R6,  #0FFH
F2:     MOV    R3,  #0FFH
```

```
F1:         DJNZ   R3,    F1
            DJNZ   R6,    F2
            DJNZ   R5,    F3
            RET                          ; 返回
LIGHT0_1:   MOV    P1,    #00H           ; 全亮全灭
            ACALL  DELAY
            MOV    P1,    #0E7H          ; FLAG
            RET
LEFT7:      MOV    R4,    #8
            MOV    A,     #0FEH
LT7:        MOV    P1,    A
            LCALL  DELAY
            RL     A
            DJNZ   R4,    LT7
            MOV    P1,    #0FFH
            MOV    P1,    #0E7H          ; FLAG
            RET
RIGHT7:     MOV    R4,    #8
            MOV    A,     #07FH
RT7:        MOV    P1,    A
            LCALL  DELAY
            RR     A
            DJNZ   R4,    RT7
            MOV    P1,    #0FFH
            MOV    P1,    #0E7H          ; FLAG
            RET
L4_R4:      MOV    P1,    #0F0H
            LCALL  DELAY
            MOV    P1,    #0FH
            LCALL  DELAY
            MOV    P1,    #0FFH
            MOV    P1,    #0E7H          ; FLAG
            RET
            END
```

4. 思考与讨论

（1）老师与同学之间讨论的问题

① 如果 P1 口输出的二进制要求“1：亮，0：灭”，问如何修改程序？

② 这个程序中的方波发生用了 JB 和 JNB 指令，问只用前面的 JB 是否可以计数？两种方

法各有何优缺点？

③ 如何正确理解散转指令 JMP @A+DPTR？举例说明。

（2）同学与同学之间讨论的问题，训练倾听和协作的能力

以下问题只是一个参考，鼓励同学之间提出不同的问题，老师可以适当地参与讨论并答疑解惑。

① 同学 A 提出的问题：通过分支号计算散转地址比较复杂，有什么比较简单的方法实现多分支？

② 同学 B 提出的问题：使用 JNB 语句是否也能方便地实现多分支？例如项目 2 就是一个例子，这两者有何区别？

A 和 B 两个同学互相提问并做相应的回答，把这些内容记录下来然后写在作业本上。

思考与练习题

4.1 什么叫伪指令？有什么作用？常用的伪指令有几种，各自功能是什么？

4.2 编程将片内 30H～39H 单元中内容送到以 3000H 为首的存储区中。

4.3 设有两个 4 位 BCD 码，分别存放在片内 RAM 的 23H22H 单元和 33H32H 单元中，求它们的和，并送入到 43H42H 中去（低位在低字节，高位在高字节）。

4.4 设外 RAM 1000H 单元中有一个 8 位二进制数，请编程将该数的高 4 位屏蔽掉，并送入外 RAM 2000H 中。

4.5 编程 $F=X\oplus Y\oplus Z$，其中 F、X、Y、Z 均为位变量，依次存在以位地址 20H 为首地址的位寻址区。

4.6 设无符号数 X 存在于内 RAM 20H 中，Y 存在于 30H 中，请编程：

$$Y=\begin{cases}X & \text{当}X\leqslant 10\\ 2X & \text{当}10<X<50\\ 0 & \text{当}X\geqslant 50\end{cases}$$

4.7 编程将外 RAM 2000H～2050H 单元内容清零。

4.8 编程将片外 RAM 中地址位 2000H～2030H 的数据块全部搬迁到内 RAM30H～60H 中。

4.9 编程延时 1 min 子程序（$f_{osc}=6$ MHz）。

4.10 试编一查表程序，从首地址 2 000H，长度为 50H 的数据块中查找出第一个 ASCII 码 A，将其地址送到 2051H 和 2052H 中。

4.11 试编程，根据 R1（R1≤10）中的数值实现散转功能。

R1 = 0，转向 work0

R1 = 1，转向 work1

……　　……

第5章 80C51系列单片机的中断系统和定时/计数器

【学习目标】

1. 理解中断、定时、计数的基本概念
2. 理解 80C51 中断系统的结构
3. 理解定时/计数器的结构

【重点内容】

1. 中断、定时、计数的概念
2. 掌握 80C51 中断的使用
3. 掌握定时/计数器的使用

中断系统和定时/计数器是单片机应用系统重要的组成部分。80C51 有 5 个中断源，2 个 16 位定时/计数器。

5.1 80C51 系列单片机的中断系统

计算机与外设交换信息时，慢速工作的外设与快速工作的 CPU 之间形成一个很大的矛盾。例如，计算机与打印机相连接，CPU 处理和传送字符的速度是微秒级的，而打印机打印字符的速度远比 CPU 慢。CPU 不得不花大量时间等待和查询打印机打印字符。中断就是为解决这类问题而提出的。

5.1.1 中断的概念

中断是指计算机在执行某一程序的过程中，由于计算机系统内部或外部的某种原因，CPU

必须暂时停止现行程序的执行，而自动转去执行预先安排好的处理该事件的服务子程序，待处理结束之后，再回来继续执行被暂停程序的过程。实现这种中断功能的硬件系统和软件系统统称为中断系统。运行过程如图 5-1 所示。

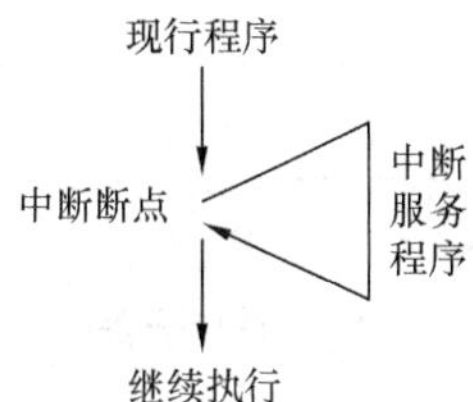

图 5-1 中断示意图

中断系统是计算机的重要组成部分。实时控制、故障自动处理、计算机与外部设备间传送数据及实现人机对话通常采用中断方式。中断系统需要解决以下基本问题。

① 中断源。中断请求信号的来源。其包括中断请求信号的产生及该信号怎样被 CPU 有效地识别。要求中断请求信号产生一次，只能被 CPU 接收处理一次，不能一次中断申请被 CPU 多次响应，这就涉及中断请求信号的及时撤除问题。

② 中断响应与返回。CPU 采集到中断请求信号后，怎样转向特定的中断服务子程序及执行完中断服务子程序怎样返回被中断的程序继续执行。中断响应与返回的过程中涉及 CPU 响应中断的条件、现场保护、现场恢复等问题。

③ 优先级控制。一个计算机应用系统，特别是计算机实时测控系统，往往有多个中断源，各中断源的重要程度又有轻重缓急之分。与人处理问题的思路一样，希望重要紧急的事件优先处理，而且如果当前处于正在处理某个事件的过程中，有更重要、更紧急的事件到来，就应当暂停当前事件的处理，转去处理紧急事件。这就是中断系统优先级控制所要解决的问题。中断优先级控制形成了中断嵌套。80C51 系列单片机中断系统原理及组成如图 5-2 所示。

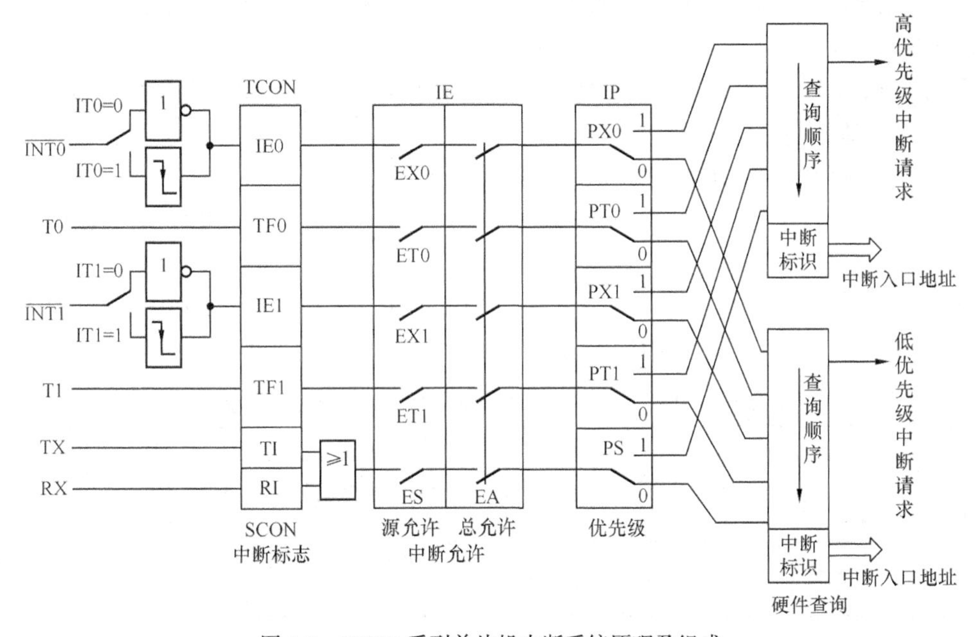

图 5-2 80C51 系列单片机中断系统原理及组成

80C51 中断优先控制首先根据中断优先级，同时还规定了同一优先级之间还有中断优先权，权的高低次序是 $\overline{INT0}$ 、T0 、$\overline{INT1}$ 、T1 、串行口。需注意的是：中断优先级是可以编程的，而中断优先权是固定的。中断优先权仅用于同级中断源同时请求中断时的优先次序。80C51 中断优先控制的基本原则如下。

① 同一中断优先级中，有多个中断源同时请求中断，CPU 将先响应优先权高的中断。

② 正在进行的低优先级中断服务，能被高优先级中断请求所中断。

③ 正在进行的中断过程不能被新的同级或低优先级的中断请求所中断。

5.1.2 80C51 的中断源和中断控制寄存器

1. 中断源

中断源是指向 CPU 发出中断请求的信号来源。中断源可以人为设定，也可以响应突发性随机事件。80C51 系列单片机有 5 个中断源，其中 2 个是外部中断源，3 个是内部中断源。

① $\overline{\text{INT0}}$——外部中断 0，从 P3.2 引脚输入的中断请求。

② $\overline{\text{INT1}}$——外部中断 1，从 P3.3 引脚输入的中断请求。

③ T0——定时/计数器 T0，定时器 0 溢出发出中断请求，计数器 0 从外部 P3.4 引脚输入计数脉冲中断请求。

④ T1——定时/计数器 T1，定时器 1 溢出发出中断请求，计数器 1 从外部 P3.5 引脚输入计数脉冲中断请求。

⑤ 串行口中断，包括串行接收中断 RI 和串行发送中断 TI。

2. 中断控制寄存器

80C51 系列单片机涉及中断控制有中断请求、中断允许和中断优先级控制 3 个方面 4 个特殊功能寄存器，按图 5-2 所示从左到右分别如下。

① 中断请求寄存器：包括定时和外中断控制寄存器（TCON）、串行控制寄存器（SCON）。

② 中断允许控制寄存器 IE。

③ 中断优先级控制寄存器 IP。

对 4 个寄存器的理解，要结合图 5-2 来进行分析，不可单独记忆，现分别予以说明。

（1）定时和外中断控制寄存器（TCON）

$\overline{\text{INT0}}$、$\overline{\text{INT1}}$、T0、T1 中断请求标志放在 TCON 中，串行中断请求标志放在 SCON 中。TCON 的结构、位名称、位地址和功能见表 5-1。

表 5-1　　TCON 的结构、位名称、位地址和功能（字节地址 88H）

TCON	D7	D6	D5	D4	D3	D2	D1	D0
位名称	TF1	TR1	TF0	TR0	IE1	IT1	IE0	IT0
位地址	8FH	8EH	8DH	8CH	8BH	8AH	89H	88H
功能	T1 中断标志		T0 中断标志		$\overline{\text{INT1}}$ 中断标志	$\overline{\text{INT1}}$ 触发方式	$\overline{\text{INT0}}$ 中断标志	$\overline{\text{INT0}}$ 触发方式

① TF1——T1 溢出中断请求标志。当定时/计数器 T1 计数溢出后，由 CPU 内硬件自动置 1，表示向 CPU 请求中断。CPU 响应该中断后，片内硬件自动对其清零。TF1 也可由软件程序查询其状态或由软件置位清零。

② TF0——T0 溢出中断请求标志。其意义和功能与 TF1 相似。

③ IE1——外中断 $\overline{\text{INT1}}$ 中断请求标志。当 P3.3 引脚信号有效时，触发 IE1 置 1，当 CPU 响应该中断后，由片内硬件自动清零（自动清零只适用于边沿触发方式）。

④ IE0——外中断 $\overline{\text{INT0}}$ 中断请求标志。其意义和功能与 IE1 相似。

⑤ IT1——外中断 $\overline{\text{INT1}}$ 触发方式控制位。IT1=1，为边沿触发方式，当 P3.3 引脚出现下降沿脉冲信号时有效；IT1=0，为电平触发方式，当 P3.3 引脚为低电平信号时有效。IT1 由软件置位或复位。

⑥ IT0——外中断 $\overline{\text{INT0}}$ 触发方式控制位。其意义和功能与 IT1 相似。

TCON 的字节地址为 88H，TR1、TR0 与中断无关，在定时/计数器中介绍。

（2）串行控制寄存器（SCON）

SCON 的结构、位名称、位地址和功能见表 5-2。

表 5-2　　SCON 的结构、位名称、位地址和功能（字节地址 98H）

SCON	D7	D6	D5	D4	D3	D2	D1	D0
位名称	SM0	SM1	SM2	REN	TB8	RB8	TI	RI
位地址	9FH	9EH	9DH	9CH	9BH	9AH	99H	98H
功能							串行发送中断标志	串行接收中断标志

① TI——串行口发送中断请求标志。当 CPU 将一个发送数据写入串行接口发送缓冲器时，就启动发送过程，每发完一个串行帧，由硬件置位 TI。CPU 响应中断后，硬件不能自动清除 TI，必须由软件清除。

② RI——串行口接收中断请求标志。当允许串行接口接收数据时，每接收完一个串行帧，由硬件置位 RI。CPU 响应中断后，硬件不能自动清除 RI，必须由软件清除。

有关串行中断的内容将在第 6 章中叙述。

注意事项如下。

CPU 响应中断后，TF1、TF0 由硬件自动清零。

CPU 响应中断后，在边沿触发方式下，IE1、IE0 由硬件自动清零；在电平触发方式下，不能自动清除 IE1、IE0 标志，也就是说，IE1、IE0 状态完全由 $\overline{\text{INT1}}$、$\overline{\text{INT0}}$ 的状态决定。所以，在中断返回前必须撤除 $\overline{\text{INT1}}$、$\overline{\text{INT0}}$ 引脚的低电平，否则就会出现一次中断申请被 CPU 多次响应。

CPU 响应中断后，TI、RI 必须由软件清除。

所有产生中断的标志位均可由软件置 1 或清零，获得与硬件置 1 或清零的同样效果。

单片机复位后，TCON 和 SCON 各位清零。

例 5-1　外中断电平触发方式中断请求信号的撤除。

对外中断 $\overline{\text{INT0}}$、$\overline{\text{INT1}}$ 采用电平触发方式时，需要采取软硬结合的方法避免重复中断。

硬件电路如图 5-3 所示。当外部设备有中断请求时，中断请求信号经反相，加到锁存器 CP 端，作为 CP 脉冲。由于 D 端接地为 0，Q 端输出低电平，触发 $\overline{\text{INT0}}$ 产生中断。当 CPU 响应中断后，应在该中断服务程序中安排如下两条指令。

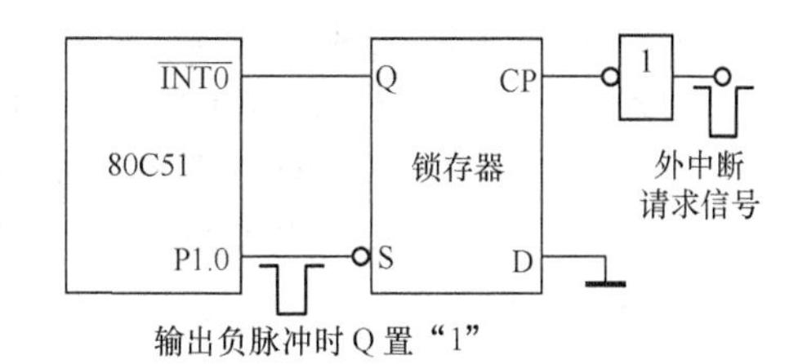

图 5-3　外中断电平触发方式中断请求信号的撤除

```
CLR     P1.0        ;
SETB    P1.0        ;
```

使 P1.0 输出一个负脉冲信号，加到锁存器 S 端（强迫置“1”端），Q 端输出高电平，从而撤销引起重复中断的 $\overline{\text{INT0}}$ 低电平信号。因此，一般来说，对外中断 $\overline{\text{INT0}}$、$\overline{\text{INT1}}$，应尽量采用边沿触发方式，以简化硬件电路和软件程序。

（3）中断允许控制寄存器（IE）

CPU 对中断系统的所有中断以及某个中断源的开放和屏蔽是由中断允许控制寄存器（IE）控制的。IE 的状态可通过程序由软件设定。某位设定为 1，相应的中断源中断允许；某位设定为 0，相应的中断源中断屏蔽。CPU 复位时，IE 各位清零，禁止所有中断。IE 的结构、位名称和位地址见表 5-3。

表 5-3　IE 的结构、位名称和位地址（字节地址 A8H）

IE	D7	D6	D5	D4	D3	D2	D1	D0
位名称	EA	—	—	ES	ET1	EX1	ET0	EX0
位地址	AFH	AEH	ADH	ACH	ABH	AAH	A9H	A8H
中断源	CPU	—	—	串行口	T1	$\overline{\text{INT1}}$	T0	$\overline{\text{INT0}}$

① EA——CPU 中断允许控制位。EA=1，CPU 全部开中断；EA=0，CPU 全部关中断，相当于是一个总开关，如果 5 个中断源任何一个要开中断，必须 EA=1；EA=0，5 个中断源就无法开中断。

② EX0——外部中断 $\overline{\text{INT0}}$ 中断允许控制位。EX0=1，$\overline{\text{INT0}}$ 开中断；EX0=0，$\overline{\text{INT0}}$ 关中断。

③ ET0——定时/计数器 T0 中断允许控制位。ET0=1，T0 开中断；ET0=0，T0 关中断。

④ EX1——外部中断 $\overline{\text{INT1}}$ 中断允许控制位。EX1=1，$\overline{\text{INT1}}$ 开中断；EX1=0，$\overline{\text{INT1}}$ 关中断。

⑤ ET1——定时/计数器 T1 中断允许控制位。ET1=1，T1 开中断；ET1=0，T1 关中断。

⑥ ES——串行口中断允许控制位。ES=1，串行口开中断；ES=0，串行口关中断。

（4）中断优先级控制寄存器（IP）

80C51 系列单片机有两个中断优先级，即可实现二级中断服务嵌套。每个中断源的中断优先级都是由中断优先级寄存器（IP）中的相应位状态定义。IP 的状态由软件设定，某位为 1，则相应的中断源为高优先级中断；某位为 0，则相应的中断源为低优先级中断。单片机复位时，IP 各位清零，各中断源处于低优先级中断。IP 的结构、位名称和位地址见表 5-4。

表 5-4　IP 的结构、位名称和位地址（字节地址 B8H）

IP	D7	D6	D5	D4	D3	D2	D1	D0
位名称	—	—	—	PS	PT1	PX1	PT0	PX0
位地址	BFH	BEH	BDH	BCH	BBH	BAH	B9H	B8H
中断源	—	—	—	串行口	T1	$\overline{\text{INT1}}$	T0	$\overline{\text{INT0}}$

① PX0——$\overline{\text{INT0}}$ 中断优先级控制位。PX0=1，$\overline{\text{INT0}}$ 为高优先级；PX0=0，$\overline{\text{INT0}}$ 为低优先级。

② PT0——T0 中断优先级控制位。PT0=1，T0 为高优先级；PT0=0，T0 为低优先级。

③ PX1——$\overline{\text{INT1}}$ 中断优先级控制位。控制方法同 PX0。

④ PT1——T1 中断优先级控制位。控制方法同 T0。

⑤ PS——串行口中断优先级控制位。PS=1，串行口中断为高优先级；PS=0，串行口中断为低优先级。

例如，若要将 $\overline{\text{INT1}}$、串行口设置为高优先级，其余中断源设置为低优先级，可执行下列程序。

```
MOV  IE, #10010100B     ; 或者 SETB  EA; SETB  ES; SETB  EX1
MOV  IP, #00010100B     ;
```

5.1.3 中断处理的过程

中断处理过程分 4 步：中断请求、中断响应、中断服务和中断返回。图 5-4 所示为中断处理流程图。

1. 中断请求

当中断源要求 CPU 为它服务时，必须发出一个中断请求信号。若是外部中断源，则需将中断请求信号送到规定的外部中断引脚上，CPU 将相应的中断请求标志位置 1。为保证该中断得以实现，中断请求信号应保持到 CPU 响应该中断后才能取消。若是内部中断源，则内部硬件电路将自动置位该中断请求标志。CPU 将不断地、及时地查询这些中断请求标志，一旦查询到某个中断请求标志置位，CPU 就响应该中断源中断。

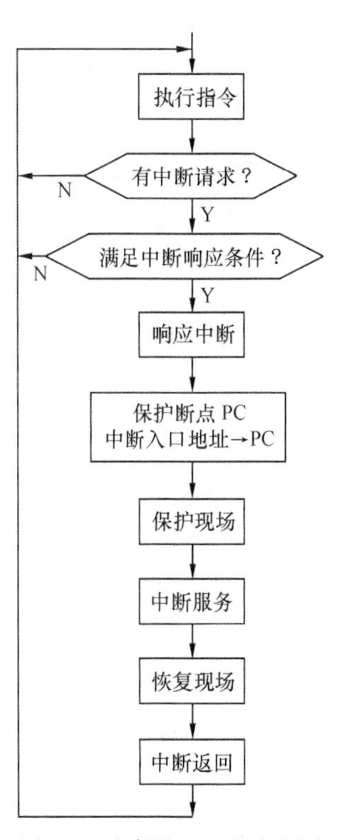

图 5-4 中断处理过程流程图

2. 中断响应

CPU 查询（检测）到某中断标志为 1，在满足中断响应条件下，响应中断。

（1）中断响应的条件

① 中断源有中断请求。

② CPU 处于开中断状态，对应的中断源处于开中断状态。

③ 此时没有响应同级或更高级的中断。

④ 当前正处于所执行指令的最后一个机器周期。80C51 CPU 是在执行每一条指令的最后一个机器周期的 S5P2 期间去查询（或称检测）中断标志是否置位，查询到有中断标志置位，则在下一个机器周期 CPU 便执行一条由中断系统提供的硬件 LCALL 指令，转向被称为中断向量的特定地址单元，进入相应的中断服务程序。

⑤ 正在执行的指令不是 RETI 或者是访问 IE、IP 的指令，否则必须再另外执行一条指令后才能响应。若正在执行 RETI 指令，则牵涉到前一个中断断口地址问题，必须等待前一个中断返回后，才能响应新的中断；若是访问 IE、IP 指令，则牵涉有可能改变中断允许开关状态和中断优先级次序状态，必须等其确定后，按照新的 IE、IP 控制执行中断响应。

（2）中断响应操作

在满足中断响应条件的前提下，进入中断响应，CPU 响应中断后，进行下列操作。

① 保护断点地址。CPU 响应中断是中断原来执行的程序，转而去执行中断服务程序。中断服务程序执行完毕后，还要返回原来的中断点，继续执行原来的程序。因此，必须把中断点的 PC 地址记下来，以便正确返回。那么中断断点的 PC 地址如何保存，保存在哪里？具体做法是：执行一条硬件 LCALL 指令，把程序计数器 PC 的内容压入堆栈保存（注意是硬件入栈，不是程序入栈），再把相应的中断服务程序入口地址送入 PC。

② 撤除该中断源的中断请求标志。CPU 是在执行每一条指令的最后一个机器周期查询各中断请求标志位是否置位，响应中断后，必须将其撤除，否则，中断返回后将重复响应该中断

而出错。对于80C51来讲，有的中断请求标志在CPU响应中断后，由CPU硬件自动撤除，但有的中断请求标志必须由用户在软件程序中对该中断标志清零，前文已列出，这里不再叙述。

③ 关闭同级中断。在一种中断响应后，同一优先级的中断即被暂时屏蔽。待中断返回时再重新自动开启。

④ 将相应中断的入口地址送入PC。80C51系列单片机5个中断源的中断入口地址如下。

$\overline{\text{INT0}}$：0003H

T0：000BH

$\overline{\text{INT1}}$：0013H

T1：001BH

串行口：0023H

3. 中断服务

中断服务程序包括以下几个部分。

（1）保护现场

在中断服务程序中，通常会涉及一些特殊功能寄存器，如Acc、PSW和DPTR等，而这些特殊功能寄存器中断前的数据在中断返回后还要用到，若在中断服务程序中被改变，返回主程序后将会出错。因此，要求把这些特殊功能寄存器中断前的数据保存起来，待中断返回时恢复。

所谓保护现场，是指把断点处有关寄存器的内容压入堆栈保护，以便中断返回时恢复。“有关”是指中断返回时需要恢复，不需要恢复就是无关。通常，有关是指中断程序中要用到的寄存器及地址。

（2）执行中断服务程序

中断服务程序要做的事情是中断源请求中断的目的，是CPU完成中断处理的主体。

（3）恢复现场

与保护现场相对应，中断返回前，应将进入中断服务程序时保护的有关寄存器及地址的内容从堆栈中弹出，送回到原有关寄存器，以便返回断点后继续执行原来的程序。需要指出的是，对于80C51系列单片机，利用堆栈保护和恢复现场需要遵循先进后出、后进先出的原则，特别是硬件堆栈与程序入栈共用时更要注意。

以上3部分，中断服务程序是中断源请求中断的目的，用程序指令实现相应的操作要求。保护现场和恢复现场是相对应的，但不是必需的。需要保护就保护，不需要或无保护内容时则不需要保护现场。

4. 中断返回

中断服务程序的最后一条指令必须是中断返回指令RETI。RETI指令能使CPU结束中断服务程序的执行，返回到曾经被中断过的程序处，继续执行主程序。RETI指令的具体功能如下。

（1）恢复断点地址

将中断响应时压入堆栈保存的断点地址从栈顶弹出送回PC，CPU从原来中断的地方继续执行程序。

注意，不能用 RET 指令代替 RETI 指令，因为用 RET 指令虽然也能控制 PC 返回到原来中断的地方，但 RET 指令没有清零中断优先级状态触发器的功能，中断控制系统会认为中断仍在进行，其后果是与此同级的中断请求将不被响应。

若用户在中断服务程序中进行了入栈操作，则在 RETI 指令执行前应进行相应的出栈操作，使栈顶指针 SP 与保护断点后的值相同，即在中断服务程序中 PUSH 指令与 POP 指令必须成对使用，否则不能正确返回断点。

（2）开放同级和低级中断

上述中断响应过程大部分操作是 CPU 自动完成的，用户只需要了解来龙去脉。而用户需要做的事情是编制中断服务程序，并在此之前完成中断初始化，即设置堆栈，定义外中断触发方式，定义中断优先级，开放中断等。

5.1.4 中断响应等待时间

图 5-5 所示为某中断的响应时序。

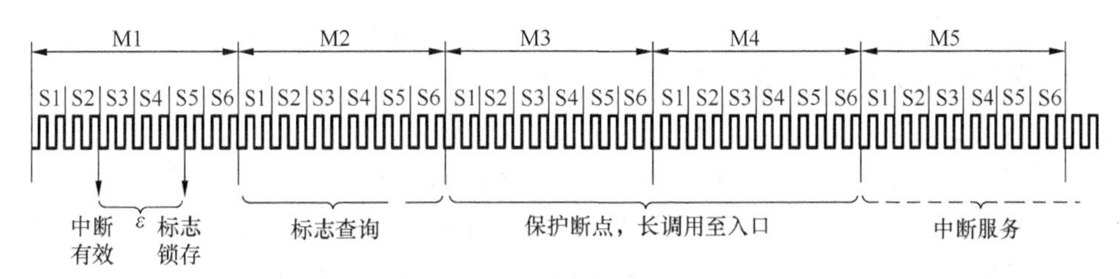

图 5-5　中断响应时序

从中断源提出中断申请，到 CPU 响应中断，当然前提条件是满足中断响应条件，需要经历一定的时间过程。若 M1 周期的 S5P2 前某中断生效，在 S5P2 期间其中断请求被锁存到相应的标志位中去。下一个机器周期 M2 恰逢某指令的最后一个机器周期，且该指令不是 RETI 或访问 IE、IP 的指令。于是，后面两个机器周期 M3 和 M4 便可以执行硬件 LCALL 指令，M5 周期将进入中断服务程序。

可见，80C51 的中断响应时间（从标志置 1 到进入相应的中断服务程序）至少要 3 个完整的机器周期。中断控制系统对各中断标志进行查询需要 1 个机器周期，如果响应条件具备，CPU 执行中断系统提供的硬件 LCALL 指令，这个过程要占用 2 个机器周期。另外，如果中断响应过程受阻，就要增加等待时间。若同级或高级中断正在进行，所需要的附加等待时间取决于正在执行的中断服务程序的长短，等待的时间不确定；若没有同级或高级中断正在进行，所需要的附加等待时间在 3～5 个机器周期之间。这是因为：第一，如果查询周期不是正在执行的指令的最后机器周期，附加等待时间不会超过 3 个机器周期（因执行时间最长的指令 MUL 和 DIV 也只有 4 个机器周期）；第二，如果查询周期恰逢 RET、RETI 或访问 IE、IP 指令，而这类指令之后又跟着 MUL 或 DIV 指令，则由此引起的附加等待时间不会超过 5 个机器周期（1 个机器周期完成正在进行的指令再加上 MUL 或 DIV 的 4 个机器周期）。

综上所述，若排除 CPU 正在响应同级或更高级的中断情况，中断响应等待时间为 3～8 个机器周期。一般情况是 3～4 个机器周期，执行 RETI 或访问 IE、IP 指令，且后一条指令是乘除法指令时，最长可达 8 个机器周期。

5.1.5 中断系统的应用

中断系统的应用要解决的问题主要是编制应用程序。编制应用程序包括两大部分：第一部分是中断初始化；第二部分是中断服务程序。

1. 中断初始化

中断初始化应在产生中断请求前完成，一般放在主程序中，与主程序其他初始化内容一起完成设置。

① 设置堆栈指针 SP。因中断涉及保护断点 PC 地址和保护现场数据，且均要用堆栈实现保护，因此要设置适宜的堆栈深度。

深度要求不高且工作寄存器组 1～3 不用时，可维持复位时状态：SP=07H，深度为 24B（20H～2FH 为位寻址区）。

要求有一定深度时，可设置 SP=60H 或 50H，深度分别为 32 B 和 48 B。

② 定义中断优先级。根据中断源的轻重缓急，划分高优先级和低优先级。

③ 定义外中断触发方式。一般情况下，定义边沿触发方式为宜。若外中断信号无法适用边沿触发方式，必须采用电平触发方式时，应在硬件电路上和中断服务程序中采取撤除中断请求信号的措施。

④ 开放中断。注意开放中断必须同时开放二级控制，即同时置位 EA 和需要开放中断的中断允许控制位。可用 MOV　IE, #XXH 指令设置，也可用 SETB　EA 和 SETB　XX 位操作指令设置。

⑤ 除上述中断初始化操作外，还应安排好等待中断或中断发生前主程序应完成的操作内容。

2. 中断服务程序

中断服务程序内容要求如下。

① 在中断服务入口地址设置一条跳转指令，转移到中断服务程序的实际入口处。80C51 相邻两个中断入口地址间只有 8 B 的空间，8 B 只能容纳一个有 3～8 条指令的极短程序，一般情况中断服务程序均大大超出 8 B 长度。因此，必须跳转到其他合适的地址空间。跳转指令可用 SJMP、AJMP 或 LJMP 指令，SJMP、AJMP 均受跳转范围影响，建议用 LJMP 指令，则可将真正的中断服务程序不受限制地安排在 64 KB 的任何地方。

② 根据需要保护现场。保护现场不是中断服务程序的必需部分。通常是保护 Acc、PSW 和 DPTR 等特殊功能寄存器中的内容。若中断服务程序中不涉及 Acc、PSW、DPTR，则不需保护，也不需恢复。保护现场数据越少越好，数据保护越多，堆栈负担越重，堆栈深度设置就越深。

③ 中断源请求中断服务要求的操作，这是中断服务程序的主体。

④ 若是外中断电平触发方式，应有中断信号撤除操作。若是串行收发中断，应有对 RI、TI 清零指令。

⑤ 恢复现场。与保护现场相对应，注意先进后出、后进先出的操作原则。

⑥ 中断返回，最后一条指令必须是 RETI。

3. 中断系统应用举例

例 5-2　利用中断方式实现输入/输出。在图 5-6 中，假设外部电路每按一次按钮在 $\overline{\text{INT0}}$ 的输入端产生一个负脉冲，向CPU请求中断；响应中断后，读取开关S0～S3上的数据，输出到发光二极管L0～L3显示。当开关闭合时，对应的发光管点亮。

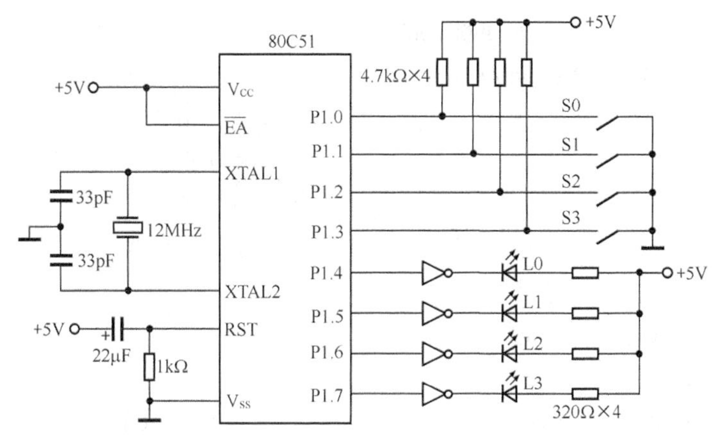

图5-6　利用中断方式实现输入/输出

解：主程序和中断服务子程序如下。

```
        ORG     0000H
        LJMP    MAIN
        ORG     0003H
        LJMP    INT0
        ORG     0030H
MAIN:   SETB    IT0                 ；选择边沿触发方式
        SETB    EX0                 ；允许INT0中断
        SETB    EA                  ；开CPU中断
HERE:   LJMP    HERE                ；等待中断
INT0:   MOV     P1,  #0FH           ；设置P1.0～P1.3为输入
        MOV     A,   P1
        SWAP    A
        CPL     A
        ORL     A,  #0FH            ；低4位置1，为下次读数准备
        MOV     P1, A               ；数据送L0～L3
        RETI
        END
```

例5-3　利用中断实现单步操作，按一次按钮P，执行一条主程序指令，试编制程序。

解：可利用图5-7所示的电路实现单步操作，把一个外部中断（设为$\overline{\text{INT1}}$）设置为电平触发方式，且允许$\overline{\text{INT1}}$中断。

```
        ORG     0000H
        LJMP    MAIN
        ORG     0013H
        LJMP    INT1
        ORG     0030H
```

```
MAIN:  MOV    SP, #60H
       CLR    IT1              ; 置电平触发方式
       MOV    IP, #00000100B
       MOV    IE, #0FFH
       …                       ; 主程序指令 1
       …                       ; 主程序指令 2
       …                       ; 主程序指令 3
       …                       ; 主程序指令 4
       …                       ; …
       ORG    1000H
INT1:  …
WAIT1: JNB    P3.3, WAIT1      ; 在INT1变高前原地等待
WAIT2: JB     P3.3, WAIT2      ; 在INT1变低前原地等待
       RETI                    ; 返回并执行主程序的一条指令
```

图 5-7　利用中断实现单步操作电路图

按钮 P 未按下时，$\overline{\text{INT1}}$保持低电平，只要 CPU 开中断，立即进入$\overline{\text{INT1}}$中断服务程序，执行$\overline{\text{INT1}}$的中断服务程序，执行至 WAIT1 时，反复执行 JNB P3.3，WAIT1 指令，等待按钮 P 按下；按钮 P 按下后，在触发端输入一个触发脉冲，在输出端 Q 输出一个低电平，P3.3（$\overline{\text{INT1}}$）引脚保持为高电平，又在 WAIT2 等待，反复执行 JB P3.3，WAIT2 指令，直至高电平结束，$\overline{\text{INT1}}$又变为低电平，执行中断返回指令 RETI。按理，执行完指令后，因$\overline{\text{INT1}}$为低电平，CPU 又要产生$\overline{\text{INT1}}$中断，但由于执行的指令是 RETI 指令，按 80C51 响应中断条件规定，必须再执行一条指令才能再次中断。因此第一次按下按钮 P 并释放后，执行主程序指令 1，再次进入$\overline{\text{INT1}}$中断，等待第二次按下按钮 P 并释放后，执行主程序指令 2。这样，整个程序就变为单步操作程序，按一次按钮 P，执行一条主程序指令。

例 5-4　多中断源扩展。

解：80C51 系列单片机有两个外部中断输入端，当有 2 个以上中断源时，它的中断输入端就不够了。此时，可以采用中断与查询相结合的方法来实现多中断源扩展。图 5-8 中每个中断源都接在同一个外部中断输入端$\overline{\text{INT0}}$上，同时利用 P1 口作为在多中断源情况下对各中断源的识别。当扩展中断源为高电平时，$\overline{\text{INT0}}$输入端为低电平，向 CPU 请求中断。响应中断后，采用软件查询的方法进行相应的中断服务，$\overline{\text{INT0}}$的中断服务程序如下。

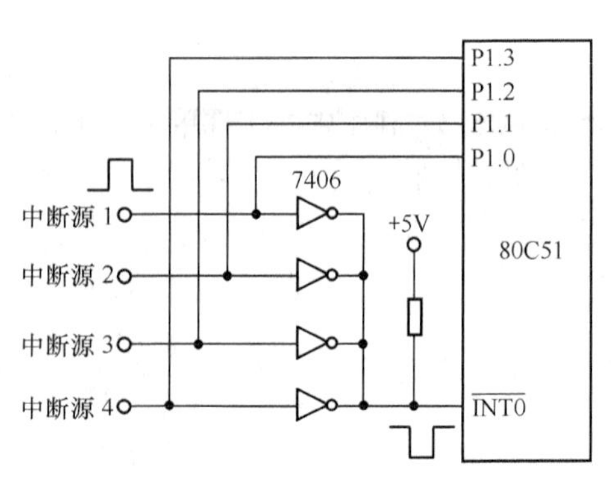

图 5-8　多中断源扩展

```
      INT0：PUSH   ACC          ；INT0的中断服务程序
            JB  P1.0，ZD1        ；软件查询
            JB  P1.1，ZD2
            JB  P1.2，ZD3
            JB  P1.3，ZD4
    GOBACK：POP   ACC
            RETI                 ；中断返回
       ZD1：…                    ；扩展中断源 1 的中断服务程序
            …
            LJMP    GOBACK
       ZD2：…                    ；扩展中断源 2 的中断服务程序
            …
            LJMP    GOBACK
       ZD3：…                    ；扩展中断源 3 的中断服务程序
            …
            LJMP    GOBACK
       ZD4：…                    ；扩展中断源 4 的中断服务程序
            …
            LJMP    GOBACK
```

例 5-5 出租车计价器计程方法是车轮每转一周产生一个负脉冲，从外中断 $\overline{\text{INT0}}$（P3.2）引脚输入，行驶里程为轮胎周长 × 运转周数，设轮胎周长为 2 m，试实时计算出租车行驶里程（单位 m），数据存 32H、31H、30H 中。

解：

```
        ORG    0000H
        LJMP   START
        ORG    0003H                 ；INT0中断入口地址
        LJMP   INT0                  ；转INT0中断服务程序
        ORG    0030H
START：MOV    SP，   #60H
        SETB   IT0                   ；置INT0边沿触发方式
        MOV    IP，   #01H           ；置INT0高优先级
        MOV    IE，   #81H           ；INT0开中断
        MOV    30H，#0               ；里程计数器清零
        MOV    31H，#0
        MOV    32H，#0
        LJMP   MAIN                  ；转主程序，并等待INT0中断
        ORG    0100H                 ；INT0中断服务子程序首地址
INT0：PUSH   ACC                     ；保护现场
        PUSH   PSW
        MOV    A，    30H
```

```
ADD     A,      #2
MOV     30H,    A
CLR     A
ADDC    A,      31H
MOV     31H,    A
CLR     A
ADDC    A,      32H
MOV     32H,    A
POP     PSW                     ; 恢复现场
POP     ACC
RETI                            ; 中断返回
```

5.2 80C51 系列单片机的定时/计数器

在单片机的应用系统中，常常会有定时控制的需求，如定时输出、定时检测、定时扫描等；也经常要对外部事件进行计数。80C51 系列单片机片内集成有两个可编程的定时/计数器：T0 和 T1。它们既可以工作于定时模式，也可以工作于外部事件计数模式。此外，T1 还可以作为串行接口的波特率发生器。

要实现定时功能，可以采用下面 3 种方法。

① 采用软件定时。让 CPU 循环执行一段程序，通过选择指令和安排循环次数，以实现软件定时。软件定时不占用硬件资源，但占用了 CPU 时间，降低了 CPU 的利用率。

② 采用定时电路定时。例如，采用 555 电路，外接必要的元器件（电阻和电容），即可构成硬件定时电路。此种方法实现容易，改变电阻和电容值，可以在一定范围内改变定时值。但在硬件连接好以后，定时值与定时范围不能由软件进行控制和修改，即不可编程。

③ 采用可编程芯片定时。这种定时芯片的定时值及定时范围很容易用软件来确定和修改，此种芯片定时功能强，使用灵活。在单片机的定时/计数器不够用时，可以考虑进行扩展。典型的可编程定时芯片如 Intel 8253。

5.2.1 定时/计数器的结构和工作原理

1. 定时/计数器的结构

图 5-9 所示是定时/计数器的结构原理框图。

定时/计数器的实质是加 1 计数器（16 位），由高 8 位和低 8 位两个寄存器组成（T0 由 TH0 和 TL0 组成，T1 由 TH1 和 TL1 组成）。TMOD 是定时/计数器的工作方式寄存器，由它确定定时/计数器的工作方式和功能；TCON 是定时/计数器的控制寄存器，用于控制 T0、T1 的启动和停止以及设置溢出标志。

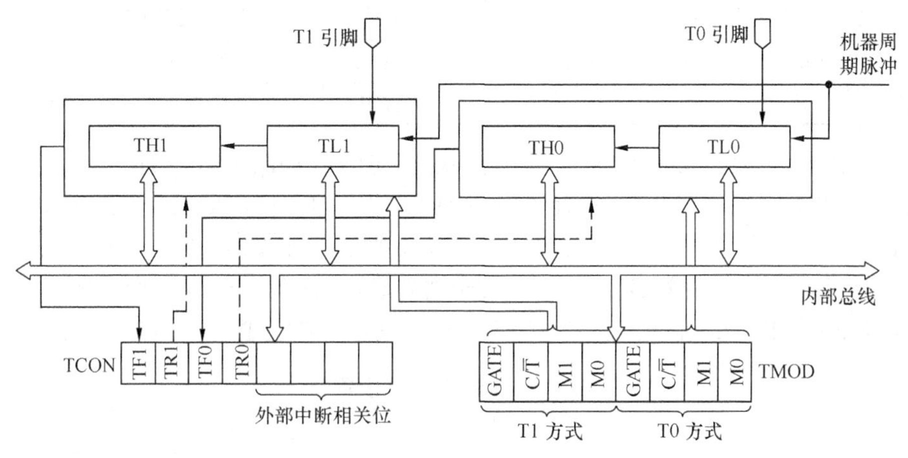

图 5-9 定时/计数器的结构原理框图

2. 定时/计数器的工作原理

作为定时/计数器的加 1 计数器，其输入的计数脉冲有两个来源，一个是由系统的时钟振荡器输出脉冲经 12 分频后送来，另一个是 T0 或 T1 引脚输入的外部脉冲源。每来一个脉冲，计数器加 1，当加到计数器为全 1 时，再输入一个脉冲，就使计数器回 0，计数器的溢出使 TCON 中 TF0 或 TF1 置 1，向 CPU 发出中断请求（定时/计数器中断允许时）。如果定时/计数器工作于定时模式，则表示定时时间已到；如果工作于计数模式，则表示计数值已满。可见，由溢出时计数器的值减去计数初值才是加 1 计数器的计数值。

设置为定时器模式时，加 1 计数器是对内部机器周期计数（1 个机器周期等于 12 个振荡周期，即计数频率为晶振频率的 1/12，12 MHz 为 1 μs、6 MHz 为 2 μs）。计数值乘以机器周期就是定时时间。

设置为计数器模式时，外部事件计数脉冲由 T0（P3.4）或 T1（P3.5）引脚输入到计数器。在每个机器周期的 S5P2 期间采样 T0、T1 引脚电平。当某周期采样到一高电平输入，而下一周期又采样到一低电平输入时，则计数器加 1，更新的计数值在下一个机器周期的 S3P1 期间装入计数器。由于检测一个从 1 到 0 的下降沿需要 2 个机器周期，因此要求被采样的电平至少要维持一个机器周期，所以最高计数频率为晶振频率的 1/24。当晶振频率为 12 MHz 时，最高计数频率不超过 1/2 MHz，即计数脉冲的周期要大于 2 μs。

5.2.2 定时/计数器的控制寄存器

80C51 系列单片机定时/计数器的工作由两个特殊功能寄存器控制。TMOD 用于设置其工作方式，TCON 用于控制其启动和中断申请。

1. 工作方式寄存器（TMOD）

工作方式寄存器（TMOD）用于设置定时/计数器的工作方式，高 4 位用于 T1，低 4 位用于 T0。TMOD 的结构和各位名称、功能见表 5-5。

表 5-5　　　　TMOD 的结构和各位名称、功能（字节地址 89H）

高 4 位控制 T1				低 4 位控制 T0			
门控位	定时/计数方式选择	工作方式选择		门控位	定时/计数方式选择	工作方式选择	
GATE	C/$\overline{T}$	M1	M0	GATE	C/$\overline{T}$	M1	M0

① GATE——门控位。GATE=0 时，只要用软件使 TCON 中的 TR0 或 TR1 为 1，就可以启动定时/计数器工作；GATE=1 时，用软件使 TR0 或 TR1 为 1，同时外部中断 $\overline{INT0}$ 或 $\overline{INT1}$ 也为高电平时，才能启动定时/计数器工作。即此时定时器的启动条件加上了 $\overline{INT0}$ 或 $\overline{INT1}$ 为高电平这一条件。

② C/$\overline{T}$——定时/计数模式选择位。C/$\overline{T}$=0 为定时模式；C/$\overline{T}$=1 为计数模式。

③ M1M0——工作方式设置位。定时/计数器有 4 种工作方式，由 M1M0 进行设置，见表 5-6。

表 5-6　　　　定时/计数器工作方式设置表

M1M0	工 作 方 式	说　　明
00	方式 0	13 位定时/计数器
01	方式 1	16 位定时/计数器
10	方式 2	8 位自动重装定时/计数器
11	方式 3	T0 分成两个独立的 8 位定时/计数器；T1 停止计数

特别需要注意，TMOD 不能进行位寻址，所以只能用字节指令设置定时/计数器的工作方式。CPU 复位时 TMOD 所有位清零，上电复位后应重新设置。

2. 控制寄存器（TCON）

TCON 的低 4 位用于控制外部中断，已在前面介绍。高 4 位用于控制定时/计数器的启动与中断申请。TCON 的结构、位名称、位地址和功能见表 5-7。

表 5-7　　　　TCON 的结构、位名称、位地址和功能（字节地址 88H）

TCON	D7	D6	D5	D4	D3	D2	D1	D0
位名称	TF1	TR1	TF0	TR0	IE1	IT1	IE0	IT0
位地址	8FH	8EH	8DH	8CH	8BH	8AH	89H	88H
功能	T1 中断标志	T1 运行控制	T0 中断标志	T0 运行控制				

① TF1——T1 溢出中断请求标志。当定时/计数器 T1 计数溢出后，由 CPU 内硬件自动置 1，表示向 CPU 请求中断。CPU 响应该中断后，片内硬件自动对其清零。TF1 也可由软件程序查询其状态或由软件置位清零。

② TF0——T0 溢出中断请求标志。其意义和功能与 TF1 相似。

③ TR1——定时/计数器 T1 运行控制位。TR1=1，T1 运行；TR1=0，T1 停止。

④ TR0——定时/计数器 T0 运行控制位。TR0=1，T0 运行；TR0=0，T0 停止。

5.2.3 定时/计数器的工作方式

80C51 系列单片机定时/计数器有 4 种工作方式，由 TMOD 中 M1M0 的状态确定。前 3 种工作方式，T0 和 T1 除所使用的寄存器、有关控制位、标志不同外，其他操作完全相同。T1

无方式 3。下面以 T0 为例进行分析。

1. 工作方式 0

当 M1M0=00 时，定时/计数器工作于方式 0，如图 5-10 所示。在方式 0 情况下，内部计数器为 13 位。由 TL0 低 5 位和 TH0 8 位组成，特别需要注意的是 TL0 低 5 位计数满时不向 TL0 的第 6 位进位，而是向 TH0 进位，13 位计满溢出，TF0 置 1，最大计数值 2^{13}=8 192（计数器初值为 0）。

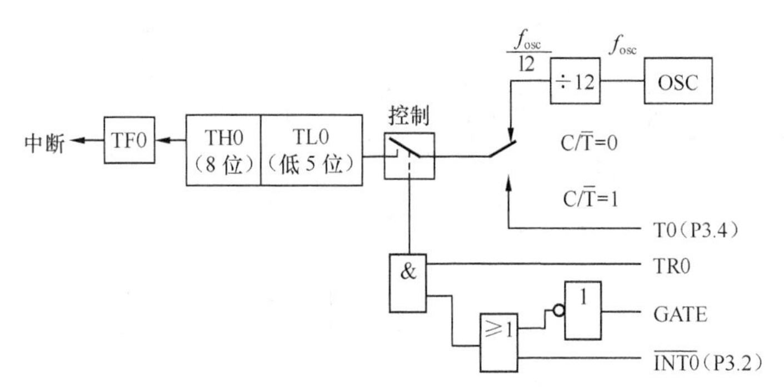

图 5-10　定时/计数器 T0 工作方式 0

C/$\overline{T}$ 和 GATE 的作用已在前面分析过，不再重复介绍。

工作方式 0 对定时/计数器高 8 位和低 5 位的初值计算很麻烦，易出错。方式 0 采用 13 位计数器是为了与早期的产品兼容，所以在实际应用中常由 16 位的方式 1 取代。

2. 工作方式 1

当 M1M0=01 时，定时/计数器工作于方式 1，如图 5-11 所示。在方式 1 情况下，内部计数器为 16 位。由 TL0 作低 8 位，TH0 作高 8 位。16 位计满溢出时，TF0 置 1。

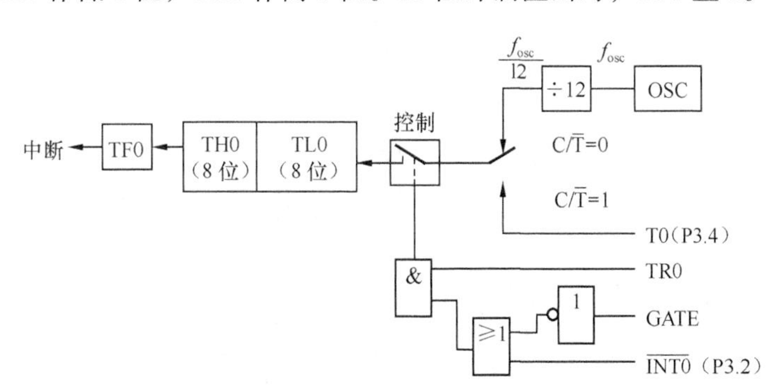

图 5-11　定时/计数器 T0 工作方式 1

方式 1 与方式 0 的区别在于方式 0 是 13 位计数器，最大计数值 2^{13}=8 192；方式 1 是 16 位计数器，最大计数值为 2^{16}=65 536。用作定时器时，若 f_{osc}=12 MHz，则方式 0 最大定时时间为 8 192 μs，方式 1 最大定时时间为 65 536 μs。

3. 工作方式 2

当 M1M0=10 时，定时/计数器工作于方式 2，如图 5-12 所示。在方式 2 情况下，定时/计数器为 8 位，能自动恢复定时/计数器初值。在方式 0、方式 1 时，定时/计数器的初值不能自动恢复，计满后若要恢复原来的初值，必须在程序指令中重新给TH0、TL0赋值。但方式2与方式0、方式1不同。方式2仅用TL0计数，最大计数值为2^8=256。计满溢出后，进位TF0，使溢出标志TF0=1，同时原来装在TH0中的初值自动装入TL0（TH0中的初值允许与TL0不同）。所以，方式2既有优点，又有缺点。优点是定时初值可自动恢复，缺点是计数范围小。因此，方式2适用于需要重复定时，而定时范围不大的应用场合，特别适合于用作较精确的脉冲信号发生器。

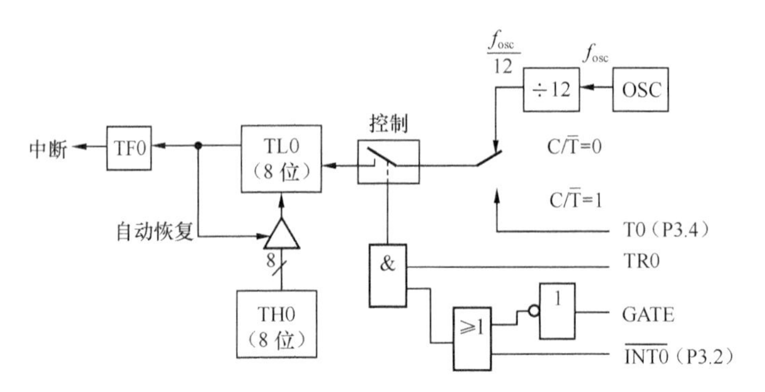

图5-12 定时/计数器T0工作方式2

4. 工作方式3

当M1M0=11时，定时/计数器工作于方式3，但方式3仅适用于T0，T1无方式3。

① T0方式3。在方式3情况下，T0被拆成2个独立的8位计数器TL0、TH0，如图5-13所示。

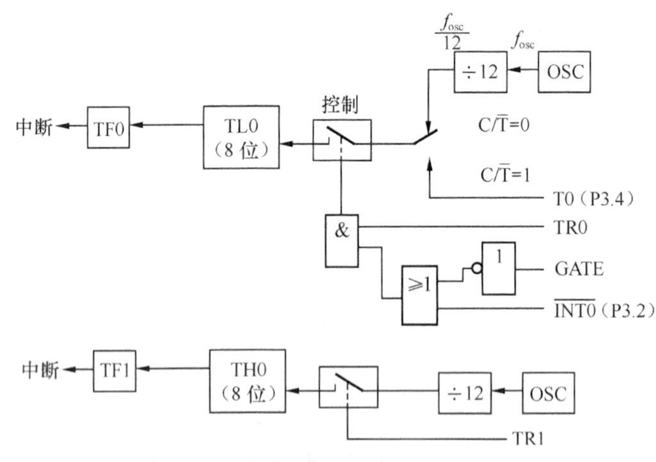

图5-13 定时/计数器T0工作方式3

TL0使用T0原有的控制寄存器资源：TF0、TR0、GATE、C/$\overline{T}$、$\overline{INT0}$，组成一个8位的定时/计数器。

TH0借用T1的中断溢出标志TF1、TR1，只能对系统内部机器周期脉冲计数，组成一个8位定时器。

② T0方式3情况下的T1。T1由于TF1、TR1被T0的TH0占用，计数器溢出时，只能将输出送至串行口，即用作串行口波特率发生器，但T1工作方式仍可设置为方式0、方式1、方式2，C/$\overline{T}$控制位仍可使T1工作在定时/计数器方式，如图5-14所示。

从图 5-14（c）中看出，T0 方式 3 情况下的 T1 方式 2，因定时初值能自动恢复，用作波特率发生器更为合适。

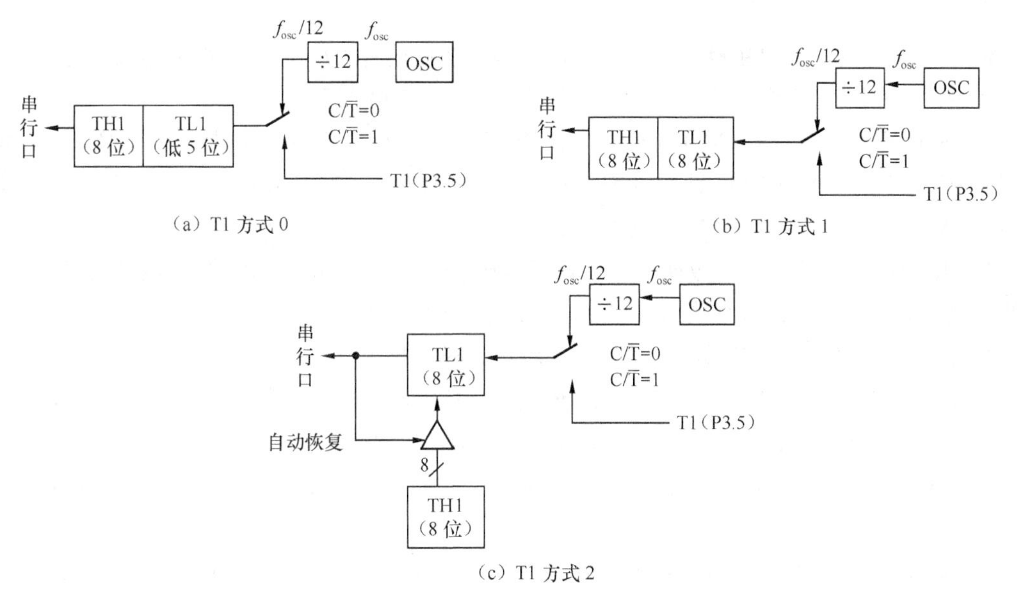

图 5-14　T0 方式 3 情况下的 T1 工作方式

5.2.4　定时/计数器用于外部中断扩展

实际应用系统中，如需有两个以上的外部中断源，而片内定时/计数器未使用时，可利用定时/计数器来扩展外部中断源。扩展方法是，将定时/计数器设置为计数器方式，计数初值设定为满程，将待扩展的外部中断源接到定时/计数器的外部计数引脚。从该引脚输入一个下降沿信号，计数器加 1 后便产生定时/计数器溢出中断。因此，可把定时/计数器的外部计数引脚作为扩展中断源的中断输入端。

例如，利用 T0 扩展一个外部中断源。将 T0 设置为计数器方式，按方式 2 工作，TH0、TL0 的初值均为 0FFH，T0 允许中断，CPU 开放中断。其初始化程序如下。

```
MOV   TMOD，#06H         ；置 T0 为计数器方式 2
MOV   TL0，   #0FFH      ；置计数初值
MOV   TH0，   #0FFH
SETB  TR0                ；启动 T0 工作
SETB  EA                 ；CPU 开中断
SETB  ET0                ；允许 T0 中断
…     …
…     …
```

当 T0（P3.4）引脚上出现外部中断请求信号（一个下降沿信号）时，TL0 计数加 1，产生溢出，将 TF0 置 1，向 CPU 发出中断请求。同时，TH0 的内容 0FFH 又自动装入 TL0，作为下一轮的计数初值。这样，P3.4 引脚每输入一个下降沿脉冲，都将 TF0 置 1，向 CPU 发出中断请求。这就相当于又多了一个边沿触发的外部中断源。

5.2.5 定时/计数器应用

定时/计数器的功能是由软件编程实现的，一般在使用定时/计数器前都要对其进行初始化。所谓初始化，实际上就是确定相关寄存器的值。初始化步骤如下。

① 确定工作方式。对 TMOD 赋值。根据任务性质明确工作方式及类型，从而确定 TMOD 寄存器的值。例如，要求定时/计数器 T0 完成 16 位定时功能，TMOD 的值就应为 01 H，用指令 MOV TMOD，#01H 即可完成工作方式的设定。

② 预置定时/计数器的计数初值。依据以上确定的工作方式和要求的计数次数，计算出相应的计数初值。直接将计数初值写入 TH0、TL0 或 TH1、TL1。

③ 根据需要开放定时/计数器中断。直接对 IE 寄存器赋值。

④ 启动定时/计数器工作。将 TR0 或 TR1 置 1。GATE=0 时，直接由软件置位启动；GATE=1 时，除软件置位外，还必须在外中断引脚处加上相应的电平值才能启动。

例 5-6 设单片机晶振频率为 12 MHz，利用定时/计数器 T0，在 P1.0 引脚输出周期为 2 ms 的方波。

解：2 ms 的方波可由间隔 1 ms 的高低电平相间而成，因而只要每 1 ms 对 P1.0 取反一次即可得到这个方波。可选用定时/计数器 T0 工作在定时方式来实现 1 ms 的定时。定时器工作在定时方式时，计数器对机器周期 T 计数，每个机器周期计数器加 1。设单片机晶振频率为 12 MHz，所以机器周期为 1 μs，定时时间 t 与计数器初值 X、机器周期 T 的关系如下。

工作方式 0　　$t=(2^{13}-X)T$

工作方式 1　　$t=(2^{16}-X)T$

工作方式 2　　$t=(2^{8}-X)T$

按机器周期 T=1 μs，方式 0 最大可定时 8.192 ms；方式 1 最大可定时 65.536 ms；方式 2 最大可定时 0.256 ms。本题可采用方式 0 与方式 1。

设定时器 T0 工作在方式 0，则计数初值 X 为：

$$X=2^{13}-\frac{t}{T}=8192-1000=7192=1110000011000\text{B}$$

TH0=11100000B=E0H；

TL0=×××11000B，设无关位为 0，则 TL0=18H；

TMOD 初始化：TMOD=00000000B=00H；

TCON 初始化：TR0=1，启动 T0；

IE 初始化开放中断，EA=1；允许定时器 T0 中断，ET0=1。

程序如下。

```
        ORG   0000H
        LJMP  START
        ORG   000BH
        LJMP  T0INT                 ；T0 中断入口
        ORG   0040H
START：MOV   SP，    #60H           ；初始化程序
```

```
        MOV   TH0,   #0E0H      ; T0 赋初值
        MOV   TL0,   #18H
        MOV   TMOD,  #00H       ; T0 为方式 0 定时
        SETB  TR0               ; 启动 T0
        SETB  ET0               ; 开 T0 中断
        SETB  EA                ; 开总允许中断
        SJMP  $                 ; 等待中断
T0INT:  MOV   TH0,   #0E0H      ; T0 中断服务子程序，T0 赋初值，再次启动 T0
        MOV   TL0,   #18H
        CPL   P1.0              ; 输出周期为 2 ms 的方波
        RETI
```

T0 溢出时中断标志位 TF0=1 请求中断，CPU 响应中断时，由硬件自动将该位清零。但在中断服务程序中，必须重新写入计数初值方可再次启动定时器。

如定时器 T0 工作在方式 1，则计数初值 X 为：

$$X = 2^{16} - \frac{t}{T} = 65536 - 1000 = 64536 = 1111110000011000\text{B}$$

TH0=11111100B=FCH；

TL0=00011000B=18H；

TMOD 初始化：TMOD=00000001B=01H；

其他不变。

例 5-7 设单片机时钟频率为 12 MHz，利用定时/计数器 T0 在引脚 P1.0 和 P1.1 分别输出周期为 2 ms 和 6 ms 的方波，如图 5-15 所示。

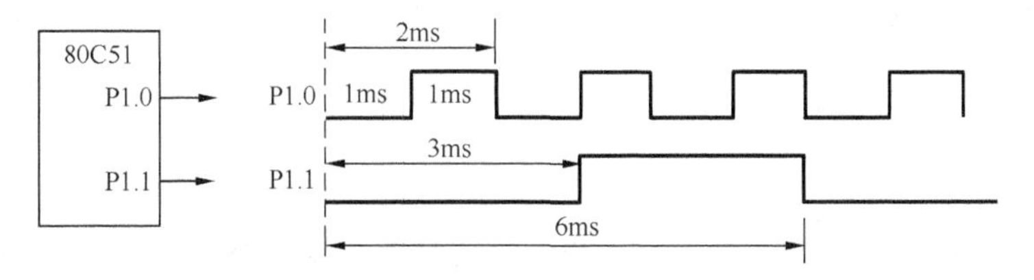

图 5-15 输出不同周期的方波

解：在例 5-6 中，T0 每 1 ms 中断一次，对 P1.0 取反一次得周期为 2 ms 的方波。让例 5-6 中的主程序不变，只要对 T0 中断服务子程序略加修改，使用片内 RAM 的 30H 单元进行软件计数，每计数（中断）3 次，对 P1.1 取反 1 次可得到周期为 6 ms 的方波。修改后的 T0 中断服务子程序如下（设 30H 单元的初值为 0）。

```
T0INT: MOV   TH0,   #0E0H      ; T0 中断服务子程序，T0 赋初值，再次启动 T0
       MOV   TL0,   #18H
       CPL   P1.0              ; 输出周期为 2 ms 的方波
       INC   30H               ; 每 1 ms 软件计数值加 1
       MOV   A,     30H
       CJNE  A, #03, RETURN
```

```
        CPL     P1.1                    ; 每 3 ms 对 P1.1 取反一次
        MOV     30H,    #00H            ; 软件计数初值为 0
RETURN: RETI
```

例 5-8 利用定时/计数器 T1，采用工作方式 2，使 P1.7 引脚输出 1 ms 的方波。设系统时钟频率为 6 MHz。

解：（1）计算计数初值 X。

由于晶振为 6 MHz，所以机器周期 T=2 μs。所以：

$$X = 2^8 - \frac{t}{T} = 256 - 250 = 6 = 06\,\text{H}。$$

TH1=06H，TL1=06H。

（2）设置 T1 的方式控制字 TMOD。

M1M0=10，GATE=0，$\mathrm{C}/\overline{\mathrm{T}}$=0，可取方式控制字为 20H。

（3）程序清单如下。

```
        ORG     0000H
        AJMP    MAIN
        ORG     001BH
        CPL     P1.7
        RETI
        ORG     0030H
MAIN:   MOV     TMOD,   #20H            ; 设 T1 工作于方式 2
        MOV     TH1,    #06H            ; 装入循环计数初值
        MOV     TL1,    #06H
        SETB    ET1                     ; T1 开中断
        SETB    EA                      ; CPU 开中断
        SETB    TR1                     ; 启动 T1
        SJMP    $                       ; 等待中断
        END
```

例 5-9 测量 $\overline{\mathrm{INT0}}$ 上出现的正脉冲宽度，并将结果（以机器周期的形式）存放在 30H 和 31H 两个单元中。

解：将 T0 设置为方式 1 的定时方式，且 GATE=1，计数器初值为 0，将 TR0 置 1。当 $\overline{\mathrm{INT0}}$ 上出现高电平时，加 1 计数器开始对机器周期计数，当 $\overline{\mathrm{INT0}}$ 上信号变为低电平时，停止计数，然后读出 TH0、TL0 的值。程序如下。

```
        ORG     0000H
        AJMP    MAIN
        ORG     0200H
MAIN:   MOV     TMOD,   #09H            ; 置 T0 为定时器方式 1，GATE=1
        MOV     TH0,    #00H            ; 置计数初值
        MOV     TL0,    #00H
        MOV     R0,     #30H            ; 置地址指针初值
```

```
L1: JNB     P3.2,    L1            ; 等待INT0变高，启动定时
    SETB    TR0
L2: JB  P3.2,        L2            ; 等待INT0变低，停止定时
    CLR     TR0;
    MOV     @R0,     TL0           ; 存结果
    INC     R0
    MOV     @R0,     TH0
    SJMP    $
    END
```

运行上述程序后，只要将 31H、30H 两单元的内容转换成十进制数，再乘以机器周期就得到正脉冲的宽度。

例 5-10 利用定时/计数器对生产过程进行控制。图 5-16 给出了一个生产过程的示意图。当生产线上无工件传送时，在光线的照射下，光敏管导通，T1 为低电平；当工件通过光源时工件会遮挡光线，光敏管截止，T1 为高电平。每传送一个工件，T1 端会出现一个正脉冲。利用定时/计数器 T1 对生产过程进行控制，每生产出 10000 个工件，使 P1.7 输出一个正脉冲，用于启动下一个工序。

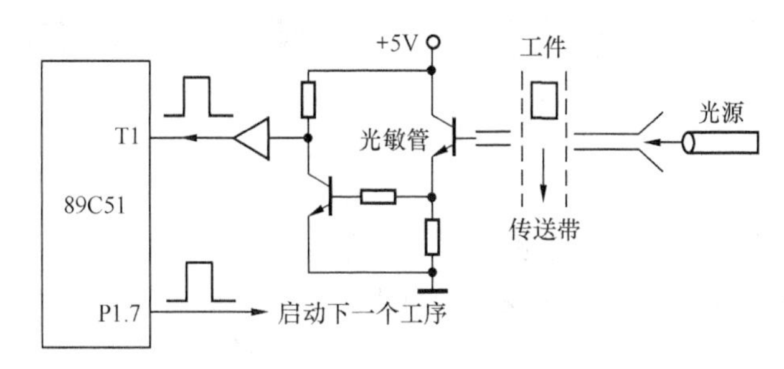

图 5-16 生产过程控制示意图

解：设置定时/计数器 T1 工作在方式 1，对工件进行计数。计数次数 N=10000，则计数初值 X 为：

$$X = 2^{16} - \frac{t}{T} = 65536 - 10000 = 55536 = \text{D8F0H}$$

初始化：TMOD=50H；

TCON 初始化：TR1=1，启动 T1；

IE 初始化：开放 CPU 中断 EA=1，允许定时器 T1 中断 ET1=1。

程序清单如下。

```
        ORG     0000H
        LJMP    START
        ORG     001BH
        LJMP    T1INT
        ORG     0040H
START:  CLR     P1.7                ; 初始化 P1.7=0
        MOV     TH1,    #0D8H       ; T1 赋初值
        MOV     TL1,    #0F0H
```

```
        MOV   TMOD，#50H        ；T1 为方式 1 计数
        SETB  TR1               ；启动 T1
        SETB  ET1
        SETB  EA
MAIN：  LJMP  MAIN
T1INT： MOV   TH1，   #0D8H
        MOV   TL1，   #0F0H
        SETB  P1.7              ；使 P1.7 输出正脉冲，启动下一个工序
        NOP
        CLR   P1.7
        RETI
```

项目 6 交通灯控制

1. 项目概述

公交系统是城市的大动脉，十字路口的交通控制有助于车辆的有序通过和行人的安全。目前交通灯控制大多采用单片机来实现，其特点是可靠性好、价格低而且功能设置灵活。交通灯的控制设计要根据特定的环境情况，例如要考虑车道灯、人行道灯以及时间的设置等，必要时还要考虑到要放行某些车辆，例如救护车、救火车以及其他特种车辆，这时可以使用强制控制的方法来改变路口车辆的通行或停止，等情况正常后可以恢复原来的正常模式运行。

2. 应用环境

本项目应用于十字路口车道交通灯、车道和人行道混合交通灯控制等。

3. 实现过程

（1）端口配置和流程分析

根据图 5-17 所示的车道布置以及单片机实验箱现有的 LED 灯资源，这里选用 P1 口的 6 个 LED 灯作为东西和南北的交通灯，另外两个作为备用。

程序开始后，首先执行东西绿，南北红程序，这时东西方向车辆正常通行，南北车辆禁止通行，经过适当的延时后，黄灯进行闪烁，通知两个控制方向即将转换，待黄灯闪烁结束后，程序开始按照东西红，南北绿的方式执行，这时东西方向车辆禁止通行，南北方向车辆正常通行，经过适当延时后，黄灯再次闪烁，提示控制方向又要转换了，以后重复上述过程，这样就实现了正常情况下的十字路口交通灯的控制。值得一提的是，交通灯布置图上有 12 个灯，而这里只采用了 6 个灯，实际上东西或南北方向上同颜色的灯采用了同一个通道，这样可以节省资源，逻辑关系也比较简单些。

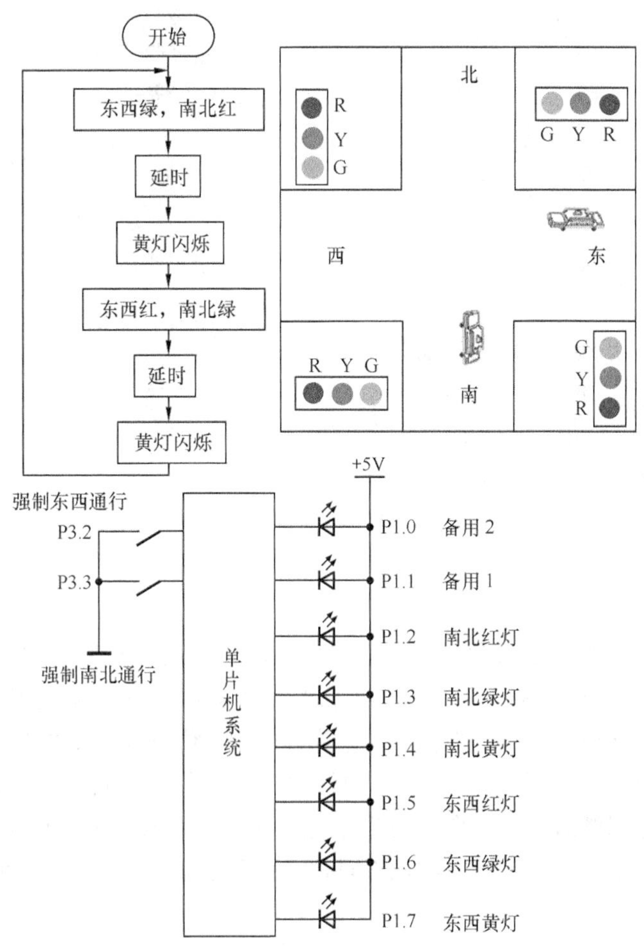

图 5-17　十字路口交通灯配置及控制流程图

（2）程序的实现

以下的程序段可以完整地实现交通灯的正常控制。

```
        ORG     0000H
        LJMP    MAIN
        ORG     0030H
MAIN：  MOV     P1，    #10111011B      ；东西绿，南北红
        MOV     A，     #2FH            ；时间常数
        ACALL   DELAY
        ACALL   YELL
        MOV     P1，    #11010111B      ；东西红，南北绿
        MOV     A，     #2FH
        ACALL   DELAY
        ACALL   YELL
        SJMP    MAIN
YELL：  MOV     R1，    #8H             ；黄灯闪烁时间控制
```

```
YL:     CPL     P1.7            ; 东西黄灯
        CPL     P1.4            ; 南北黄灯
        MOV     A,    #3H       ; 时间常数
        LCALL   DELAY
        DJNZ    R1,   YL
        RET
DELAY:  MOV     R5,   A         ; 延时
DE3:    MOV     R6,   #0FFH
DE2:    MOV     R7,   #0FFH
DE1:    DJNZ    R7,   DE1
        DJNZ    R6,   DE2
        DJNZ    R5,   DE3
        RET
        END
```

（3）指令精练

本程序的结构并不复杂，灯的亮灭控制采用立即数寻址，实现起来非常方便，这里主要说明一下黄灯的闪烁控制。利用位操作的取反指令可以很方便地实现亮和灭之间的切换，位操作只与被操作的位有关系，其他位不受影响，这是位操作指令的优点。另外，这里有两个时间段需要控制，一个是两个方向交通灯的延时控制，时间比较长，例如可以设置为20 s；另一个是黄灯闪烁时间的控制，可以设置为 0.5 s 闪烁一次，而这里只使用了一个延时子程序，采用了参数传递的方式来实现不同时间长度的控制要求，这样可以使程序结构变得更为简洁。

（4）深入讨论

前述交通灯控制在正常情况下是适合的，然而，有些情况下，当有特殊车辆需要通过该路口而又恰逢处于红灯状态时，如何让该车辆安全通过就是该控制系统需要考虑的，甚至有时需超出原设置时间而让某个方向的车辆通行。这里就要设置一组开关，当按下其中一个时可以强迫东西方向通行，当按下另一个开关时可以强迫南北方向通行，通行时间只与按下的时间有关，这样就可以满足特殊情况下的车辆通行。本程序采用了两个外中断（INT0 和 INT1）来实现这样的功能，和前面程序相比，增加了中断设置和中断服务程序，具体的实现原理可以通过阅读下面的程序来理解。

```
        ORG     0000H
        LJMP    MAIN
        ORG     0003H               ; 中断方式 0
        LJMP    INT_0               ; 东西绿，南北红
        ORG     0013H               ; 中断方式 1
        LJMP    INT_1               ; 东西红，南北绿
        ORG     0030H
MAIN:   MOV     IE, #85H            ; 开放总中断、外部中断 0 和外中断 1
LOOP:   MOV     P1, #10111011B      ; 东西绿，南北红
```

```
        MOV    A, #2FH            ; 时间常数
        ACALL  DELAY
        ACALL  YELL
        MOV    P1, #11010111B     ; 东西红，南北绿
        MOV    A, #2FH
        ACALL  DELAY
        ACALL  YELL
        SJMP   LOOP
YELL:   MOV    R1, #8H            ; 黄灯闪烁控制
  YL:   CPL    P1.7
        CPL    P1.4
        MOV    A, #3H             ; 时间常数
        CALL   DELAY
        DJNZ   R1, YL
        RET
INT_0:  MOV    P1, #10111011B     ; INT0 东西绿，南北红
        JNB    P3.2, INT_0
        RETI
INT_1:  MOV    P1, #11010111B     ; INT1 东西红，南北绿
        JNB    P3.3, INT_1
        RETI
DELAY:  MOV    R5, A              ; 延时
  DE3:  MOV    R6, #0FFH
  DE2:  MOV    R7, #0FFH
  DE1:  DJNZ   R7, DE1
        DJNZ   R6, DE2
        DJNZ   R5, DE3
        RET
        END
```

4. 思考与讨论

（1）老师与同学之间讨论的问题

① 这里只设计了车道的交通灯控制，如何设计一个车道—人行道混合交通灯？

② 如何设计一个带倒计时显示的交通灯控制？

③ 如何设计一个能够根据交通流量自动调整车流方向的交通灯控制程序？

（2）同学与同学之间讨论的问题，训练倾听和协作的能力

以下问题只是一个参考，鼓励同学之间提出不同的问题，老师可以适当地参与讨论并答疑解惑。

① 同学 A 提出的问题：这里的延时控制是固定的，是否可以设计一个加 1/减 1 键来调整

延时时间，以满足各种路口的交通情况？

② 同学 B 提出的问题：如何设计出能根据不同时间段的交通情况而自动切换控制方案的交通灯控制？例如，某路口早高峰时东西方向非常繁忙，而该路口在晚高峰时南北方向特别忙，如果时间平均分配就显得呆板，如何根据早、晚交通情况，让高峰时段繁忙路段的通行时间延长一些？

A 和 B 两个同学互相提问并做相应的回答，把这些内容记录下来然后写在作业本上。

项目 7 海上航标灯控制

1. 项目概述

夕阳西下，夜幕降临，公海上的船只依然穿梭不止，为什么在漆黑的大海上航船能够安全航行？原来，闪烁的航标灯在为出海的航船导航，这样就可以避免船只触礁或与其他船只相撞。更有趣的是，这些航标灯仅仅在晚上闪烁，而白天是不闪烁的，这样做一方面可以节约电能，而另一方面，如果在白天的时候海上天气突变而天昏地暗，航标灯依然会再次闪烁，指挥着航船有序地航行。应用单片机的中断及软件知识可以实现这样的项目。

2. 应用环境

夜间江面或海上航标灯的控制等。

3. 实现过程

（1）实验箱上的启示

为了更好地理解航标灯的控制原理，先在单片机实验箱上对中断及定时器的知识做一个复习。这里首先要区分两类中断，一类是外中断（$\overline{\text{INT0}}$和$\overline{\text{INT1}}$），另一类是内中断（T0 和 T1）。我们利用这两类中断先来完成如下的预备项目：每隔 80 ms P1 口的 LED 指示灯左移一位，如果按下 P3.2 键，则 P1 口所有灯停止左移，P1.0 灯亮 2 s，之后继续执行 P1 口的 LED 灯的左移。图 5-18 是利用内中断和外中断组成的 LED 灯的控制流程图及控制系统结构图，从结构上来看，它是由一个主程序和两个中断服务程序组成的。

（2）两级中断程序的实现

假设机器主频为：6 MHz，则 T_{cy}=2 μs。

功能：T0 每隔 80 ms 中断一次，并左移灯；外中断$\overline{\text{INT0}}$，启动 T1，2 s 亮灯延时，查询方式。

基本的计算如下。80 ms 所需要的脉冲个数，$N=t/T_{cy}=80\times10^{-3}/2\times10^{-6}=40000$ 个，初始时间装入值为 X=65536−40000=25536=63C0H；$\overline{\text{INT0}}$ 的时间计算方法为 $N=t/T_{cy}=100\text{ ms}\times10^{-3}/2\times10^{-6}=50000$ 次，X=65536−50000=15536=3CB0H；总延迟时间为 100 ms×20=2000 ms=2 s。

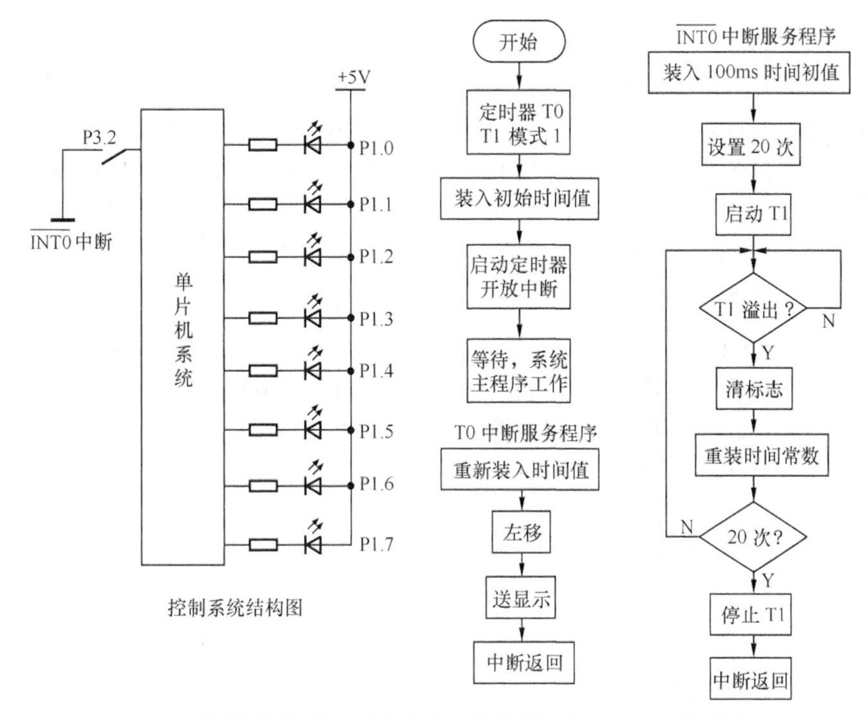

图 5-18　控制系统结构图及内中断和外中断组成的 LED 灯控制流程

```
        ORG     0000H
        LJMP    MAIN
        ORG     0003H
        LJMP    INT_0                   ；外部中断 0
        ORG     000BH                   ；定时器 0 中断入口地址
        LJMP    T_0
        ORG     0030H
MAIN：  MOV     TMOD，  #11H            ；定时器 T0 和 T1，方式 1，16 位计数
        MOV     TH0，   #63H            ；装入时间常数，80 ms 初装值，注意计算
        MOV     TL0，   #0C0H
        SETB    TR0                     ；启动定时器 0
        SETB    ET0                     ；定时器 0 允许中断
        SETB    IT0                     ；边沿触发
        SETB    EX0                     ；外部中断 0 允许
        SETB    EA                      ；开放总中断
        MOV     P1，    #0FFH           ；P1 口全灭
        MOV     A，     #0FEH           ；初始灯亮位置
        SJMP    $                       ；等待
T_0：   MOV     TH0，   #63H            ；重装时间
        MOV     TL0，   #0C0H
        RL      A
```

```
        MOV    P1，A
        RETI
INT_0： MOV    P1，    #0FEH      ；$\overline{\text{INT0}}$中断，亮 L1 灯 2 s
        MOV    TH1，   #3CH       ；装入时间常数 3CB0H=15 536
        MOV    TL1，   #0B0H
        MOV    R7，    #14H       ；20 次
        SETB   TR1                ；启动定时器 1
LOOP：  JNB    TF1，   LOOP       ；检测定时器 1 溢出标志，100 ms 延迟
        CLR    TF1                ；溢出，清标志
        MOV    TH1，   #3CH       ；重装时间常数
        MOV    TL1，   #0B0H
        DJNZ   R7，    LOOP
        CLR    TR1                ；停止 T1 计数器工作
        RETI
        END
```

（3）航标灯的硬件接口电路

从图 5-19 所示的航标灯接口电路来看，白天和晚上的判断是通过安装在 P3.2 口上的光敏开关来实现的，从它的第二功能来看，这恰好是 $\overline{\text{INT0}}$ 的入口，由于 $\overline{\text{INT0}}$ 比定时器 T1 具有更高的优先级，这样就可以实现白天停止闪烁而晚上实现闪烁的功能。细节的设计可以通过阅读程序慢慢体会。

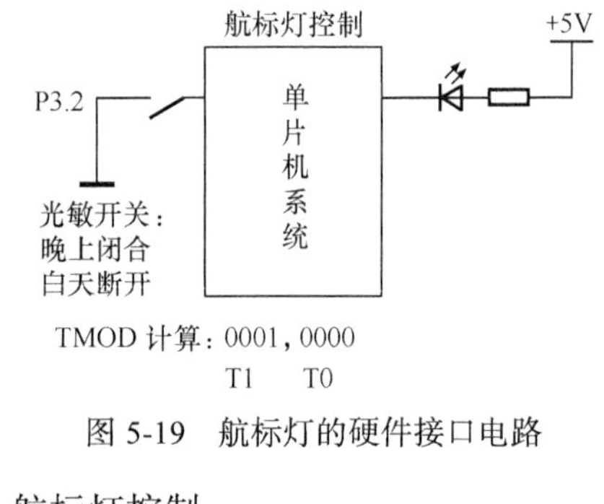

图 5-19 航标灯的硬件接口电路

（4）航标灯的程序实现

以下是航标灯的程序实现，请仔细理解两级中断的正确使用方法。

```
        ORG    0000H               ；航标灯控制
        LJMP   MAIN
        ORG    0003H               ；外部中断 0 入口地址 P3.2
        AJMP   WBINT               ；白天/晚上的判断
        ORG    001BH               ；定时器 T1 中断入口地址
        AJMP   T1INT               ；2 s 闪烁
        ORG    0030H
MAIN：  MOV    TMOD，  #10H        ；T1 定时器方式 1
        MOV    TL1，   #0F0H       ；首次装入时间常数 10 ms
        MOV    TH1，   #0D8H
        SETB   PT1                 ；设置 T1 为高优先级
        SETB   ET1                 ；T1 允许中断
        SETB   P1.7                ；使航标灯灭
        CLR    IT0                 ；选择外部中断 0 为电平触发
        CLR    PX0                 ；选择外部中断 0 为低优先级
```

```
        SETB   EX0                  ; 中断 0 允许
        SETB   EA                   ; 开放总中断
        SJMP   $                    ; 等待外部中断
WBINT:  MOV    TL1,    #0F0H        ; 重新装入时间常数
        MOV    TH1,    #0D8H
        SETB   TR1                  ; 启动定时器 1
        MOV    R7,     #0C8H        ; 200 次，长延时的方法
HERE1:  JNB    P3.2,   HERE1        ; 黑夜
        CLR    TR1                  ; 关闭定时器（与前 SETB 成对用）
        SETB   P1.7                 ; 使航标灯灭
        RETI
T1INT:  MOV    TL1,    #0F0H        ; 10 ms 定时初值
        MOV    TH1,    #0D8H
        DJNZ   R7,     EXPORT
        MOV    R7,     #0C8H
        CPL    P1.7
EXPORT: RETI
        END
```

4. 思考与讨论

（1）老师与同学之间讨论的问题

① 用定时器中断实现的延时和用循环语句实现的延时各有什么特点？应如何选用？

② 程序中涉及很多参数的设置，如何正确理解、计算和设置这些参数？

③ 这个任务可以采用程序查询方式而不用中断方式来实现吗？两种方式各有何种特点？

（2）同学与同学之间讨论的问题，训练倾听和协作的能力

以下问题只是一个参考，鼓励同学之间提出不同的问题，老师可以适当地参与讨论并答疑解惑。

① 同学 A 提出的问题：如果光敏管坏了，这个航标灯还能正常工作吗？应该采取什么样的措施来保证航标灯的安全？

② 同学 B 提出的问题：航标灯的供电系统是怎样工作的？电池用完了怎么办？

A 和 B 两个同学互相提问并做相应的回答，把这些内容记录下来然后写在作业本上。

项目 8 演奏音乐

1. 项目概述

你听过小提琴协奏曲《梁山伯与祝英台》吗？如泣的旋律、和谐的伴奏和小提琴亮丽的音

色使我们流连忘返。没有经过童年时代刻苦的训练，我们中的大多数人无法随心所欲地演奏乐器，而只能以听众的身份来欣赏这些经典乐章。你曾经想过在单片机上通过程序来演奏音乐吗？本项目就是利用定时器产生不同的频率，以此产生不同的音高和节奏来组成一段特定的音乐，并以频率的属性通过单片机的端口去驱动放大器和扬声器。当然，从音乐的属性来说，我们听到的只是音程的高低和节奏的长短，没有富于变化的艺术表现力，与人的乐器演奏相比，这些音乐听起来是单调的，但是，通过多路信号的合成，可以模拟类似人的演奏效果，当然，这也将涉及更为复杂的程序设计。

2. 应用环境

单片机组成的标准调音器，以此为标准，可以用来调整乐器的音高；程序方式演奏音乐；电子合成器等。

3. 实现过程

（1）硬件组成设计

图 5-20 所示是单片机与扬声器的接口电路。要产生音频脉冲，只要算出某一音频的周期（1/频率），然后将此周期除以 2，即为半周期的时间，利用计时器计时此半周期时间，计时到后即反相输出，重复此过程即得到此频率的脉冲。设置定时器工作在计数方式，改变计数值 TH0 及 TL0，以产生不同的频率。每个音符使用一个字节，字节的高 4 位代表音符的高低，低 4 位代表音符的节拍。

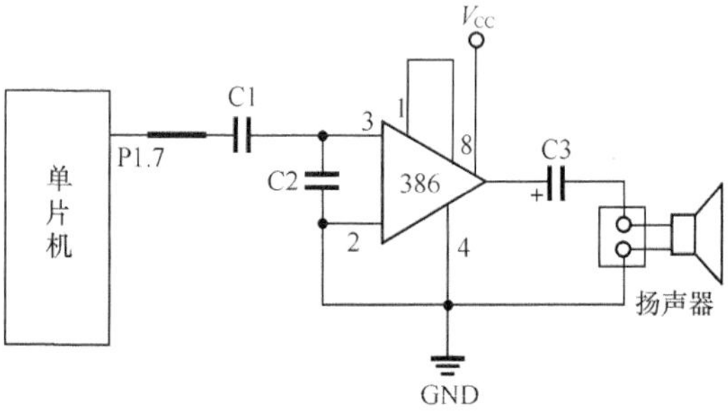

图 5-20　单片机与扬声器的接口电路

（2）软件的程序实现

本软件是在 DAIS 实验箱上实现的。

```
          ORG     0000H
          LJMP    START
          ORG     000BH
          INC     20H                   ；中断服务，中断计数器加 1
          MOV     TH0，   #0D8H
          MOV     TL0，   #0EFH          ；12 MHz 晶振，形成 10 ms 中断
          RETI
START：   MOV     SP，    #50H
          MOV     TH0，   #0D8H
          MOV     TL0，   #0EFH
          MOV     TMOD，#01H
          MOV     IE，    #82H
MUSIC0：  NOP
          MOV     DPTR，#DAT            ；表头地址送 DPTR
```

```
        MOV    20H,    #00H         ；中断计数器清零
        MOV    B,      #00H         ；表序号清零
MUSIC1：NOP
        CLR    A
        MOVC   A,      @A+DPTR      ；查表取代码
        JZ     END0                 ；是 00H，则结束
        CJNE   A，#0FFH，MUSIC5
        LJMP   MUSIC3
MUSIC5：NOP
        MOV    R6,     A
        INC    DPTR
        MOV    A,      B
        MOVC   A,      @A+DPTR      ；取节拍代码送 R7
        MOV    R7,     A
        SETB   TR0                  ；启动计数
MUSIC2：NOP
        CPL    P1.7
        MOV    A,      R6
        MOV    R3,     A
        LCALL  DEL
        MOV    A,      R7
        CJNE   A，20H，MUSIC2  ；中断计数器（20H）=R7 否？不等，则继续循环
        MOV    20H,    #00H    ；等于，则取下一代码
        INC    DPTR
        INC    B
        LJMP   MUSIC1
MUSIC3：NOP
        CLR    TR0             ；休止 100 ms
        MOV    R2,     #0DH
MUSIC4：NOP
        MOV    R3,     #0FFH
        LCALL  DEL
        DJNZ   R2,     MUSIC4
        INC    DPTR
        LJMP   MUSIC1
END0：  NOP
        MOV    R2,     #64H    ；歌曲结束，延时 1 s 后继续
MUSIC6：MOV    R3,     #00H
        LCALL  DEL
```

```
        DJNZ  R2,  MUSIC6
        LJMP  MUSIC0
 DEL:   NOP
DEL3:   MOV   R4,  #02H
DEL4:   NOP
        DJNZ  R4,  DEL4
        NOP
        DJNZ  R3,  DEL3
        RET
        NOP
DAT:  DB 26H,20H,20H,20H,20H,20H,26H,10H,20H,10H,20H,80H,26H,20H,30H,20H
      DB 30H,20H,39H,10H,30H,10H,30H,80H,26H,20H,20H,20H,20H,20H,1CH,20H
      DB 20H,80H,2BH,20H,26H,20H,20H,20H,2BH,10H,26H,10H,2BH,80H,26H,20H
      DB 30H,20H,30H,20H,39H,10H,26H,10H,26H,60H,40H,10H,39H,10H,26H,20H
      DB 30H,20H,30H,20H,39H,10H,26H,10H,26H,80H,26H,20H,2BH,10H,2BH,10H
      DB 2BH,20H,30H,10H,39H,10H,26H,10H,2BH,10H,2BH,20H,2BH,40H,40H,20H
      DB 20H,10H,20H,10H,2BH,10H,26H,30H,30H,80H,18H,20H,18H,20H,26H,20H
      DB 20H,20H,20H,40H,26H,20H,2BH,20H,30H,20H,30H,20H,1CH,20H,20H,20H
      DB 20H,80H,1CH,20H,1CH,20H,1CH,20H,30H,20H,30H,60H,39H,10H,30H,10H
      DB 20H,20H,2BH,10H,26H,10H,2BH,10H,26H,10H,26H,10H,2BH,10H,2BH,80H
      DB 18H,20H,18H,20H,26H,20H,20H,20H,20H,60H,26H,10H,2BH,20H,30H,20H
      DB 30H,20H,1CH,20H,20H,20H,20H,80H,26H,20H,30H,10H,30H,10H,30H,20H
      DB 39H,20H,26H,10H,2BH,10H,2BH,20H,2BH,40H,40H,10H,40H,10H,20H,10H
      DB 20H,10H,2BH,10H,26H,30H,30H,80H,00H
      END
```

4. 思考与讨论

（1）老师与同学之间讨论的问题

① 这样的装置发出的声音比较单调，如何使它演奏出具有一定音乐表现力的音乐？

② 如何设计一个这样的装置：通过模拟量输入采集一个固定的音高，将这个音高与某个标准音高相比，由此可以判断采集到的固定音高是否符合标准。

③ 请设计一个电子合成器的硬件电路，并用软件实现其功能。

（2）同学与同学之间讨论的问题，训练倾听和协作的能力

以下问题只是一个参考，鼓励同学之间提出不同的问题，老师可以适当地参与讨论并答疑解惑。

① 同学 A 提出的问题：该实验板上的扬声器音量比较小，音色也单调，可以换成一个大一点的吗？驱动电路要如何变化？

② 同学 B 提出的问题：可以用此装置设计一段带有鼓点节奏的音乐片段吗？

A 和 B 两个同学互相提问并做相应的回答，把这些内容记录下来然后写在作业本上。

思考与练习题

5.1　80C51 有几个中断源？CPU 响应中断时，其各中断源的入口地址是多少？

5.2　试编写一段对中断系统初始化的程序，使之允许 $\overline{\text{INT0}}$、$\overline{\text{INT1}}$、T0、串行口中断，且使 T0 中断为高优先级。

5.3　在 80C51 系列单片机中，外部中断有哪两种触发方式？这两种触发方式所产生的中断过程有何不同，怎样设定？

5.4　单片机在什么条件下可响应 $\overline{\text{INT0}}$ 中断？简要说明中断处理过程。

5.5　当正在执行某一中断源的中断服务程序时，如果有新的中断请求出现，试问在什么情况下可响应新的中断请求？在什么情况下不能响应新的中断请求？

5.6　什么叫保护现场？需要保护哪些内容？什么叫恢复现场？恢复现场与保护现场有什么关系？需遵循什么原则？

5.7　定时/计数器在各方式下，晶振频率分别为 6 MHz、12 MHz 时的最大定时时间为多少？

5.8　若 80C51 系列单片机的晶振频率为 12 MHz，要求用定时/计数器 T0 产生 1 ms 的定时，试确定计数初值以及 TMOD 寄存器的内容。

5.9　若 80C51 系列单片机的晶振频率为 6 MHz，要求用定时/计数器产生 100 ms 的定时，试确定计数初值以及 TMOD 寄存器的内容。

5.10　设晶振频率为 12 MHz。编程实现以下功能：利用定时/计数器 T0 通过 P1.7 引脚输出一个 50 Hz 的方波。

5.11　已知晶振频率为 12 MHz，如图 5-21 所示，要求利用定时/计数器使图中的发光二极管 VH 进行秒闪烁。

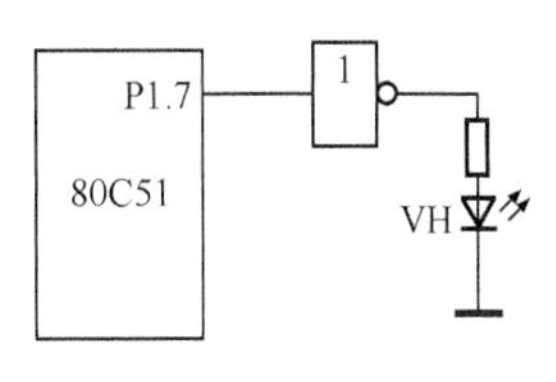

图 5-21　题图 5.11

5.12　每隔 1 s 读一次 P1.0，如果所读的状态为“1”，则将片内 RAM 的 10H 单元内容加 1；如果所读的状态为“0”，则将片内 RAM 的 11H 单元内容加 1。设单片机的晶振频率为 12 MHz，画出硬件原理图并设计相应程序。

5.13　已知晶振频率为 6 MHz，试采用查询方式编写 24 h 模拟电子钟程序，秒、分、时数分别存在 R1、R2、R3 中，可直接调用显示程序 DIR。

5.14　已知晶振频率为 12 MHz，如何用 T0 来测量 1～20 s 之间的方波周期，又如何测量频率为 0.5MHz 的脉冲频率？

5.15　在实验面板上，设计一个 4 中断的彩色广告灯程序。

第6章 80C51系列单片机的串行通信

【学习目标】

1. 理解串行通信的概念
2. 理解串行口的结构和工作原理
3. 理解串行口的4种工作方式

【重点内容】

1. 异步通信和同步通信的概念
2. 串行通信的制式
3. 串行通信波特率的概念
4. 串行口的控制寄存器
5. 串行口的基本应用

6.1 串行通信概述

计算机与外部设备之间的信息交换称之为数据通信，数据通信可分为并行通信和串行通信两种方式。

同时传送多位数据的方式称为并行通信，如图6-1（a）所示。并行通信的特点是数据传输速度快，但需要的传输线多，数据宽度有几位，就需要几根传送线，因此成本高，适合近距离的数据通信。计算机内部的数据传送都采用并行方式。

逐位依次传输数据的方式称为串行通信，如图6-1（b）所示。串行通信的特点是数据按位传输，因此速度慢，但最少只需要一条传输线，故成本低，适合远距离的数据通信。计算机与外界的数据传送大多是串行方式，其传送的距离可以从几米到几千米。

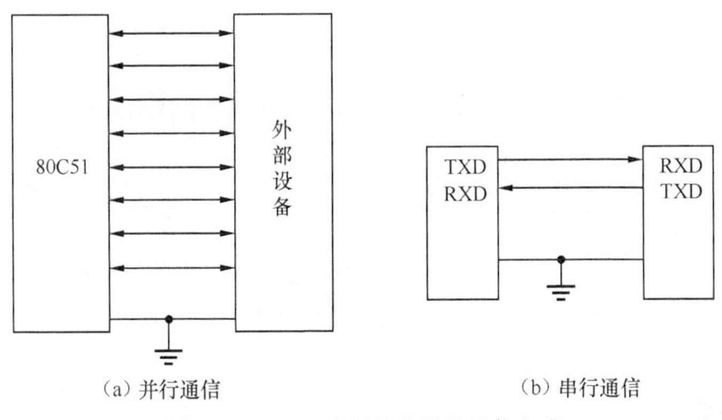

（a）并行通信

（b）串行通信

图 6-1 80C51 系列单片机的通信方式

串行通信又可分为异步通信和同步通信两种。

6.1.1 异步通信

异步通信的数据或字符是分为一帧一帧地传送的，发送端和接收端各自有独立的时钟来控制数据的发送与接收，这两个时钟彼此独立，不同步。在异步通信中，用一个起始位表示字符的开始，用一个停止位表示字符的结束。其每帧的格式如图 6-2 所示。

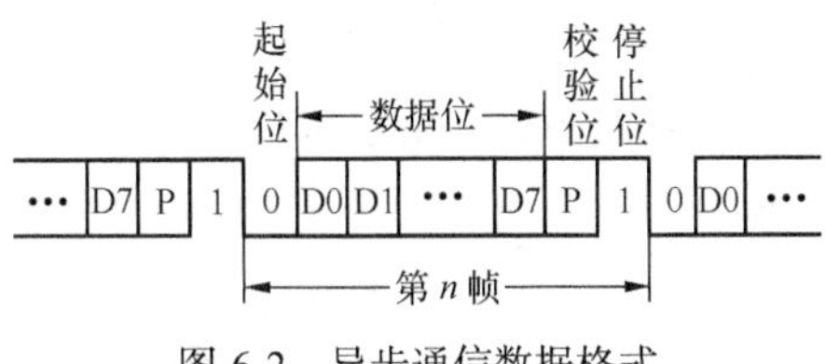

图 6-2 异步通信数据格式

在一帧格式中，先是一个起始位 0，用来通知接收设备，发送端开始发送数据。然后是 5～8 个数据位，规定低位在前，高位在后，接下来是奇偶校验位（可以省略），最后是停止位 1，表示字符的结束。一帧数据传送结束后，可以接着传送下一帧数据，也可以等待，等待期间数据线为高电平（空闲位）。如果要传送下一帧，只要让数据线由高电平变为低电平，即下一帧的起始位，以便接收器接收下一帧数据。

异步通信中，每个字符都要额外附加起始位和停止位，所以工作速度较低，但对硬件的要求较低，实现起来比较简单、灵活，适用于数据的随机发送和接收，在单片机中主要采用异步通信方式。

6.1.2 同步通信

在计算机与一些高速设备进行数据通信时，为了提高数据块传递速度，可以去掉起始位和停止位标志，采用同步传送。同步通信的传送格式如图 6-3 所示。

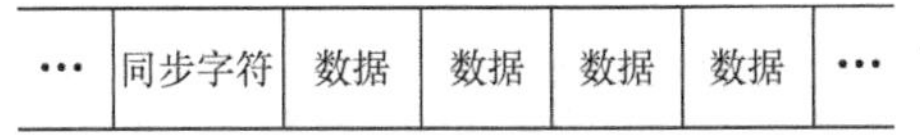

图 6-3 同步通信数据格式

同步通信由 1～2 个同步字符和多字节数据位组成，由同步字符作为起始位以触发同步时钟开始发送或接收数据，由于数据块传递开始要用同步字符来指示，同时要求由时钟来实现发送端与接收端之间的同步，故硬件较复杂，适用于成批数据传送。

6.1.3 串行通信的制式

串行通信按照数据传送的方向可分为 3 种制式，单工制式、半双工制式和全双工制式，如

图 6-4 所示。

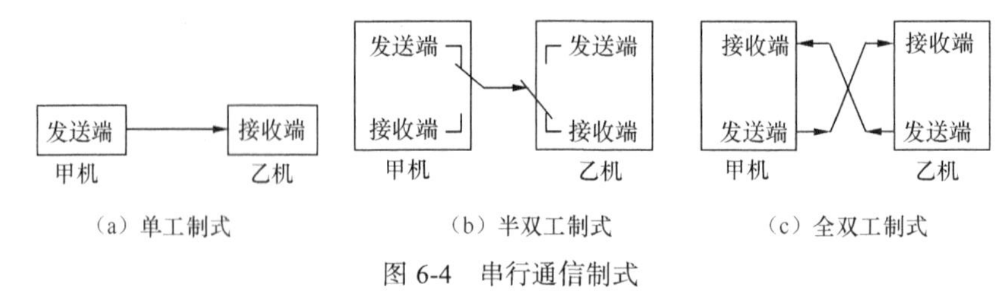

（a）单工制式　（b）半双工制式　（c）全双工制式

图 6-4　串行通信制式

1. 单工制式

单工制式是指甲乙双方通信时只能单向传输数据，如图 6-4（a）所示。

2. 半双工制式

半双工制式是指通信双方都有发送器和接收器，既可以发送也可以接收，但不能同时发送和接收，如图 6-4（b）所示。

3. 全双工制式

全双工制式是指通信双方都有发送器和接收器，且信道划分为发送信道和接收信道，可以实现甲方（乙方）同时发送和接收数据，如图 6-4（c）所示。

6.1.4　串行通信的传送速率

在串行通信中，数据是按位传送的，传送速率用每秒传送数据的位数（bit）来表示，称为波特率或比特率，以波特为单位。

1 波特=1 位/秒（1 bit/s）

例如，数据传送的速率是 120 字符/s，而每个字符如上述规定包含 10 数位，则传送波特率为 1 200 波特。

波特率是衡量通信速度的参数， 通常电话线的波特率为 14400、28800 或 36600，在计算机通信时，波特率可以远远大于这些值，但是波特率和距离成反比，高波特率常常用于放置得很近的仪器间的通信，典型的例子就是 GPIB 设备的通信。

6.2　80C51 串行口

80C51 内部有一个功能强大的全双工异步通信口，具有 4 种工作方式；波特率可通过软件设置；接收和发送数据均能触发中断；除了可以实现串行通信外，还可以方便地进行并行口的扩展。

6.2.1 80C51 串行口结构

80C51 串行口的内部结构如图 6-5 所示。

串行口的主要部件如下。

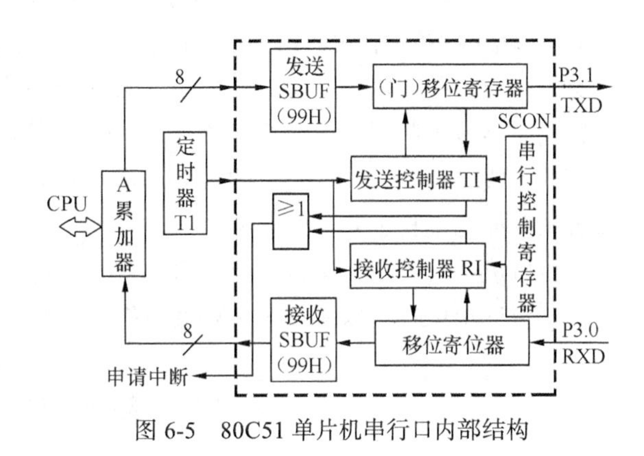

图 6-5 80C51 单片机串行口内部结构

1. 两个数据缓冲器 SBUF

80C51 串行口具有两个物理上相互独立的接收、发送缓冲器 SBUF，可同时发送、接收数据,但发送缓冲器只能写入不能读出；接收缓冲器只能读出不能写入。两个缓冲器共用一个逻辑地址 99H。虽然它们有相同名字和地址空间，但不会出现冲突，因为在它们两个中，一个只能被 CPU 读出数据，一个只能被 CPU 写入数据。

2. 两个移位寄存器

由于 CPU 与接口之间按并行方式传输，接口与外设之间按串行方式传输，因此，在串行接口中，必须要有“接收移位寄存器”（串→并）和“发送移位寄存器”（并→串）。

3. 串行控制寄存器 SCON

SCON 的功能是控制串行口的工作方式，并反映串行口的工作状态。

4. 定时器 T1

T1 用作波特率发生器，用来产生接收和发送数据所需的移位脉冲，T1 的溢出频率越高，接收和发送数据的频率越高，即波特率越高。

6.2.2 串行口工作原理

串行口有发送数据和接收数据的工作过程。

1. 串行口发送数据

串行口发送数据时，从片内总线向发送 SBUF 写入数据（MOV SBUF，A），启动发送过程，由硬件电路自动在字符的始、末加上起始位（低电平）、停止位（高电平），A 中的数据送入 SBUF。在发送控制器控制下，按设定的波特率，每来一个移位脉冲，数据移出一位，先发送一位起始位（低电平），再由低位到高位一位一位通过 TXD（P3.1）把数据发送到外部电缆上，数据发送完毕，最后发一位停止位（高电平），一帧数据发送结束。发送控制寄存器通过或门向 CPU 发出中断请求（TI=1），CPU 可以通过查询 TI 或者响应中断的方式，将下一帧数据送入 SBUF，开始发送下一帧数据。

2. 串行口接收数据

在接收数据时，若 RXD（P3.0）接收到一帧数据的起始信号（低电平），串行控制寄存器 SCON 向接收控制器发出允许接收信号，按设定的波特率，每来一个移位脉冲，将数据从 RXD 端移入一位，放在输入移位寄存器中，数据全部移入后，寄存器再将全部数据送入接收 SBUF 中，同时接收控制器通过或门向 CPU 发出中断请求（RI=1），CPU 可以通过查询 RI 或者响应中断的方式，将接收 SBUF 中的数据取走（MOV A，SBUF），从而完成了一帧数据的接收。其后各帧数据的接收过程与上述相同。

由以上叙述可得，串行通信双方的移位速度必须一致，否则会造成数据位的丢失。因此，在设计串行程序时，通信双方必须采用相同的波特率。

6.2.3 串行口的控制寄存器

控制 80C51 系列单片机串行口的控制寄存器有两个：特殊功能寄存器 SCON 和 PCON。下面对这两个寄存器的各位功能予以介绍。

1. 串行控制寄存器 SCON

SCON 是一个逐位定义的 8 位寄存器，用于控制串行通信的方式选择、接收和发送，指示串口的状态，SCON 即可以字节寻址，也可以位寻址，其字节地址为 98H，地址位为 98H～9FH。它的各个位定义见表 6-1。

表 6-1 SCON 寄存器

D7	D6	D5	D4	D3	D2	D1	D0
SM0	SM1	SM2	REN	TB8	RB8	TI	RI

（1）SM0 和 SM1——串口的工作方式选择位

2 个选择位对应 4 种工作方式，见表 6-2。其中 f_{osc} 是振荡器的频率，UART 是通用异步接收/发送器。

表 6-2 串行口的工作方式

SM0 SM1	工 作 方 式	功　　能	波　特　率
0　0	0	8 位同步移位寄存器	f_{osc}/12
0　1	1	10 位 UART	可变
1　0	2	11 位 UART	f_{osc}/64 或 f_{osc}/32
1　1	3	11 位 UART	可变

（2）SM2——多机通信控制位

在工作方式 2 和 3 中，SM2 是多机通信的使能位，若 SM2=1 且接收到的第 9 位数据（RB8）为 0，则将接收到的前 8 位数据丢弃，中断标志 RI 不会被激活；若接收到的第 9 位数据（RB8）为 1，则将接收到的前 8 位数据送入 SBUF，且 RI 置位。若 SM2=0，则无论第 9 位数据是 1 还是 0，都将前 8 位数据送入 SBUF，且 RI 置位。此功能可用于多处理机通信。

在工作方式 0 中，SM2 必须为 0。在工作方式 1 中，若 SM2=1 且没有接收到有效的停止位，则接收中断标志位 RI 不会被激活。

（3）REN——允许串行接收位

由软件置位或清除，置位时允许串行接收，清除时禁止串行接收。

（4）TB8——工作方式 2 和工作方式 3 要发送的第 9 位数据

在许多通信协议中，该位是奇偶校验位，可以按需要由软件置位或清除。在多处理机通信中，该位用于表示之前所发的数是地址帧还是数据帧。

（5）RB8——工作方式 2 和工作方式 3 中接收到的第 9 位数据

可以是奇偶位或者地址/数据标识位等，在工作方式 1 中，若 SM2=0，则 RB8 是已接收的停止位。在工作方式 0 中 RB8 不使用。

（6）TI——发送中断标志位

由硬件置位，软件清除。工作方式 0 中在发送第 8 位末尾由硬件置位；在其他工作方式时，在发送停止位开始时由硬件置位。TI=1 时，申请中断，CPU 响应中断后，发送下一帧数据。在任何工作方式中都必须由软件清除 TI。

（7）RI——接收中断标志位

由硬件置位，软件清除。工作方式 0 中，在接收第 8 位末尾由硬件置位；在其他工作方式时，在接收到停止位时由硬件置位。RI=1 时，申请中断，要求 CPU 取走数据。但在工作方式 1 中，SM2=1 且未接收到有效的停止位时，不会对 RI 置位。在任何工作方式中都必须由软件清除 RI。

系统复位时，SCON 的所有位都被清零。

2. 电源控制寄存器 PCON

PCON 也是一个逐位定义的 8 位寄存器，字节地址为 87H，只能按字节寻址，目前仅仅有几位有定义，见表 6-3。

表 6-3　　PCON 寄存器

D7	D6	D5	D4	D3	D2	D1	D0
SMOD	—	—	—	GF1	GF0	PD	IDL

PCON 中仅最高位 SMOD 与串行口的控制有关。SMOD 是串行通信波特率系数控制位，当串行口工作在工作方式 1 或工作方式 2 时，若使用 T1 作为波特率发生器，SMOD=1 则波特率加倍，因此 SMOD 也称为串行口的波特率倍增位。

系统复位时，SMOD 被清零。

6.2.4 串行口的工作方式

按照串行通信的数据格式和波特率的不同，80C51 系列单片机的串行口有 4 种工作方式，可以通过 SM0 SM1 进行选择。

1. 方式 0

同步移位寄存器方式。波特率固定为振荡频率 f_{osc} 的 1/12。发送和接收串行数据都通过 RXD（P3.0）进行，TXD（P3.1）输出移位脉冲，控制外部的移位寄存器移位。一帧信息为 8 位，没有起始位、停止位，传输时低位在前。

（1）方式0发送

串行数据从RXD引脚输出，TXD引脚输出移位脉冲。CPU将数据写入发送寄存器SBUF时，立即启动发送，将8位数据以f_{osc}/12的固定波特率从RXD输出，低位在前，高位在后。发送完一帧数据后，发送中断标志TI由硬件置位。在方式0下，单片机可外接移位寄存器以扩展I/O口，也可以外接同步输入/输出设备。

（2）方式0接收

当串行口以方式0接收时，先置位允许接收控制位REN。此时，RXD为串行数据输入端，TXD仍为同步脉冲移位输出端。当（RI）=0和（REN）=1同时满足时，开始接收。当接收到第8位数据后，将数据移入接收寄存器SBUF，并由硬件置位RI。

2. 方式1

波特率可变的10位异步通信接口方式。发送或接收一帧信息，包括1个起始位“0”，8个数据位和1个停止位“1”。波特率可变，根据定时器1的溢出率计算。

（1）方式1发送

当CPU执行一条指令将数据写入发送缓冲SBUF时，就启动发送。串行数据从TXD引脚输出，发送完一帧数据后，就由硬件置位TI，向CPU申请中断。

（2）方式1接收

在REN=1时，串行口采样RXD引脚，当采样到1至0的跳变时，确认是开始位0，就开始接收一帧数据。只有当RI=0且停止位为1或者SM2=0时，停止位才进入RB8，8位数据才能进入接收寄存器，并由硬件置位中断标志RI；否则信息丢失。所以在方式1接收时，应先用软件将RI和SM2标志位清零。

3. 方式2

固定波特率的11位UART方式，其中1位起始位“0”、8位数据位（先低位后高位），1位控制位（第9位）和1个停止位“1”。它比方式1增加了第9位数据TB8或RB8。波特率可变，为振荡频率的1/64或1/32。在方式2下，还是8个数据位，只不过增加了第9位，其功能由用户确定，是一个可编程位。

（1）方式2发送

当CPU执行一条指令将数据写入发送缓冲SBUF时，就启动发送。附加的第9位来自SCON寄存器的TB8位，用软件置位或复位。它可作为多机通信中地址/数据信息的标志位，也可以作为数据的奇偶校验位。发送一帧信息后，置位中断标志TI。

（2）方式2接收

在REN=1时，串行口采样RXD引脚，当采样到1至0的跳变时，确认是开始位0，就开始接收一帧数据。在接收到附加的第9位数据后，只有当RI=0且停止位为1或者SM2=0时，第9位数据才进入RB8，8位数据才能进入接收寄存器SBUF，并由硬件置位中断标志RI，否则信息丢失。

4. 方式3

方式3为波特率可变的11位UART方式。波特率可变，根据定时器1的溢出率计算。除波特率外，其余与方式2相同。

6.2.5 波特率的设定

方式 0 的波特率由单片机的晶振频率 f_{osc} 决定，波特率= $f_{osc}/12$。

方式 2 的波特率由单片机的晶振频率 f_{osc} 和 SMOD 位决定，波特率 $=f_{osc}\times 2^{SMOD}/64$。当 SMOD=1 时，波特率为 $f_{osc}/32$；当 SMOD=0 时，波特率为 $f_{osc}/64$。

方式 1 和方式 3 的波特率由 T1 的溢出率和 SMOD 位决定，波特率=T1 的溢出率 $\times 2^{SMOD}/32$。此时，定时器 T1 作为波特率发生器，常选用定时方式 2，为 8 位自动重置初值方式，用 TL1 计数，TH1 装初值。T1 的溢出率 $=f_{osc}/[12\times(256-TH1)]$，注意 T1 作为波特率发生器时应禁止 T1 中断。实际应用时，通常是先确定波特率，后根据波特率求 T1 定时初值，因此上式又可写为 $TH1=256-f_{osc}/(\text{波特率}\times 12\times 32/2^{SMOD})$。

当时钟频率选用 11.059 2 MHz 时，易获得标准的波特率。表 6-4 列出了常用的波特率及产生条件。

表 6-4 常用的波特率及产生条件

串口工作方式	波特率（bit/s）	f_{osc}(MHz)	SMOD	T1 方式 2 的初值
方式 0	1M	12	×	×
方式 2	375k	12	1	×
方式 1 或方式 3	62 500	12	1	FFH
方式 1 或方式 3	137 500	11.968	0	1DH
方式 1 或方式 3	19 200	11.059 2	1	FDH
方式 1 或方式 3	9 600	11.059 2	0	FDH
方式 1 或方式 3	4 800	11.059 2	0	FAH
方式 1 或方式 3	2 400	11.059 2	0	F4H
方式 1 或方式 3	1 200	11.059 2	0	E8H

6.3 串行口的应用

在进行串行口的应用时，要解决的问题主要是硬件的连接和编制应用程序。硬件的连接主要是串行口的 RXD、TXD 端与外部芯片引脚的连接，根据串行口工作方式和外部芯片的不同而有所不同。应用程序的编写内容主要分为串行口初始化和应用程序主体。

1. 串行口初始化程序主要内容

① 选择串行口的工作方式，即设定 SCON 中的 SM0、SM1。

② 设定串行口的波特率。方式 0 可以省略这一点。

设定 SMOD 的状态，若设定 SMOD=1，则波特率加倍。

若选择方式 1 和方式 3，则需对定时器 T1 进行初始化并设定其初值。

③ 若选择串行口接收数据或是双工通信方式，需设定 REN=1。

④ 若采用中断方式编写串行程序，需开串行中断，即设定 ES=1，EA=1。

2. 串行口应用程序主体

串行通信可采用两种方式编程，查询方式和中断方式。TI 和 RI 是串行通信一帧数据发送完和接收完的标志。无论是查询方式还是中断方式编程，都需要用到 TI 或 RI。两种方式编程方法如下。

① 查询方式发送数据块程序：发送一个数据→查询 TI，直至 TI=1→发送下一个数据。

查询方式接收数据块程序：查询 RI，直至 RI=1→读入一个数据→查询 RI，直至 RI=1→读入下一个数据。

② 中断方式发送数据块程序：发送一个数据→等待中断→TI=1，中断到来，在中断程序中再发送下一个数据。

中断方式接收数据块程序：等待中断→RI=1，中断到来，在中断程序中再接收一个数据。

6.3.1 利用串行口扩展并行口

单片机并行 I/O 口数量有限，当并行口不够使用时，可以利用串行口来扩展并行口。80C51 系列单片机串行口方式 0 为移位寄存器方式，外接一个并入串出的移位寄存器，可以扩展一个并行输入口，如图 6-6 所示；外接一个串入并出的移位寄存器，可以扩展一个并行输出口，如图 6-7 所示。

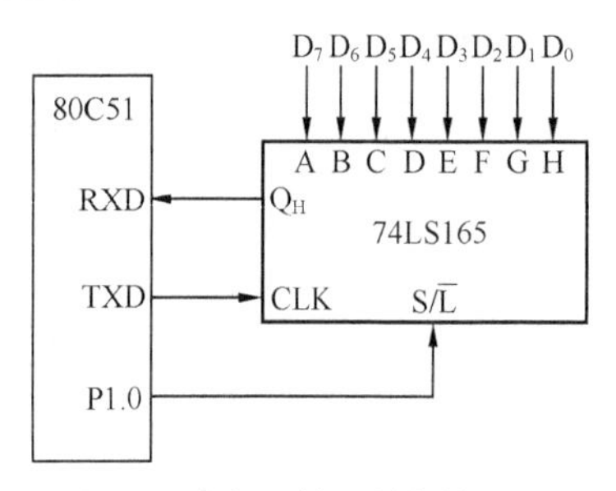

图 6-6 串行口扩展并行输入口

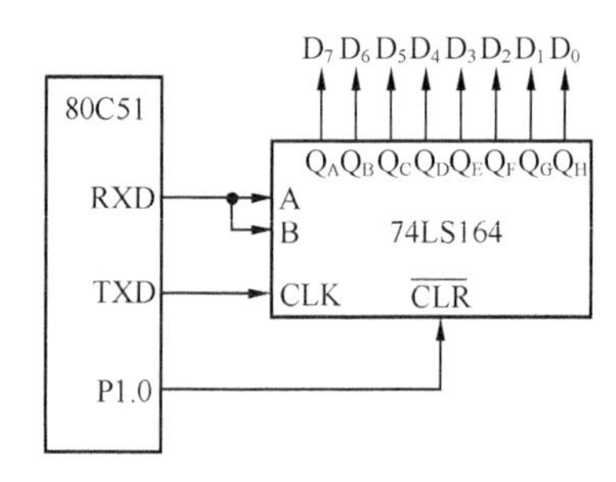

图 6-7 串行口扩展并行输出口

74LS165 为并入串出移位寄存器，A，B，…，H 为并行输入端（A 为高位），Q_H 为串行数据输出端，CLK 为同步时钟输入端，$S/\overline{L}$ 为预置控制端。$S/\overline{L}$=0 时，锁存并行输入数据；$S/\overline{L}$=1 时，可进行串行移位操作。

74LS164 为串入并出移位寄存器，其中 A、B 为串行数据输入端，Q_A，Q_B，…，Q_H 为并行数据输出端（Q_A 为高位），CLK 为同步时钟输入端，$\overline{CLR}$ 为输出清零端。若不需将输出数据清零，则 $\overline{CLR}$ 端接 V_{CC}。

例 6-1 用 80C51 串行口外接 74LS165 扩展 8 位并行输入口，如图 6-8 所示，试编制程序输入 S1～S8 状态数据，并存入内 RAM 40H。

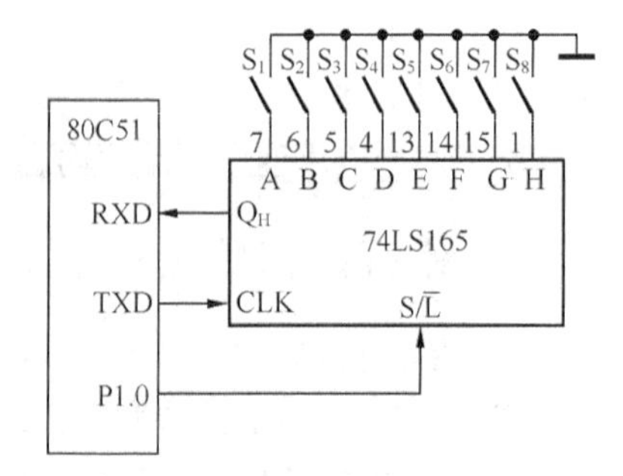

图 6-8 例 6-1 图

解：串行口方式 0 的数据传送可采用中断方式，也可采用查询方式。串行口工作方式 0 接收时，在接收第 8 位后由硬件将 RI 置位。程序中只要 RI 为 0 就继续查询，RI 为 1 就结束查询，说明 8 位数据已接收完毕。以下是用查询方式编写的程序。

```
        ORG     2000H
IN：    MOV     SCON，#00H      ；置串行口方式 0
        CLR     ES              ；禁止串行中断
        CLR     P1.0            ；锁存并行输入数据
        SETB    P1.0            ；允许串行移位操作
        SETB    REN             ；允许并启动接收，同时 TXD 发送移位脉冲
        JNB     RI，    $       ；等待接收完毕
        MOV     40H，   SBUF    ；将 S1～S8 状态数据存入 40H
        RET
```

例 6-2 用 80C51 串行口外接 74LS164 扩展 8 位并行输出口，如图 6-9 所示，8 位并行口的各位都接一个发光二极管，要求发光管呈流水灯状态循环闪烁。

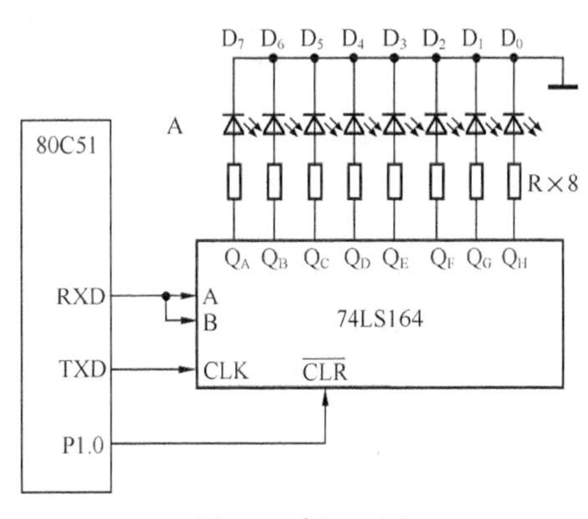

图 6-9 例 6-2 图

解：串行口工作方式 0 发送时，在发送第 8 位后由硬件将 TI 置位，本例同样可采用中断方式，也可采用查询方式编程。可以利用 TI 置位引起中断申请，在中断服务程序中发送下一帧数据，或者通过查询 TI 的状态，以 TI=1 作为发送下一帧数据的条件。以下是用查询方式编写的程序。

```
        ORG     2000H
START： MOV     SCON，  #00H    ；置串行口方式 0
        CLR     ES              ；禁止串行中断
        MOV     A，     #80H    ；最高位灯亮
OUT：   CLR     P1.0            ；关闭并行输出
        MOV     SBUF，  A       ；开始串行输出
        JNB     TI，    $       ；等待 8 位输出完毕
        CLR     TI              ；8 位输完，清 TI 标志，以备下次发送
        SETB    P1.0            ；打开并行口输出
        LCALL   DELAY           ；调用延时子程序，状态维持
        RR      A               ；循环右移
        AJMP    OUT             ；循环
```

6.3.2 80C51 串行口的单工通信

单工通信时，对应的单片机只能作为发送机或只能作为接收机。

例 6-3 两个单片机进行串行通信，甲机的 P1 口接 8 个按键，乙机的 P1 口接 8 个发光二极管，电路如图 6-10 所示，要求写出甲、乙机的程序，实现甲机按下某个键时乙机对应的发光二极管亮。

解：由题意可知甲机作数据的发送，乙机作数据的接收，现选择串行口工作方式 1，设甲、乙机的时钟频率均为 6 MHz，波特率 1 200 bit/s，计算 T1 定时初值：$TH1=256-f_{osc}/$

$(波特率 \times 12 \times 32/2^{SMOD}) = 256 - 6 \times 10^6/(1200 \times 12 \times 32/2^0) = F3H$。甲机发送采用查询方式，乙机接收采用中断方式编程。

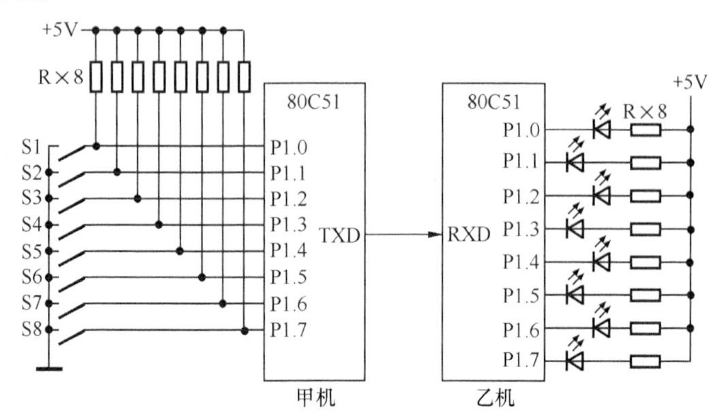

图 6-10　例 6-3 图

甲机发送程序如下。

```
      ORG    2000H
      MOV    TMOD，#20H       ；设置定时器 T1，工作方式 2
      MOV    TL1，   #0F3H    ；置定时器 T1 初值
      MOV    TH1，   #0F3H    ；置定时器 T1 重装值
      CLR    ET1              ；禁止 T1 中断
      SETB   TR1              ；启动定时器 T1
      MOV    SCON，  #40H     ；设置串口方式 1，禁止接收
      MOV    PCON，  #00H     ；置 SMOD=0，波特率不倍增
 LP： MOV    P1，    0FFH     ；P1 作输入口，先写 1
      MOV    A，     P1       ；读 P1 口信号
      MOV    SBUF，  A        ；发送 P1 口信号
      JNB    TI，    $        ；等待发送完毕
      CLR    TI               ；发送完毕，清 TI 标志，以备下次发送
      LJMP   LP               ；转至下次发送
      END
```

在很多应用中，双机通信都采用中断的方式来接收数据，以提高 CPU 的工作效率，以下是采用中断方式编写的乙机接收程序。

```
      ORG    0000H
      LJMP   MAIN
      ORG    0023H
      LJMP   AB
```

乙机接收主程序如下。

```
       ORG    2000H
MAIN： SETB   EA               ；中断总允
       SETB   ES               ；串行口中断允许
       MOV    TMOD，#20H       ；设置定时器 T1，工作方式 2
```

```
        MOV   TL1,    #0F3H    ; 置定时器 T1 初值
        MOV   TH1,    #0F3H    ; 置定时器 T1 重装值
        CLR   ET1              ; 禁止 T1 中断
        SETB  TR1              ; 启动定时器 T1
        MOV   SCON，#50H       ; 设置串口方式 1，允许接收
        MOV   PCON，#00H       ; 置 SMOD=0，波特率不倍增
        LJMP  $                ; 等待中断
```

乙机接收中断服务程序如下。

```
        ORG   2100H
    AB：CLR   RI               ; 清接收中断标志
        MOV   A,      SBUF     ; 接收数据
        MOV   P1,     A        ; 数据送 P1 口显示
        RETI                   ; 中断返回
```

例 6-4 设甲、乙机以串行方式 1 进行数据传送，f_{osc}=11.059 2 MHz，波特率为 1 200 bit/s。甲机发送的 16 个数据存在内 RAM 40H～4FH 单元中，乙机接收后存在内 RAM 50H 为首地址的区域中。

分析：串行方式 1，波特率取决于 T1 溢出率（设 SMOD=0），计算 T1 定时初值：

$$TH1 = 256 - f_{osc} / (波特率 \times 12 \times 32 / 2^{SMOD}) = 256 - 11.0592 \times 10^6 / (1200 \times 12 \times 32 / 2^0) = E8H$$

甲机发送子程序如下。

```
TXDA：MOV     TMOD，   #20H        ; 置定时器 T1 工作方式 2
      MOV     TL1，    #0E8H       ; 置 T1 初值
      MOV     TH1，    #0E8H       ; 置 T1 重装值
      CLR     ET1                  ; 禁止 T1 中断
      SETB    TR1                  ; 启动定时器 T1
      MOV     SCON，   #40H        ; 置串行方式 1，禁止接收
      MOV     PCON，   #00H        ; 置 SMOD=0，波特率不倍增
      CLR     ES                   ; 禁止串行中断
      MOV     R0，     #40H        ; 置发送数据区首地址
      MOV     R2，     #16         ; 置发送数据长度
TRSA：MOV     A，      @R0         ; 读一个数据
      MOV     SBUF，   A           ; 发送一个数据
      JNB     TI，     $           ; 等待一帧数据发送完毕
      CLR     TI                   ; 清发送中断标志
      INC     R0                   ; 指向下一字节单元
      DJNZ    R2，     TRSA        ; 判断 16 个数据发完否?未完继续
      RET
```

乙机接收子程序如下。

```
RXDB：MOV     TMOD，   #20H        ; 置定时器 T1 工作方式 2
      MOV     TL1，    #0E8H       ; 置定时器 T1 初值
      MOV     TH1，    #0E8H       ; 置定时器 T1 重装值
      CLR     ET1                  ; 禁止 T1 中断
```

```
        SETB   TR1              ；启动定时器 T1
        MOV    SCON， #50H      ；置串行方式 1，允许接收
        MOV    PCON， #00H      ；置 SMOD=0，波特率不倍增
        CLR    ES               ；禁止串行中断
        MOV    R0，   #50H      ；置接收数据区首地址
        MOV    R2，   #16       ；置接收数据长度
        SETB   REN              ；启动接收
RDSB：  JNB    RI，   $         ；等待一帧数据接收完毕
        CLR    RI               ；清接收中断标志
        MOV    A，    SBUF      ；读接收数据
        MOV    @R0，  A         ；存接收数据
        INC    R0               ；指向下一数据存储单元
        DJNZ   R2，   RDSB      ；判断 16 个数据接收完否?未完继续
        RET
```

6.3.3 80C51 串行口的双工通信

80C51 系列单片机串行口具备发送端 TXD 和接收端 RXD，可以实现同时发送和接收数据。

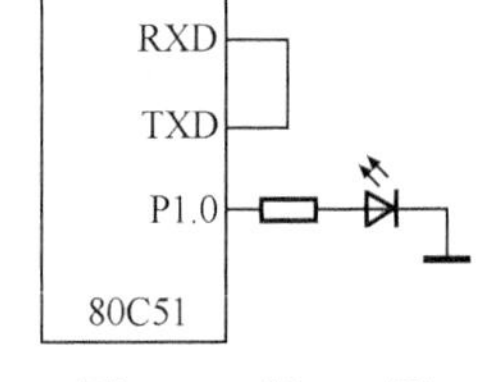

图 6-11 例 6-5 图

例 6-5 将 80C51 的 TXD 和 RXD 短接，P1.0 口接一个发光二极管，如图 6-11 所示，编写 80C51 自发自收程序，以检查该单片机的串口是否完好。

解： 设 f_{osc}=12 MHz，波特率=600 bit/s，SMOD=0。选择串行口方式 1。选择定时器 T1 工作方式 2。

$$TH1 = 256 - f_{osc}/(波特率\times12\times32/2^{SMOD}) = 256-12\times10^6/(600\times12\times32/2^0) = CCH$$

程序如下。

```
      ORG    2000H
      MOV    TMOD， #20H     ；置定时器 T1 工作方式 2
      MOV    TH1，  #0CCH    ；置 T1 初值
      MOV    TL1，  #0CCH    ；置 T1 重装值
      CLR    ET1             ；禁止 T1 中断
      SETB   TR1             ；启动定时器 T1
      MOV    SCON， #50H     ；置串行方式 1，允许接收
      MOV    PCON， #00H     ；置 SMOD=0，波特率不倍增
AB：  CLR    TI              ；清发送中断标志
      MOV    P1，   #0FEH    ；LED 灯灭
      ACALL  DELAY           ；延时
      MOV    A，    #0FFH
      MOV    SBUF， A        ；发送数据 FFH
      JNB    RI，   $        ；等待 RI=1
```

```
          CLR    RI                       ；清接收中断标志
          MOV    A,      SBUF             ；接收数据 FFH
          MOV    P1,     A                ；灯亮
          JNB    TI,     $                ；等待 TI=1
          ACALL  DELAY                    ；延时
          SJMP   AB
DELAY:    MOV    R0,     #0
  DEL:    MOV    R1,     #0
          DJNZ   R1,     $
          DJNZ   R0,     $
          RET
```

如果发送和接收正确，可观察到 LED 一闪一闪地发亮，如果断开 TXD 和 RXD 连线，LED 将不闪烁。

例 6-6　设甲、乙两机进行通信，选择方式 2，波特率为 2 400 bit/s，晶振均采用 6 MHz。甲机将片内 RAM 50H～5FH 中的数据串行发送，第 9 位数据位作为奇偶校验位。乙机接收甲机发送的 16 个数据，存首地址为 40H 的内 RAM 中，并核对奇偶校验位，接收核对正确，发出回复信号 FFH；发现错误，发出回复信号 00H，并等待重新接收。甲机接到乙机核对正确的回复信号后，再发送下一字节数据，否则再重发一遍。

分析：本例两机通信时需要进行校验，在发送数据时，数据位尾随一位奇偶校验位（第 9 位），当设置为奇校验时，数据中的 1 的个数与检验位 1 的个数之和应为奇数；当设置为偶校验时，数据中 1 的个数与检验位 1 的个数之和应为偶数。接收时，接收方应具有与发送方一致的差错检验设置，当接收一帧字符时，对 1 的个数进行校验，若二者不一致，则说明数据传送过程中出现了差错。在程序中发送完 8 位数据后，可将奇偶标志 P 放入 TB8 中发送，构成偶校验。图 6-12 所示是甲机流程图。

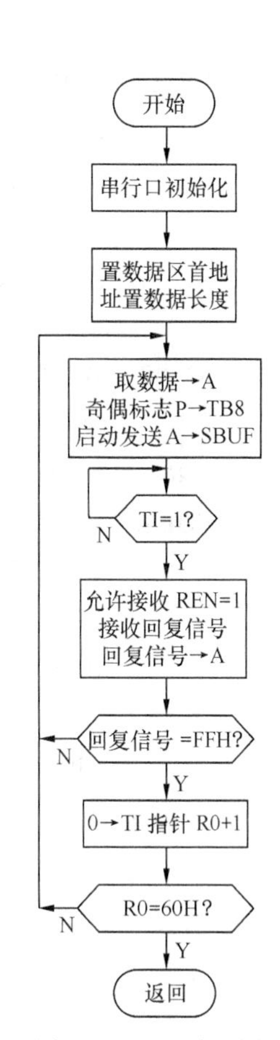

图 6-12　甲机流程图

甲机程序如下。

```
TRS2: MOV    SCON,  #80H         ；置串行方式 2，禁止接收
      MOV    PCON,  #80H         ；置 SMOD=1
      MOV    R0,    #50H         ；置发送数据区首地址
TRLP: MOV    A,     @R0          ；读数据
      MOV    C,     P
      MOV    TB8,   C            ；奇偶标志送 TB8
      MOV    SBUF,  A            ；启动发送
      JNB    TI,    $            ；等待一帧数据发送完毕
      CLR    TI                  ；清发送中断标志
      SETB   REN                 ；允许接收
      CLR    RI                  ；清接收中断标志
      JNB    RI,    $            ；等待接收回复信号
```

```
        MOV  A,     SBUF        ; 读回复信号
        CPL  A                  ; 回复信号取反
        JNZ  TRLP               ; 非全 0（回复信号≠FFH，错误），转重发
        INC  R0                 ; 全 0（回复信号=FFH，正确），指向下一数据存储单元
        CJNE R0,    #60H, TRLP  ; 判断 16 个数据发送完否?未完继续
        RET
```

乙机程序如下。

```
RXD2: MOV  SCON,  #80H        ; 置串行方式 2，允许接收
      MOV  PCON,  #80H        ; SMOD=1
      MOV  R0,    #40H        ; 置接收数据区首地址
      SETB REN                ; 启动接收
RWAP: JNB  RI,    $           ; 等待一帧数据接收完毕
      CLR  RI                 ; 清接收中断标志
      MOV  A,     SBUF        ; 读接收数据，并在 PSW 中产生接收数据的奇偶值
      JB   P,     ONE         ; P=1，转另判
      JB   RB8,   ERR         ; P=0，RB8=1，接收有错
                              ; P=0，RB8=0，接收正确，继续接收
RLOP: MOV  @R0,   A           ; 存接收数据
      INC  R0                 ; 指向下一数据存储单元
 RIT: MOV  A,     #0FFH       ; 置回复信号正确
FDBK: MOV  SBUF,  A           ; 发送回复信号
      CJNE R0,    #50H, RWAP  ; 判断 16 个数据接收完否？未完继续
      CLR  REN                ; 16 个数据正确接收完毕，禁止接收
      RET
 ONE: JNB  RB8,   ERR         ; P=1，RB8=0，接收有错
      SJMP RIT                ; P=1，RB8=1，接收正确，继续接收
 ERR: CLR  A                  ; 接收有错，置回复信号错误标志
      SJMP FDBK               ; 转发送回复信号
```

6.3.4 80C51 串行口多机通信

80C51 串行口的方式 2 和方式 3 可用于多机通信。多机通信有主机和从机之分，是指一台主机和多台从机之间的通信。主机发送的信息可传送到各个从机，而各从机发送的信息只能被主机接收，从机和从机之间不能进行通信，如图 6-13 所示。

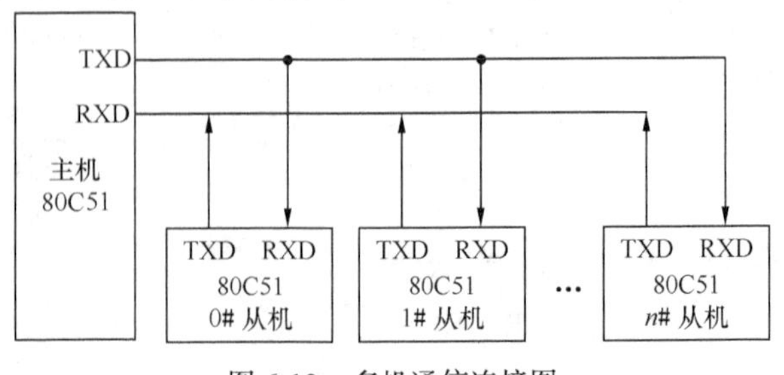

图 6-13 多机通信连接图

多机通信的实现主要依靠主、从机之间正确的设置与判断 SM2 和接收或发送的第 9 位数据来完成。多机通信时，主机

向从机发送的信息分为地址帧和数据帧，以第 9 位数据（TB8）来区分。TB8=0，表示发送的是数据帧；TB8=1，表示发送的是地址帧。在单片机串行口以方式 2 或方式 3 接收时，一方面，当 SM2=1 时，若接收到的第 9 位数据 RB8=1，硬件自动将前 8 位数据装入 SBUF，并置 RI=1，向 CPU 发出申请；若接收到的第 9 位数据 RB8=0，则前 8 位数据将丢失，不产生中断信号。另一方面，当 SM2=0 时，则接收到的第 9 位数据 RB8 无论是 1 还是 0，都将前 8 位数据装入 SBUF，并置 RI=1，向 CPU 发出申请。根据这个功能，就可以实现多机通信，通信开始时，主机首先发地址帧。此时各从机 SM2=1 且 RB8=1，各从机均分别发出串行中断申请，通过中断服务程序来判断主机发来的地址与本机是否相符，若相符，则把自身的 SM2 清零，以备接收数据帧；若不相符，则仍然保持 SM2=1，因而不能接收主机其后送来的数据帧。因此在编程之前，必须要给各从机定义不同的地址，如分别是 00H、01H、02H 等。通信只能在主机和从机之间进行，若从机与从机之间要数据交换，则只能以主机作为中介。

编程实现多机通信的过程如下。

① 所有的从机初始化设置 SM2=1，处于准备接收地址帧的状态。

② 主机发送一帧地址，此时置 TB8=1，表示发送的是地址，与所有从机联络。

③ 各从机接收到地址信息，与自身的地址比较，相同则置 SM2=0，以接收主机随后发来的数据；若不同则保持 SM2=1，对随后发来的数据不予理睬，直到收到新的地址帧。

④ 主机发送数据帧给被寻址的从机。此时，主机置 TB8=0，表示发送的是数据帧。

⑤ 被寻址的从机与主机通信完毕，重置 SM2=1，恢复初始状态。

多机通信是一个较为复杂的通信过程，其中很重要的一条是制定通信协议，它规定了对通信中数据格式的约定，包括波特率、帧格式、从机地址及主机的控制命令、从机状态字格式和数据通信格式等。

例 6-7 现有 1 台主机与 10 台从机进行双机通信，从机的地址为 00H～09H。设主、从机以方式 3 进行串行通信，波特率为 1 200 bit/s，晶振频率为 6 MHz，编写主机发送数据、从机接收数据的程序。主机有关寄存器的内容如下。

R1——待发送的数据块首地址。

R2——接收数据的从机的地址。

R3——待发送的数据块的长度。

从机有关寄存器的内容如下。

R1——接收数据块存储区首地址。

R2——接收数据块的长度。

主机发送的通信命令约定如下。

01H——要求从机接收数据。

02H——要求从机发送数据。

FFH——无效地址，要求从机恢复 SM2=1 的状态。

主机通信程序流程图如图 6-14 所示，主机程序如下。

```
MAIN:   MOV   TMOD，#20H   ；设置定时器 T1 为工作方式 2
        MOV   TL1，  #0F3H ；置 T1 初值
        MOV   TH1，  #0F3H ；置 T1 重装值
        SETB  TR1          ；启动定时器
```

```
        MOV    PCON,  #80H    ; 置 SMOD=1
        MOV    SCON,  #0D8H   ; 置串行口工作方式 3，REN=1，TB8=1，准备发送地址帧
SAD:    MOV    A,      R2     ; 取从机地址
        MOV    SBUF,  A       ; 发送从机地址
        JNB    RI,    $       ; 等待从机应答
        CLR    TI             ; 清发送中断标志
        CLR    RI             ; 清接收中断标志
        MOV    A,     SBUF    ; 取从机应答数据
        XRL    A,     R2      ; 核对应答信息
        JZ     SEND           ; 地址相符则转发送命令
        SETB   TB8            ; 地址不符，重置地址标志，以便重发地址
        MOV    SBUF,  #0FFH   ; 发送无效地址，命令所有从机 SM2 置 1
        SJMP   SAD            ; 重发地址
SEND:   CLR    TB8            ; 准备发送命令、数据
        MOV    SBUF,  #01H    ; 发送命令，要求从机接收数据
        LCALL  DELAY          ; 等待发送完毕
MAGAIN: MOV    SBUF,  @R1     ; 发送数据
        JNB    TI,    $       ; 等待一帧数据发送完毕
        CLR    TI             ; 清发送中断标志
        INC    R1             ; 发送数据区地址加 1，指向下一单元
        DJNZ   R3,    MAGAIN; 数据未发完，继续
        RET
```

从机通信程序流程图如图 6-15 所示（以#08H 从机为例）。

```
        MOV    TMOD,  #21H    ; 置定时器 T1 工作方式 2
        MOV    TL1,   #0F3H   ; 置 T1 初值
        MOV    TH1,   #0F3H   ; 置 T1 重装值
        SETB   TR1            ; 启动定时器
        MOV    PCON,  #80H    ; 置 SMOD=1
        MOV    SCON,  #0F0H   ; 置串行口工作方式 3，SM2=1，准备接收地址帧
WAIT:   JNB    RI,    $       ; 等待主机联络
        CLR    RI             ; 清接收中断标志
        MOV    A,     SBUF    ; 取串行口地址帧
        XRL    A,     #08H    ; 与本机地址比较
        JZ     SADDR          ; 相符，转发送本机地址
        SETB   SM2            ; 不符，置 SM2=1，以便重新接收地址
        AJMP   WAIT           ; 重新联络
SADDR:  MOV    SBUF,  #08H    ; 发送本机地址，供主机核对
        JNB    TI,    $       ; 等待发送完毕
        CLR    TI             ; 清发送中断标志
```

```
        CLR     SM2                 ; 准备接收主机命令
        JNB     RI,      $          ; 接收主机命令
        CLR     RI                  ; 清接收中断标志
        MOV     A,       SBUF       ; 取主机发送来的命令
        XRL     A,       #01H       ; 识别命令
        JZ      RECIV               ; 若是本机接收数据的命令，转接收程序
        XRL     A,       #02H       ; 在此识别命令
        JZ      SEND                ; 若是本机发送数据的命令，转发送程序
        AJMP    WAIT                ; 命令无效，返回待命状态
RECIV:  JNB     RI,      $          ; 接收一帧数据
        CLR     RI                  ; 清接收中断标志
        MOV     A,       SBUF       ; 取收到的数据
        MOV     @R1,     A          ; 存放数据
        INC     R1                  ; 接收数据区地址加 1
        DJNZ    R2,      RECIV      ; 若数据未接收完，继续接收
        SETB    SM2                 ; 数据接收完毕，重置 SM2=1
        RET
SEND:（略）
```

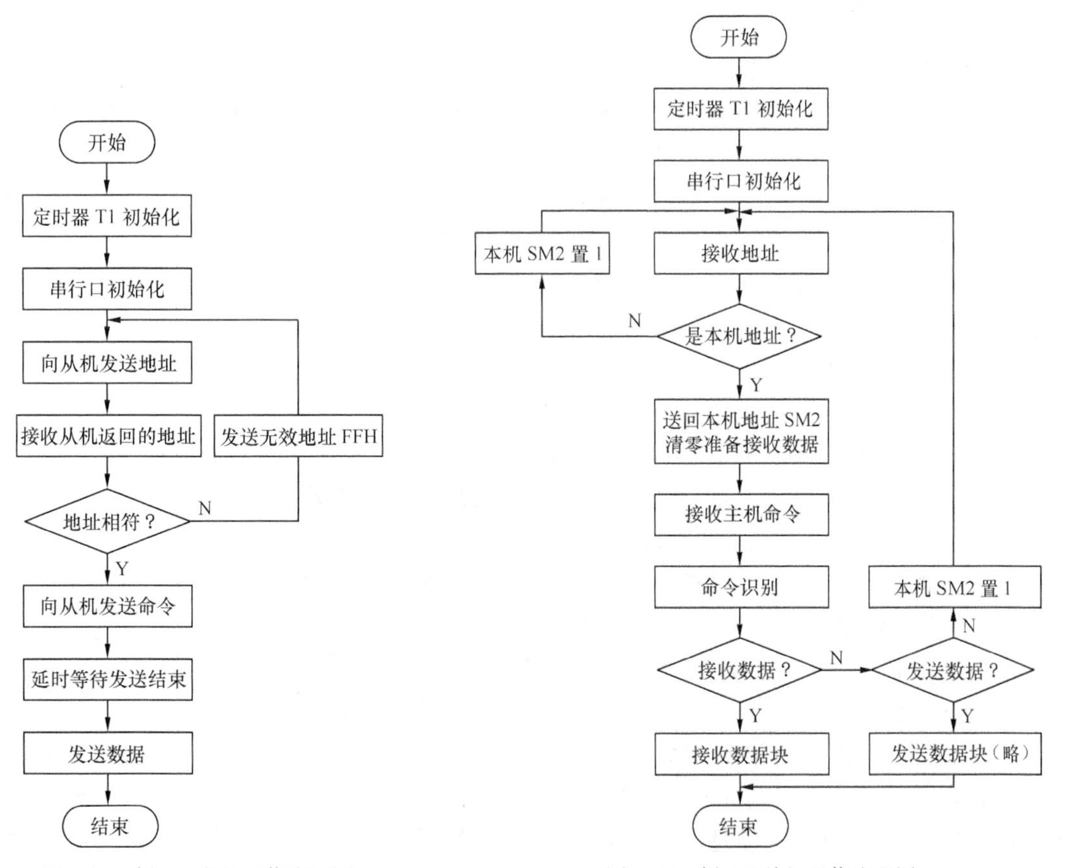

图 6-14　例 6-7 主机通信流程图

图 6-15　例 6-7 从机通信流程图

项目 9 双机通信

1. 项目概述

一个单片机的功能是有限的，将数个乃至更多的单片机按照特定的组织规律连接在一起可以实现功能更强大的系统。本项目从两个单片机之间的串行通信入手，实现将指定的一组数据从一个单片机内存传送到另一单片机的内存中，原来我们只是将数据在本单片机中的内存中传送，而现在可以将数据在不同的单片机中传送，这是一个重要的进步。两个单片机之间进行通信涉及通信方式设置、发送/接收联络信号的确认和数据传送等实现方法。另外，请注意两个单片机之间的正确连接。

2. 应用环境

工业上的分散型控制系统、机电一体化设备、车辆等中的信号检测和控制系统等。

3. 实现过程

（1）实验箱上的准备练习

单片机之间的通信，即使是最简单的通信程序，阅读起来也是比较复杂的，但是，我们可以先不看内部的程序，先从外观上理解串行通信的特点。本实验实现以下功能：将 1 号实验机键盘上键入的数字显示到 2 号实验机的数码管上。这样的实验是有典型意义的，即把键盘功能和显示器功能分别设计在两个单片机上，实验的接线方式如下。

① 实验时需将 1 号机 8031 串行接收信号线 P3.0（RXD）连到 2 号机 8031 串行发送信号线 P3.1（TXD）。

② 两台实验机必须共地。

③ 两台 Dais 实验系统均处于“P.”状态下。

④ 在“P.”状态下按“0→F1→4→F2→0→EV/UN”，装载实验所需的代码程序。

⑤ 在 1 号机上输入 4 位起始地址 0F80 后，按 EXEC 键连续运行程序。

⑥ 在 2 号机上输入 4 位起始地址 0FC0 后按 EXEC 键。

经过上述连接后，当从 1 号机的键盘上输入数字键时，会在 2 号机的 LED 上进行显示。显然，经过这样的练习，我们对串行通信会有一个基本的认识。图 6-16 所示为串行通信中两个单片机之间的连接方式。

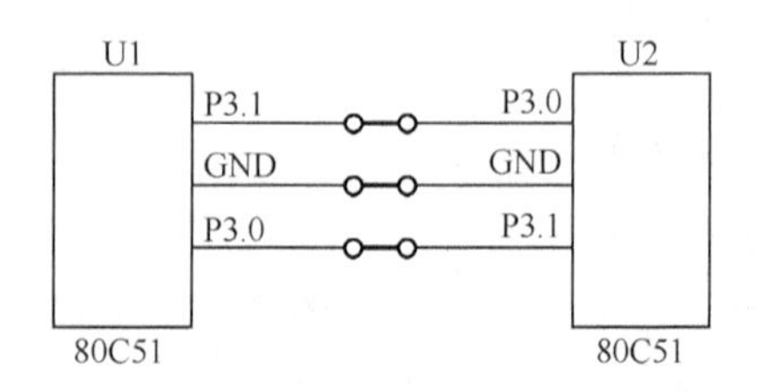

图 6-16 串行通信中两个单片机之间的连接方式

（2）点对点通信的框图实现

点对点通信是串行通信中最简单同时也是基本的通信方法，然而，即使是这样一个基于单向数据传送的通信也涉及许多的概念和方法，例如，通信方式的初始化、联络信号的发送/接收以及数据的校验等，掌握好这样的程序设计也是实现更复杂通信过程的基础。其框图实现如图 6-17 所示。

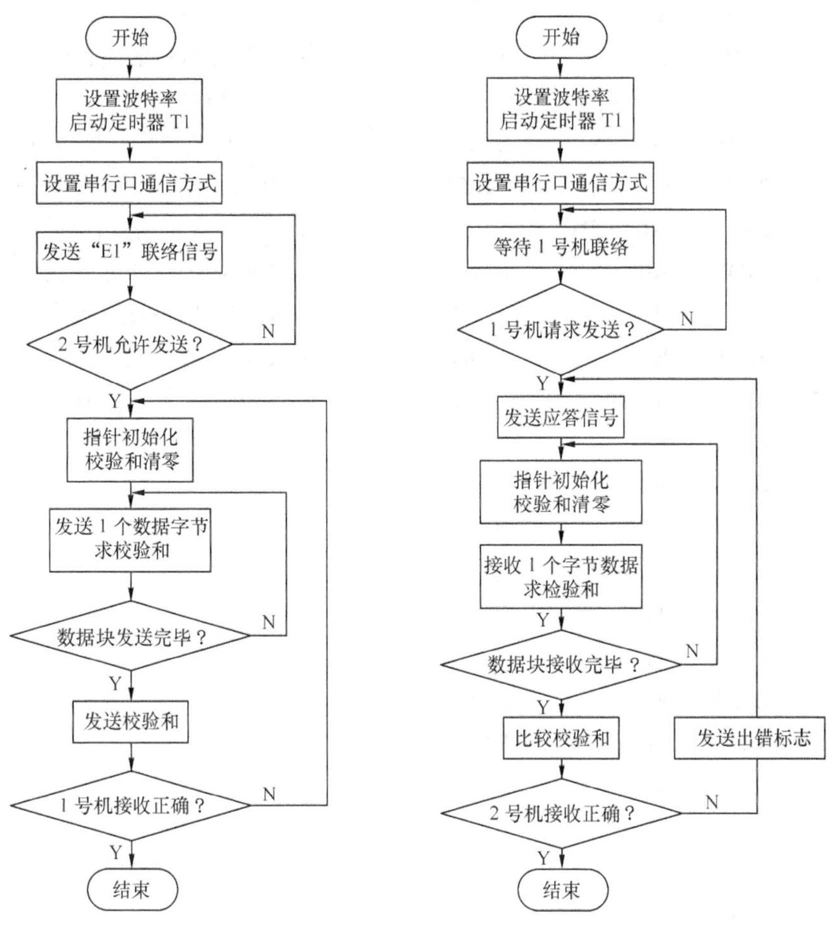

图 6-17　点对点通信流程图

（3）程序实现

本程序是由两个部分组成的，第一部分是发送程序，第二部分是接收程序，它们分别在各自的机器上进行程序的编辑、连接、下载和运行，其运行结果可以用监控命令在内存中查看。

发送部分程序如下。

```
         ORG     0000H
         LJMP    ASTART
         ORG     0030H
ASTART：  CLR     EA                     ；关总中断，查询方式
         MOV     TMOD，    #20H          ；定时器 1 置为方式 2
         MOV     TH1，     #0F4H         ；装载定时器初值，波特率 2 400bit/s
         MOV     TL1，     #0F4H
         MOV     PCON，    #00H
         SETB    TR1                    ；启动定时器
         MOV     SCON，    #50H          ；设串口方式 1，准备接收应答信号
```

```
ALOOP1: MOV    SBUF,   #0E1H      ; 发送联络信号
        JNB    TI,     $          ; 等待一帧发送完毕
        CLR    TI                 ; 允许再发送
        JNB    RI,     $          ; 等待 2 号机的应答信号
        CLR    RI                 ; 允许再接收
        MOV    A,      SBUF       ; 2 号机应答后，读至 A
        XRL    A,      #0E2H      ; 判断 2 号机是否准备完毕
        JNZ    ALOOP1             ; 2 号机未准备好，继续联络
ALOOP2: MOV    R0,     #40H       ; 2 号准备好，设定数据块指针初值
        MOV    R7,     #10H       ; 设定数据块长度初值
        MOV    R6,     #00H       ; 清校验和单元
ALOOP3: MOV    SBUF,   @R0        ; 发送一个数据字节
        MOV    A,      R6
        ADD    A,      @R0        ; 求校验和
        MOV    R6,     A          ; 保存校验和
        INC    R0
        JNB    TI,     $
        CLR    TI
        DJNZ   R7,     ALOOP3     ; 整个数据块是否发送完毕
        MOV    SBUF,   R6         ; 发送校验和
        JNB    TI,     $
        CLR    TI
        JNB    RI,     $          ; 等待 2 号机的应答信号
        CLR    RI
        MOV    A,      SBUF       ; 2 号机应答，读至 A
        JNZ    ALOOP2             ; 2 号机应答错误，转重新发送
        SJMP   $                  ; 2 号机应答正确，返回
        END
```

接收部分程序如下。

```
BSTART: CLR    EA
        MOV    TMOD,   #20H
        MOV    TH1,    #0F4H
        MOV    TL1,    #0F4H
        MOV    PCON,   #00H
        SETB   TR1
        MOV    SCON,   #50H       ; 设定串口方式 1，且准备接收
BLOOP1: JNB    RI,     $          ; 等待 1 号机的联络信号
        CLR    RI
        MOV    A,      SBUF       ; 收到 1 号机信号
```

```
        XRL   A,     #0E1H    ; 判断是否为 1 号机联络信号
        JNZ   BLOOP1          ; 不是 1 号机联络信号，再等待
        MOV   SBUF,  #0E2H    ; 是 1 号机联络信号，发应答信号
        JNB   TI,    $
        CLR   TI
        MOV   R0,    #40H     ; 设定数据块地址指针初值
        MOV   R7,    #10H     ; 设定数据块长度初值
        MOV   R6,    #00H     ; 清校验和单元
BLOOP2: JNB   RI, $
        CLR   RI
        MOV   A,     SBUF
        MOV   @R0,   A        ; 接收数据转储
        INC   R0
        ADD   A,     R6       ; 求校验和
        MOV   R6,    A
        DJNZ  R7,    BLOOP2   ; 判断数据块是否接收完毕
        JNB   RI,    $        ; 完毕，接收 1 号机发来的校验和
        CLR   RI
        MOV   A,     SBUF
        XRL   A,     R6       ; 比较校验和
        JZ    END1            ; 校验和相等，跳至发正确标志
        MOV   SBUF,  #0FFH    ; 校验和不相等，发错误标志
        JNB   TI,    $        ; 转重新接收
        CLR   TI
END1:   MOV   SBUF,  #00H
        END
```

4. 思考与讨论

（1）老师与同学之间讨论的问题

① 为什么要设置发送/接收联络信号？

② 求校验和的作用是什么？

③ 如何将这个程序改编为子程序？请设计一个主程序来实现对子程序的调用。

（2）同学与同学之间讨论的问题，训练倾听和协作的能力

以下问题只是一个参考，鼓励同学之间提出不同的问题，老师可以适当地参与讨论并答疑解惑。

① 同学 A 提出的问题：在程序的调试过程中发现，尽管程序编制是正确的，但是，这两个程序有先后执行的问题，例如，必须先运行接收程序才能得到理想的结果，为什么？

② 同学 B 提出的问题：我想在程序中增加各个工作阶段的指示灯，可以吗？程序执行很快，我看不清程序执行到哪一步了，设想在哪些地方可以插入指示灯程序段？

A 和 B 两个同学互相提问并做相应的回答，把这些内容记录下来然后写在作业本上。

思考与练习题

6.1 串行通信和并行通信各有什么特点？

6.2 什么是全双工、半双工、单工通信？

6.3 什么是波特率？为什么串行通信双方的波特率必须相同？

6.4 简述串行控制寄存器 SCON 各位的名称和含义。

6.5 80C51 系列单片机串行口有哪几种工作方式？如何选择？各有什么特点？

6.6 设某异步通信接口，其一帧共 10 位，包括 1 个起始位、7 个数据位、1 个奇偶校验位和 1 个停止位，当该口以每分钟 1800 个字符传送时，其波特率为多少？

6.7 对于串行口方式 1，当波特率为 9600 bit/s 时，每分钟可以传送多少字节？

6.8 为什么定时器 T1 作波特率发生器时往往选择工作方式 2？

6.9 设时钟频率为 6 MHz，SMOD=0，现需要数据传送的波特率为 1200 bit/s，问此时定时器 T1 方式 2 的初值为多少？实际得到的波特率误差是多少？

6.10 电路图如图 6-8 所示，试编程实现每隔 10 s 采集一次 S1～S8 状态数据，采集 10 次后计算出平均值并存放在内 RAM 40H 中。

6.11 设以串行口方式 1 进行数据传送，晶振频率为 6 MHz，波特率为 2400 bit/s，SMOD=1。待发送的 8 个数据存放于外 RAM 首地址为 2000H 的单元中，先发送数据长度 8，再发送 8 个数据，试编写发送程序。

6.12 条件同 6.11 题，编写数据接收程序，先接收数据长度（数据长度未知），再接收数据，接收的数据存放在内 RAM 40H 开始的单元中。

6.13 试用中断方式重新编写例 6-6 的程序。

6.14 某应用系统由 5 台 80C51 系列单片机构成主、从多机系统，试画出硬件连接示意图，简述系统的工作原理。

第7章

80C51 系统的扩展

【学习目标】

1. 理解单片机的系统总线
2. 理解 3 种译码方法
3. 理解外部 ROM、RAM 的扩展
4. 理解 74 系列芯片 I/O 扩展
5. 理解可编程 8255A、8155 的扩展

【重点内容】

1. 全译码方法
2. 外部数据存储器和程序存储器的扩展方法
3. 74 系列芯片 I/O 接口的扩展
4. 8255A 可编程接口的扩展
5. 8155 可编程接口的扩展

7.1 单片机系统总线的形成

单片机的 4 个并行口 P0、P1、P2、P3 都可以与外部电路直接相连。图 7-1 所示是单片机最小应用系统的一个简单例子，P3 口的 P3.2、P3.3、P3.5 作输入，读取开关 K1、K2、K3 上的数据，用 P1.0～P1.7 作输出，控制发光二极管 LED1～LED8。图中由于 80C51 内部含程序存储器，故上电复位后，CPU 从内部程序存储器的 0000H 开始执行程序，系统便可根据用户程序的要求正常运行。在实际应用中，有时还需要设计手动复位电路，关于复位电路和时钟电路的细节请参阅第 2 章的有关内容，在此不再赘述。

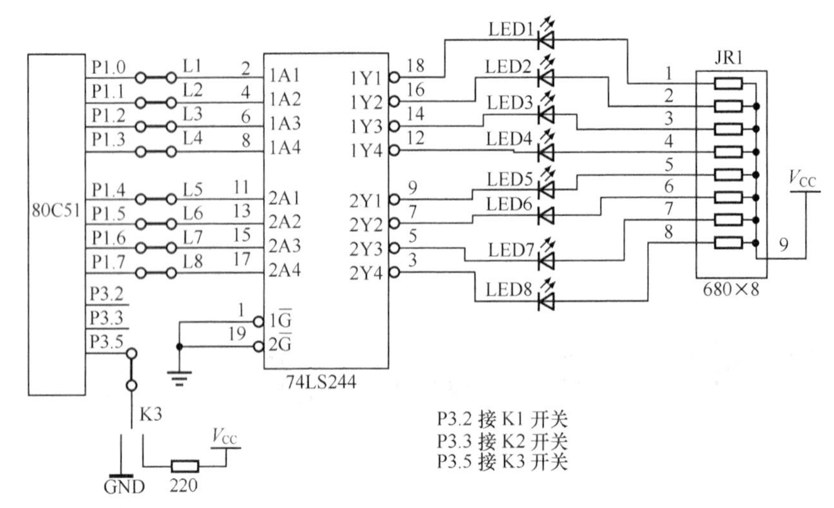

图 7-1　单片机最小应用系统实例

单片机本身的资源是有限的，如 51 系列单片机的片内 RAM 容量一般为 128～256 B，片内程序存储器为 4～8 KB。对复杂系统而言，若单片机本身的资源满足不了实际要求，就需要进行系统扩展。

系统扩展的主要内容有如下几个方面。

① 外部数据存储器扩展。

② 外部程序存储器扩展。

③ 输入/输出接口扩展。

④ A/D 和 D/A 扩展。

⑤ 键盘/显示器、定时/计数器的扩展。

为使单片机能方便地与各种芯片连接，常用单片机的外部连线有地址总线、数据总线和控制总线。对于 51 系列单片机，3 总线形成如图 7-2 所示。

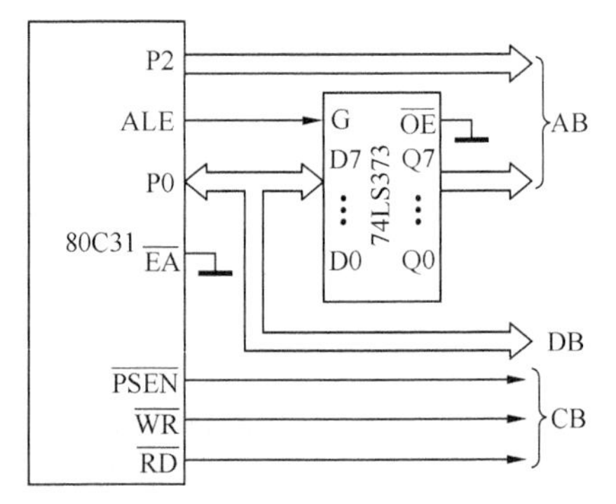

图 7-2　3 总线结构形式

① 地址总线。对单片机进行系统扩展时，P2 口作为高 8 位地址总线。单片机访问外部程序存储器，或访问外部数据存储器和扩展 I/O 端口（如执行 MOVC　A，@A+DPTR 或 MOVX　A，@DPTR 等指令）时，由 P2 口输出高 8 位地址信号 A15～A8，P2 口具有输出锁存功能，在 CPU 访问外部部件期间，P2 口能保持地址信息不变。P0 口为地址/数据分时复用口，分时用作低 8 位地址总线和 8 位双向数据总线。因此，构成系统总线时，应加 1 个 74LS373 锁存器，用于锁存低 8 位地址信号 A7～A0。

74LS373 是一个 8 位锁存器，三态输出，74LS373 的 8 个输入端 D7～D0 分别与 P0.7～P0.0 相连。G 为 373 的使能端，用地址锁存信号 ALE 控制，当 ALE 为“1”时，使能端 G 有效，P0 口提供的低 8 位地址信号被 373 锁存，其输出 Q7～Q0 即为地址信号 A7～A0；当 ALE 为“0”时，CPU 用 P0 口传送指令代码或数据，此时，使能端 G 无效，地址信号 A7～A0 保持不变，从而保证了 CPU 访问外部部件（外部程序存储器或外部数据存储器，也可能是扩展的 I/O 端口）期间地址信号不会发生变化。

② 数据总线。P0 口作为数据总线 D7～D0。数据总线是双向三态总线。

③ 控制总线。系统扩展时常用的控制信号有以下几种。

ALE——地址锁存信号。当 CPU 访问外部部件时，利用 ALE 信号的正脉冲锁存出现在 P0

口的低 8 位地址，因此把 ALE 称为地址锁存信号。

$\overline{\text{PSEN}}$——片外程序存储器访问允许信号，低电平有效。当 CPU 从外部程序存储器读取指令或读取常数（即执行 MOVC 指令）时，该信号有效，CPU 通过数据总线读回指令或常数。扩展外部程序存储器时，用该信号作为程序存储器的读出允许信号。当 CPU 访问外部数据存储器期间，该信号无效。

$\overline{\text{RD}}$——片外数据存储器读信号，低电平有效。

$\overline{\text{WR}}$——片外数据存储器写信号，低电平有效。

当 CPU 访问外部数据存储器或访问外部扩展的 I/O 端口时（执行 MOVX 指令时），会产生相应的读/写信号。扩展外部数据存储器和 I/O 端口时，$\overline{\text{RD}}$ 和 $\overline{\text{WR}}$ 用于外部数据存储器芯片和 I/O 接口芯片的读/写控制。

7.2 外部数据存储器的扩展

51 系列单片机内部 RAM 的容量有限，一般只有 128 B 或 256 B。当单片机用于实时数据采集或处理大批量数据时，仅靠片内提供的 RAM 远远不够。此时，可以利用单片机的扩展功能，扩展外部数据存储器。由图 7-2 可知，单片机的地址总线为 16 条，A15～A0，可以寻址外部数据存储器的最大空间为 64 KB，用户可根据系统的需要确定扩展存储器容量的大小。

数据存储器即随机存取存储器，用于存放可随时修改的数据信息。常用的外部数据存储器有静态 RAM 和动态 RAM 两种。前者读/写速度高，一般都是 8 位宽度，易于扩展；缺点是集成度低，成本高，功耗大。后者集成度高，成本低，功耗相对较低；缺点是需要增加动态刷新电路，硬件电路复杂。因此，对单片机扩展数据存储器时，一般都采用静态 RAM。

常用的静态 RAM 芯片有 6264、62256 等芯片，其引脚配置均为 28 脚双列直插式封装，有利于印制板电路设计，使用方便。图 7-3 给出了 6264 的引脚图和真值表。

6264

引脚名	引脚号	引脚号	引脚名
NC	1	28	+5V
A12	2	27	$\overline{\text{WE}}$
A7	3	26	CS2
A6	4	25	A8
A5	5	24	A9
A4	6	23	A11
A3	7	22	$\overline{\text{OE}}$
A2	8	21	A10
A1	9	20	$\overline{\text{CS1}}$
A0	10	19	D7
D0	11	18	D6
D1	12	17	D5
D2	13	16	D4
GND	14	15	D3

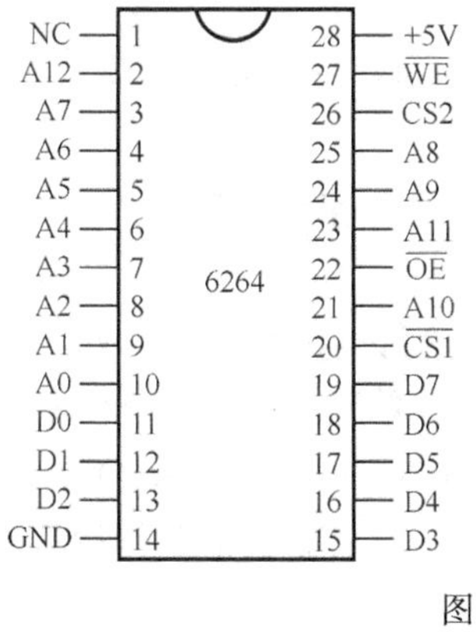

6264 真值表

$\overline{\text{CS1}}$	CS2	$\overline{\text{OE}}$	$\overline{\text{WE}}$	D7～D0
0	1	0	1	读出
0	1	1	0	写入
0	0	×	×	三态（高阻）
1	1	×	×	
1	0	×	×	

图 7-3　6264 的引脚图和真值表

存储器扩展的核心问题是存储器的编址问题，就是给存储单元分配地址。由于存储器通常由多块芯片组成，因此存储器的编址分为两个层次：存储器芯片内部存储单元编址和存储器芯片编址。前者，靠存储器芯片内部的译码器选择芯片内部的存储单元；后者，必须利用译码电路实现对芯片的选择。译码电路是将输入的一组二进制编码变换为一个特定的输出信号，即将输入的一组高位地址信号通过变换，产生一个有效的输出信号，用于选中某一个存储器芯片，从而确定该存储器芯片所占用的地址范围。常用的有 3 种译码方法：全译码、部分译码和线选法。

7.2.1 全 译 码

全译码是用全部的高位地址信号作为译码电路的输入信号进行译码。其特点是：地址与存储单元一一对应，也就是说 1 个存储单元只占用 1 个唯一的地址，地址空间的利用率高。对于要求存储器容量大的系统，一般使用这种译码方法。

例 7-1 利用全译码为 80C51 扩展 16 KB 的外部数据存储器，存储器芯片选用 SRAM6264，要求外部数据存储器占用从 0000H 开始的连续地址空间。

解：确定需要使用 2 片 6264 芯片，1#芯片地址是 0000H～1FFFH，2#芯片地址是 2000H～3FFFH。根据地址译码关系画出原理电路图，如图 7-4 所示。P2.7、P2.6 必须为“0”，P2.5 为“0”时 1#芯片 $\overline{CS1}$ 有效，故 1#芯片地址是 0000H～1FFFH；P2.5 为“1”时 2#芯片 $\overline{CS1}$ 有效，故 2#芯片地址是 2000H～3FFFH。

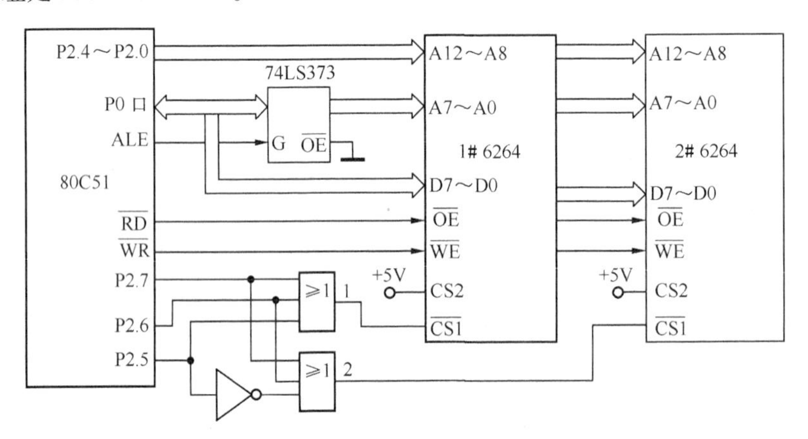

图 7-4 扩展 16 KB 的外部数据存储器

$\overline{RD}$ 和 $\overline{OE}$ 直接相连，$\overline{WR}$ 和 $\overline{WE}$ 直接相连。

如把外部 RAM 的 1000H 单元的数据传送到外部 RAM 的 2000H 单元，程序编制如下。

```
MOV     DPTR,    #1000H        ; 设置源地址指针
MOVX    A,       @DPTR         ; 产生RD信号，读1#存储器芯片
MOV     DPTR,    #2000H        ; 设置目的地址指针
MOVX    @DPTR,   A             ; 产生WR信号，写2#存储器芯片
```

该例采用的是全译码，故 1#和 2#存储器芯片的每一个存储单元各占用 1 个唯一的地址，每芯片为 8 KB 存储容量，扩展的外部数据存储器总容量为 16 KB，地址范围为 0000H～3FFFH。

例 7-2 利用全译码为 80C51 扩展 40 KB 的外部数据存储器，存储器芯片选用 SRAM6264。要求外部数据存储器占用从 6000H 开始的连续地址空间。

解：要使用 5 片 6264 芯片，1#芯片地址是 6000H～7FFFH，2#芯片地址是 8000H～9FFFH，3#芯片地址是 A000H～BFFFH，4#芯片地址是 C000H～DFFFH，5#芯片地址是 E000H～FFFFH。

存储器容量大的系统，一般使用全译码方法进行译码。这时扩展的芯片数目较多，译码电

路需使用专用译码器。3-8 译码器 74LS138 是一种常用的地址译码器，其引脚图和真值表如图 7-5 所示。其中，$\overline{\text{G2A}}$、$\overline{\text{G2B}}$和 G1 为控制端，只有当 G1 为“1”，且$\overline{\text{G2A}}$、$\overline{\text{G2B}}$为“0”时，译码器才能进行译码输出，否则译码器的 8 个输出端全为高阻状态。使用 74LS138 时，$\overline{\text{G2A}}$、$\overline{\text{G2B}}$和 G1 可直接接固定电平，也可参与地址译码，但其译码关系必须为 001。通过地址分配可以很方便地画出存储器系统的连接图，如图 7-6 所示。

74LS138

信号	引脚	引脚	信号
A	1	16	V_{CC}
B	2	15	$\overline{Y0}$
C	3	14	$\overline{Y1}$
$\overline{\text{G2A}}$	4	13	$\overline{Y2}$
$\overline{\text{G2B}}$	5	12	$\overline{Y3}$
G1	6	11	$\overline{Y4}$
$\overline{Y7}$	7	10	$\overline{Y5}$
GND	8	9	$\overline{Y6}$

74LS138 真值表

$\overline{G2A}$	$\overline{G2B}$	G1	C	B	A	输 出
0	0	1	0	0	0	$\overline{Y0}$=0，其余为 1
0	0	1	0	0	1	$\overline{Y1}$=0，其余为 1
0	0	1	0	1	0	$\overline{Y2}$=0，其余为 1
0	0	1	0	1	1	$\overline{Y3}$=0，其余为 1
0	0	1	1	0	0	$\overline{Y4}$=0，其余为 1
0	0	1	1	0	1	$\overline{Y5}$=0，其余为 1
0	0	1	1	1	0	$\overline{Y6}$=0，其余为 1
0	0	1	1	1	1	$\overline{Y7}$=0，其余为 1

图 7-5　74LS138 引脚图和真值表

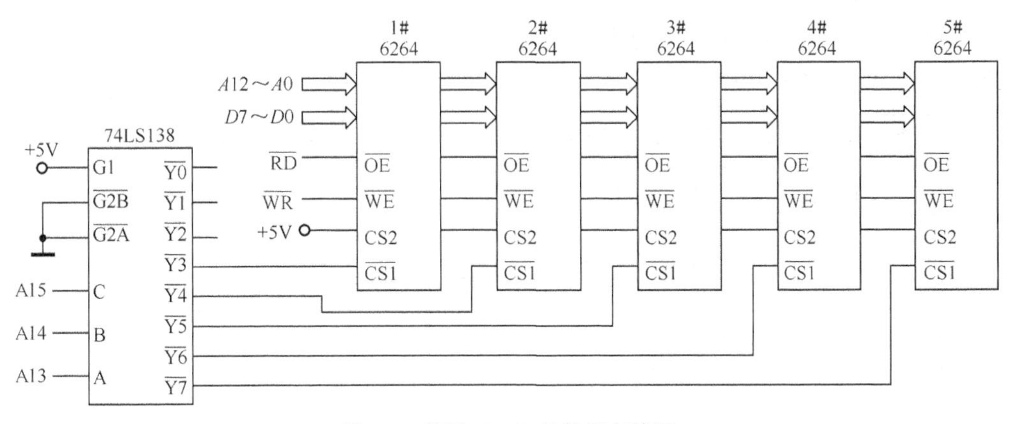

图 7-6　扩展 40 KB 的数据存储器

7.2.2 部 分 译 码

部分译码是用部分高位地址信号作为译码电路的输入信号进行译码。其特点是：地址与存储单元不是一一对应的，而是 1 个存储单元占用多个地址。即在部分译码电路中，有若干条地址线不参与译码，会出现地址重叠现象。我们把不参与译码的地址线称为无关项，若 1 条地址线不参与译码，则一个单元占用 2^1 个地址；若 2 条地址线不参与译码，则一个单元占用 2^2 个地址；若 *n* 条地址线不参与译码，则一个单元占用 2^n 个地址，*n* 为无关项的个数。部分译码会造成地址空间的浪费，但译码电路简单，为地址译码电路的设计带来了很大的方便。一般在较小的系统中常采用部分译码方法进行译码。

例 7-3　分析图 7-7 中的译码方法，写出存储器芯片 SRAM 6264 占用的地址范围。

解：从图中可以看出 P2.7=0，P2.6=1 才能使$\overline{\text{CS1}}$有效。P2.5 是无关位，故 6264 的地址就为 01×00000 00000000B～01×11111 11111111B。

当无关位为“0”时，6264 占用的空间为 4000H～5FFFH；当无关位为“1”时，6264 占用的空间为 6000H～7FFFH。这使得 4000H 和 6000H 两个地址指向同一单元，4001H 和 6001H 两个地址指向同一单元，依此类推。一个 8KB 的存储器占用了 16 KB 的地址空间，其实际存储容量只有 8 KB。我们把无关位为 0 时的地址称为基本地址，无关位为 1 时的地址称为重叠地址，编程时一般使用基本地址访问芯片，而重叠地址空着不用。

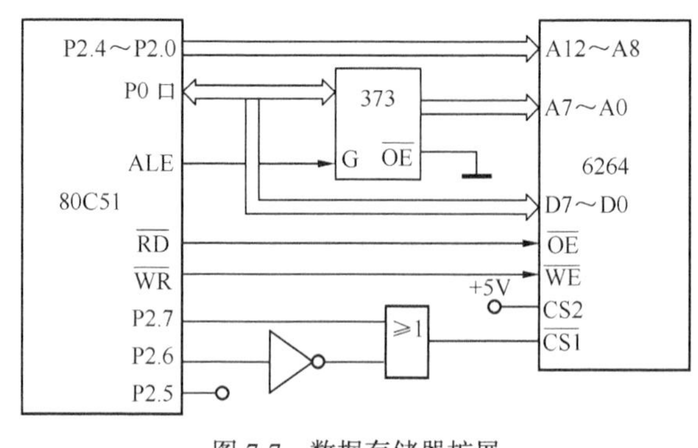

图 7-7 数据存储器扩展

7.2.3 线 选 法

所谓线选法，是利用系统的某一条地址线作为芯片的片选信号。线选法实际上是部分译码的一种极端应用，其具有部分译码的所有特点，译码电路最简单，甚至不使用译码器。如直接以系统的某一条地址线作为存储器芯片的片选信号，只需把用到的地址线与存储器芯片的片选端直接相连即可。当一个应用系统需要扩展的芯片数目较少，需要的实际存储空间较小时，常使用线选法。

例 7-4 分析图 7-8 中的译码方法，写出各存储器芯片 SRAM 6264 占用的地址范围。

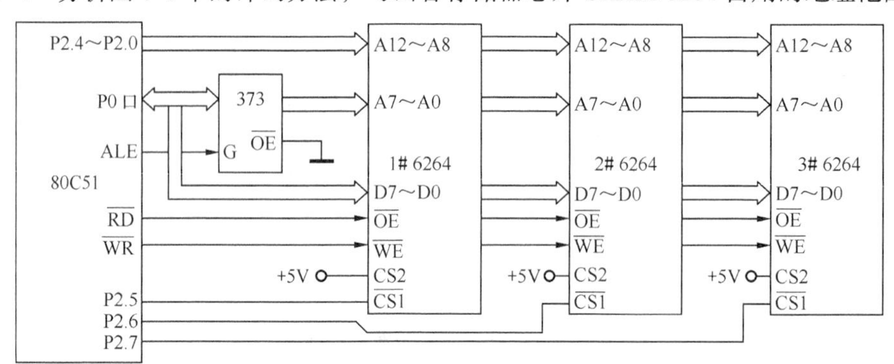

图 7-8 数据存储器扩展

解： 图中直接把地址线 A15、A14 和 A13 作为芯片的片选信号，故 1#6264 的地址就是 C000H～DFFFH，2#6264 的地址就是 A000H～BFFFH，3#6264 的地址就是 6000H～7FFFH。

线选法的优点是硬件简单，不需要译码器。缺点是各存储器芯片的地址范围不连续，给程序设计带来不便。但在单片机应用系统中，一般要扩展的芯片数目较少，广泛使用线选法作为芯片的片选信号，尤其在 I/O 端口扩展中更是如此。

7.3 外部程序存储器的扩展

51 系列单片机具有 64 KB 的程序存储器空间，其中 80C51、87C51 单片机含有 4 KB 的片内程序存储器，而 80C31 则无片内程序存储器。当采用 80C51、87C51 单片机而程序超过 4 KB，或采用 80C31 型单片机时，就需要进行程序存储器的扩展。这里要注意的是，51 系列单片机有一个引脚 $\overline{EA}$ 跟程序存储器的扩展有关。如果 $\overline{EA}$ 接低电平，则不使用片内程序存储器，片外程序存储器地址范围为 0000H～FFFFH。如果 $\overline{EA}$ 接高电平，那么片内程序存储器和片外程序存储器总容量为 64 KB。

7.3.1 EPROM 扩展

扩展程序存储器常用的器件是 EPROM 芯片，如 2764、27128 和 27256 等。它们均为 28 脚双列直插式封装，引脚如图 7-9 所示。

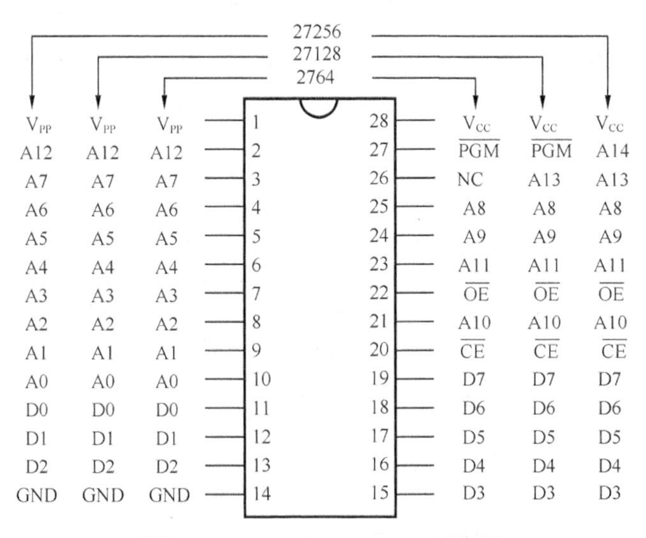

图 7-9　2764、27128、27256 引脚图

2764 是 8K×8bit 的 EPROM，单一+5V 供电，其引脚有：13 条地址线（A12～A0），8 位数据线（D7～D0），片选信号 $\overline{CE}$，输出允许信号 $\overline{OE}$，当 $\overline{CE}$=0、$\overline{OE}$=0 时，被寻址的单元才能被读出。编程电源 V_{PP}，当芯片编程时，该端加编程电压（+25V 或+12V）；正常使用时，该端接+5V 电源。

使用 2764，只能将其所存储的内容读出，读出过程与 SRAM 的读出过程相似。

例 7-5　图 7-10 所示的电路为 80C51 扩展的外部存储器，用 $\overline{PSEN}$ 作为 EPROM 的读出允许信号，分析该电路，写出该系统的程序存储器容量及地址范围。

解：由于 P2.7、P2.6 没接线为 0，P2.5 必须为 1，故 2764 的地址应为 2000H～3FFFH。

该系统中，既有片内程序存储器，又有片外程序存储器。执行程序时，CPU 是从片内程序存储器取指令，还是从片外程序存储器取指令，是由单片机 $\overline{EA}$ 引脚电平的高低来决定的。图中，$\overline{EA}$ 为高电平，加电后 CPU 先执行片内程序存储器的程序，当 PC 的值超过 0FFFH 时将自动转向片外程序存储器执行指令。但应当注意，由于该系统中的程序存储器的地址是不连续的，在编程时应当合理地进行程序的转移（初学者往往会忽略这一点）。

例 7-6　利用全译码为 80C51 扩展 40 KB 的外部数据存储器和 40 KB 的外部程序存储器，存储器芯片选用 SRAM 6264 和 EPROM 2764。要求 6264 和 2764 占用从 6000H 开始的连续地址空间。

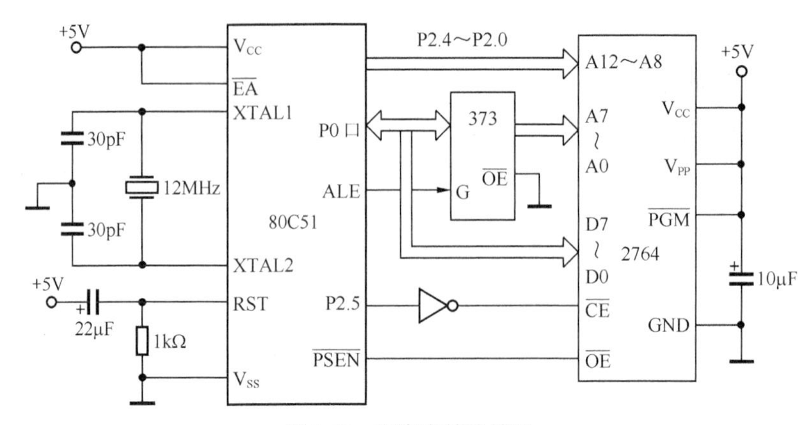

图 7-10 程序存储器扩展

解：要使用5片6264芯片和5片2764芯片。使用专用译码器74LS138进行译码，其存储器系统的连接图如图7-11所示。其中，各芯片的地址范围分别如下。

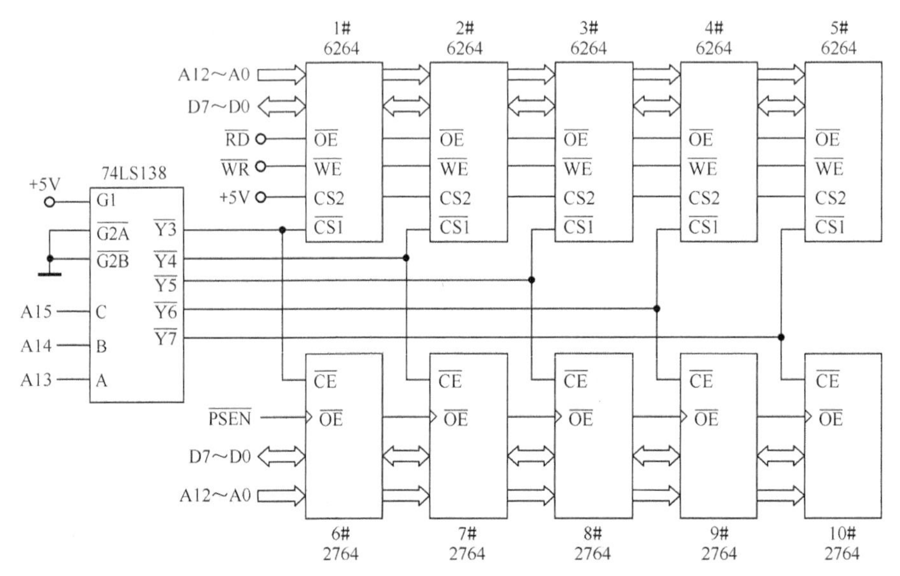

图 7-11 扩展数据存储器和程序存储器

芯片1、6：6000H～7FFFH；

芯片2、7：8000H～9FFFH；

芯片3、8：A000H～BFFFH；

芯片4、9：C000H～DFFFH；

芯片5、10：E000H～FFFFH。

7.3.2 E²PROM扩展

E²PROM（EEPROM）是一种电擦除可编程只读存储器，其主要特点是能在计算机系统中进行在线修改，它既有RAM可读可改写的特性，又具有非易失性存储器ROM在掉电后仍能保持所存数据的优点。因而，E²PROM在智能仪器仪表、控制装置等领域得到了普遍应用。

E²PROM在单片机存储器扩展中，可以用做程序存储器，也可以用做数据存储器，至于具体用作什么由硬件电路确定。E^2PROM 作为程序存储器使用时，CPU 读取 E^2PROM 数据同读取一般 EPROM 的操作相同；E^2PROM 作为数据存储器使用时，总线连接及读取 E^2PROM 数据同读取 RAM 的操作相同，但 E^2PROM 的写入时间较长，必须用软件或硬件来检测写入周期。常用的 E^2PROM 芯片有 Intel 2816A、2817A 和 2864A 等，其引脚如图 7-12 所示。

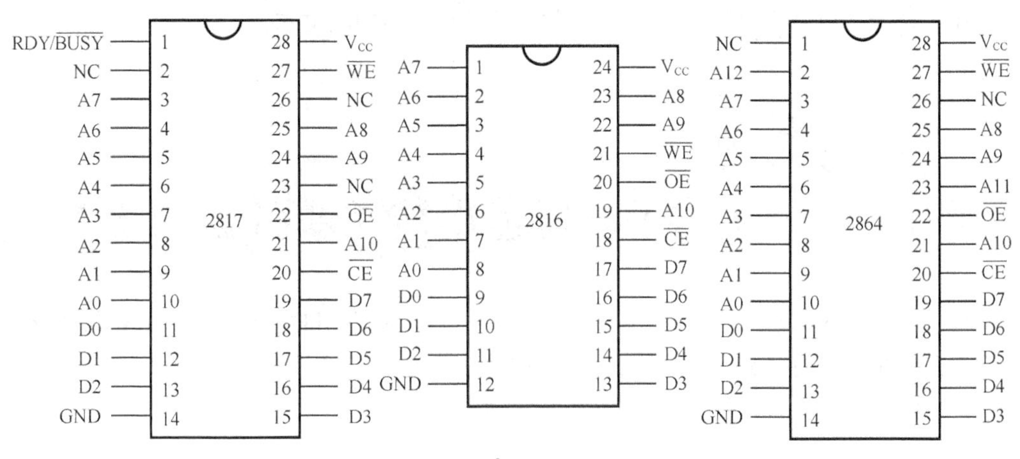

图 7-12 E^2PROM 引脚图

我们以 2817A 芯片为例介绍其性能和扩展方法。2817A 的封装是 DIP28，其容量是 2 K × 8 bit。采用单一+5V 供电，片内设有编程所需的高压脉冲产生电路，无需外加编程电源和编程脉冲即可工作。2817A 的读操作与普通 EPROM 的读出相同。2817A 的写入过程如下：CPU 向 2817A 发出字节写入命令后，即当地址有效、数据有效及控制信号 $\overline{CE}$=0、$\overline{OE}$=0，且在 $\overline{WE}$ 端加上 100ns 的负脉冲，便启动一次写操作。但应注意的是，写脉冲过后并没有真正完成写操作，还需要一段时间进行芯片内部的写操作，在此期间，2817A 的引脚 RDY/$\overline{BUSY}$ 为低电平，表示 2817A 正在进行内部的写操作，此时它的数据总线呈高阻状态，因而允许 CPU 在此期间执行其他的任务。当一次写入操作完毕，2817A 便将 RDY/$\overline{BUSY}$ 置高电平，由此来通知 CPU。

例 7-7 80C51 单片机扩展 2 KB 的 E^2PROM。

解：单片机扩展 2817A 的硬件电路如图 7-13 所示。图中，P2.6 反相后与 2817A 的片选端相连，2817A 的地址范围是 4000H～47FFH。

2817A 的读/写控制线连接采用了将外部数据存储器空间和程序存储器空间合并的方法，使得 2817A 既可以作为程序存储器使用，又可以作为数据存储器使用。如果只是把 2817A 作为程序存储器使用，使用方法与 EPROM 相同。E^2PROM 也可以通过编程器将程序固化进去。如果将 2817A 作为数据存储器，读操作同使用静态 RAM 一样，用 MOVX A，@DPTR 指令直接从给定的地址单元中读取数据即可；向 2817A 中写数据采用 MOVX @DPTR，A 指令。

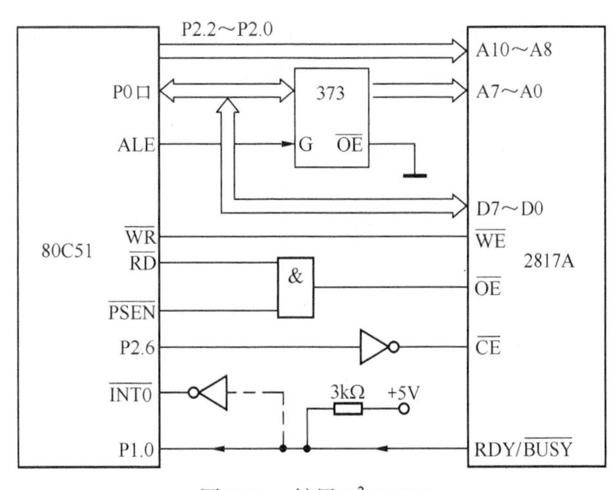

图 7-13 扩展 E^2PROM

2817A 的 RDY/$\overline{\text{BUSY}}$ 引脚是一个漏极开路的输出端，故外接上拉电阻后，将其与 80C51 的 P1.0 相连。采用查询方式对 2817A 的写操作进行管理。在写操作期间，RDY/$\overline{\text{BUSY}}$ 脚为低电平，当写操作完毕时，RDY/$\overline{\text{BUSY}}$ 变为高电平。其实，检测 2817A 写操作是否完成也可以用中断方式实现，方法是将 2817A 的 RDY/$\overline{\text{BUSY}}$ 反相后与 80C51 的外部中断输入脚相连（图中虚线所示），当 2817A 每写完一个字节，便向单片机提出中断请求。

7.4 74系列芯片并行扩展I/O端口

虽然单片机本身具有 I/O 端口，但其数量有限，在工程应用时往往要扩展外部 I/O 端口。扩展的方法有 3 种：简单 I/O 端口扩展、可编程并行 I/O 端口扩展以及利用串行口进行 I/O 端口扩展。这里介绍简单 I/O 端口扩展的方法及实际应用。

7.4.1 简单I/O端口扩展

对一些简单外设接口，按照“输入三态，输出锁存”与总线相连原则，选择 74LS 系列的 TTL 或 MOS 器件即能组成扩展接口电路。例如，可采用 8 位三态缓冲器 74LS244 组成输入口，采用 8D 锁存器 74LS273、74LS373、74LS377 等组成输出口。采用这些简单接口芯片进行系统扩展，接口电路简单、配置灵活、编程方便、且价格低廉，是 I/O 端口扩展的首选方案。

图 7-14 给出了 74LS244 的引脚图与真值表，它是 8 位三态缓冲器，在系统设计时常常作为系统总线的单向驱动或输入接口芯片。图 7-15 给出了 74LS273 的引脚图与真值表。74LS273 是 8D 触发器，$\overline{\text{CLR}}$ 为低电平有效的清零端，当其为 0 时，输出全为 0，且与其他输入端无关；CLK 端是时钟信号，当 CLK 由低电平向高电平跳变时，D 端输入数据传送到 Q 端输出。在系统设计时常用 74LS273 作为输出接口芯片。

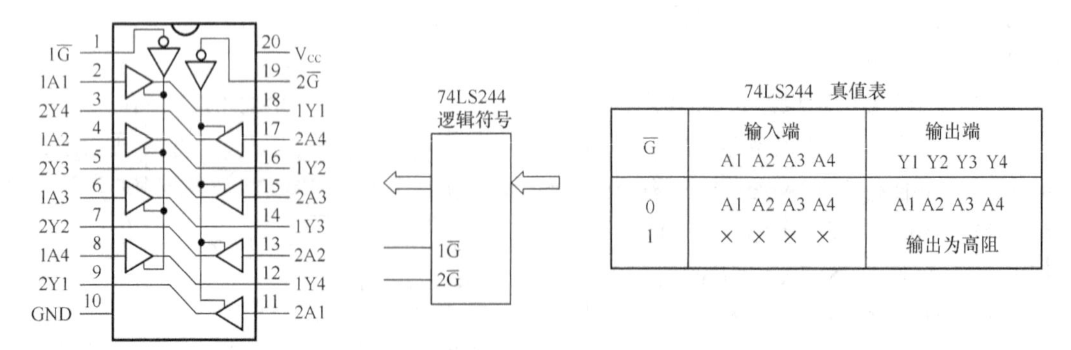

$\overline{G}$	输入端 A1 A2 A3 A4	输出端 Y1 Y2 Y3 Y4
0	A1 A2 A3 A4	A1 A2 A3 A4
1	× × × ×	输出为高阻

图 7-14　74LS244 引脚图与真值表

例 7-8　采用 74LS244 和 74LS273 为 80C51 单片机扩展 8 位输入端口和 8 位输出端口。

解：单片机扩展 74LS244 和 74LS273 的硬件电路如图 7-16 所示。

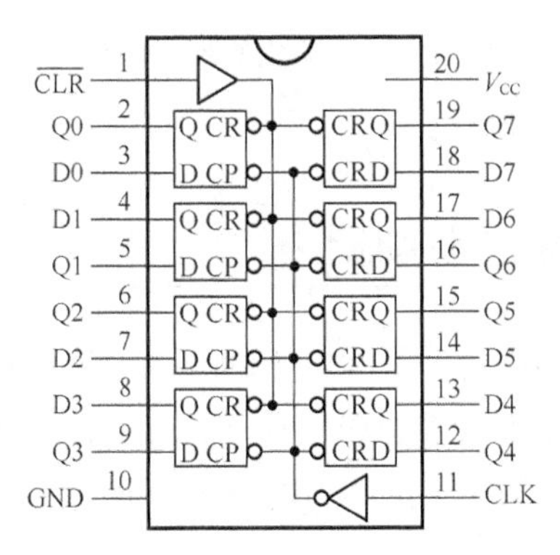

74LS273 真值表

$\overline{CLR}$	CLK	D	Q
0	×	×	0
1	↑	1	1
1	↑	0	0
1	0	×	保持

图 7-15 74LS273 引脚图与真值表

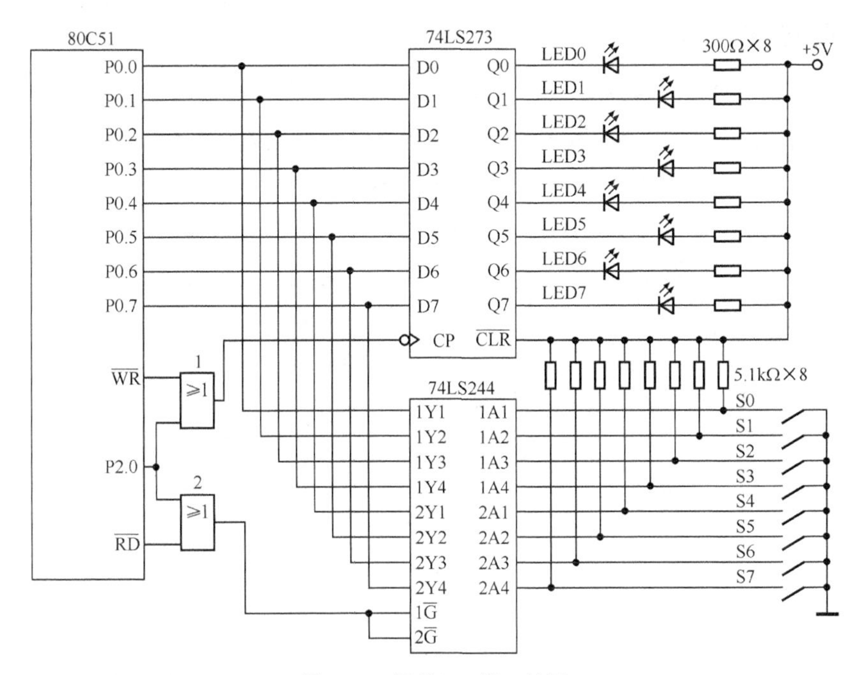

图 7-16 简单 I/O 端口扩展

图 7-16 中，P0 口作为双向 8 位数据线，既能够从 74LS244 输入数据，又能够从 74LS273 输出数据。P2.0 分别与 $\overline{RD}$ 、$\overline{WR}$ 或运算作为输入口和输出口的选通及锁存信号。因为 74LS244 和 74LS273 都是在 P2.0 为 0 时被选通的，所以二者的口地址统一，只要保证 P2.0=0，与其他地址位无关。

在 51 单片机中，扩展的 I/O 端口采用与片外数据存储器相同的寻址方法，所有扩展的 I/O 端口与片外 RAM 统一编址，因此，对片外 I/O 端口的输入/输出指令就是访问片外 RAM 的指令如下。

```
MOVX   A,       @DPTR   ；产生读信号 RD
MOVX   A,       @Ri     ；产生读信号 RD
MOVX   @DPTR，  A       ；产生写信号 WR
MOVX   @Ri，    A       ；产生写信号 WR
```

针对图 7-16 中的电路可编写程序，实现用开关 S0～S7 控制对应的发光二极管 LED0～LED7 发光。程序如下。

```
NEXT：  MOV    DPTR，  #0FEFFH    ；数据指针指向口地址，P2.0=0，其他无关位为 1
        MOVX   A，     @DPTR      ；输入开关信息
```

```
MOVX    @DPTR, A        ; 向 74LS273 输出数据，控制发光二极管
LJMP    NEXT            ; 循环
```

7.4.2 扩展总线驱动能力

当 P0 口总线负载达到或超出 P0 口最大负载能力 8 个 TTL 门时，必须接入总线驱动器。因 P0 口传送数据是双向的，因此要扩展的数据总线驱动器也必须具有双向三态功能。

除双向数据总线外，80C51 有可能扩展的还有控制总线中的 $\overline{WR}$ 、$\overline{RD}$ 、$\overline{PSEN}$ 、ALE 和 P2 口高 8 位地址总线，属单向总线。

1. 双向总线扩展

（1）74LS245 芯片介绍

图 7-17 所示为 74LS245 DIP 封装引脚图、逻辑图和功能表。74LS245 是 8 同相三态双向总线收发器，可双向传输，当片选端 $\overline{CE}$ 低电平有效时，DIR=1，信号从 A→B；DIR=0，信号从 B→A。当 $\overline{CE}$ 为高电平时，A、B 端均呈高阻态。

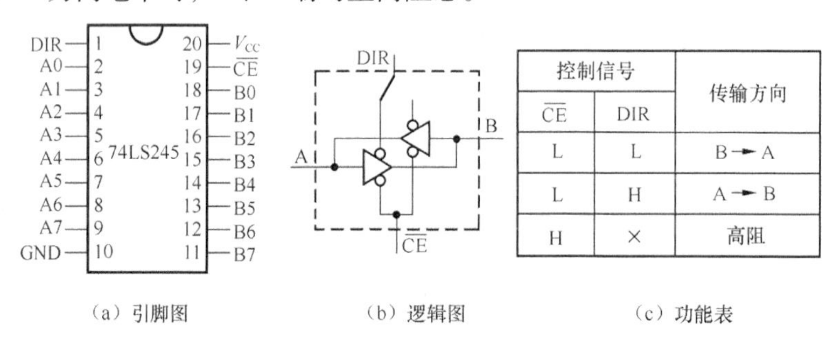

控制信号		传输方向
$\overline{CE}$	DIR	
L	L	B→A
L	H	A→B
H	×	高阻

（a）引脚图　（b）逻辑图　（c）功能表

图 7-17　74LS245 引脚图、逻辑图和功能表

（2）典型应用电路

图 7-18 所示为 74LS245 与 80C51 连接的典型应用电路。控制 DIR 可用 $\overline{RD}$ 或 $\overline{WR}$ ，片选端 $\overline{CE}$ 直接接地，始终有效。图 7-18（a）用 $\overline{RD}$ 控制 DIR，A0～A7 接 P0 口，B0～B7 接外 RAM 或外设。当 $\overline{RD}$ 有效时，DIR=0，数据从 B→A；$\overline{RD}$ 无效时，DIR=1，数据从 A→B；图 7-18（b）用 $\overline{WR}$ 控制 DIR，B0～B7 接 P0 口，A0～A7 接外 RAM 或外设。当 $\overline{WR}$ 有效时，DIR=0，数据从 B→A；$\overline{WR}$ 无效时，DIR=1，数据从 A→B。

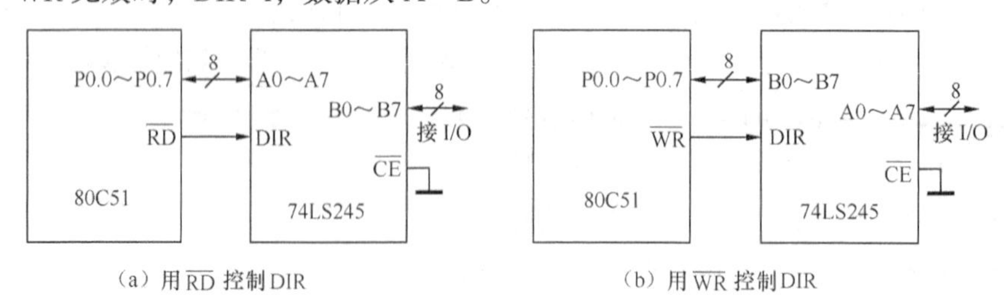

（a）用 $\overline{RD}$ 控制 DIR　（b）用 $\overline{WR}$ 控制 DIR

图 7-18　74LS245 扩展 P0 口总线

2. 单向总线扩展

除扩展双向数据总线 P0 口外，若需扩展 P2 口（高 8 位地址总线，单向）或 $\overline{WR}$ 、$\overline{RD}$ 、$\overline{PSEN}$ 、

ALE 等单向控制总线，就不必用 74LS245，可用 74LS244。

（1）74LS244 芯片介绍

74LS244 是 8 同相三态缓冲/驱动器。片内有 2 组三态缓冲器，每组 4 个，分别由一个门控端控制。即，第一组：输入 1A1～1A4，输出 1Y1～1Y4，门控端 $1\overline{G}$；第二组：输入 2A1～2A4，输出 2Y1～2Y4，门控端 $2\overline{G}$。门控端低电平有效时，输入端信号从输出端输出，门控端信号无效时，输出端呈高阻态。

（2）典型应用电路

图 7-19 为 74LS244 与 80C51 连接的典型应用电路。因为这些地址信号或控制信号是单向传输，且不允许锁存，所以 $1\overline{G}$、$2\overline{G}$ 接地始终有效。

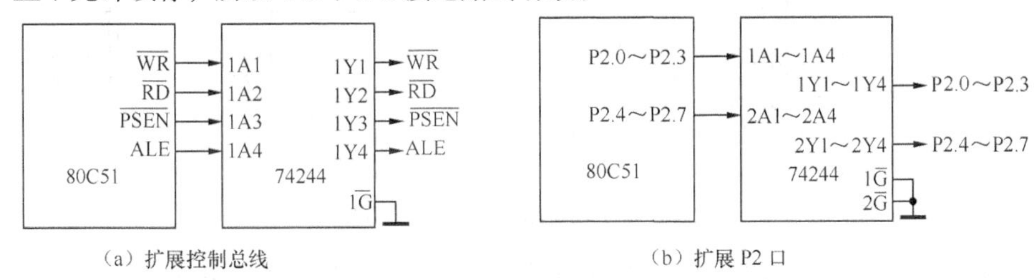

（a）扩展控制总线　　（b）扩展 P2 口

图 7-19　74LS244 扩展控制总线和 P2 口

7.5 8255A 可编程并行输入/输出接口

74LS 系列 TTL 芯片虽然可以作为 I/O 接口芯片，但它们不可编程，其功能取决于芯片集成电路，本节介绍的 8255A 是可编程芯片。所谓可编程芯片是指通过编程决定其功能，通过软件决定硬件功能的应用发挥。

8255A 是 Intel 公司生产的一种可编程并行 I/O 接口芯片，是专门针对单片微机开发设计的，其内部集成了锁存、缓冲及与 CPU 联络的控制逻辑，是一种通用性强、应用广泛，可以与 MCS-51 型单片机方便地连接与编程的 I/O 接口芯片。

7.5.1　8255A 的结构和引脚功能

1. 内部结构

8255A 的内部结构框图与引脚图如图 7-20 所示，它由下列几个部分组成。

① 并行 I/O 端口 A、B、C。8255A 的内部有 3 个 8 位并行 I/O 口：A 口、B 口、C 口。3 个 I/O 口都可以通过编程选择为输入口或输出口，但在结构和功能上有所不同。当数据传送不需要联络信号时，这 3 个端口都可以用作输入口或输出口。当 A 口、B 口需要联络信号时，C 口可以作为 A 口和 B 口的联络信号线。

② 工作方式控制电路。8255A 的 3 个端口在使用时可分为 A、B 两组。A 组包括 A 口 8 位和 C 口高 4 位；B 组包括 B 口 8 位和 C 口低 4 位。两组的控制电路分别有控制寄存器，根据

写入的控制字决定两组的工作方式，也可以对 C 口的每 1 位置 1 或清零。

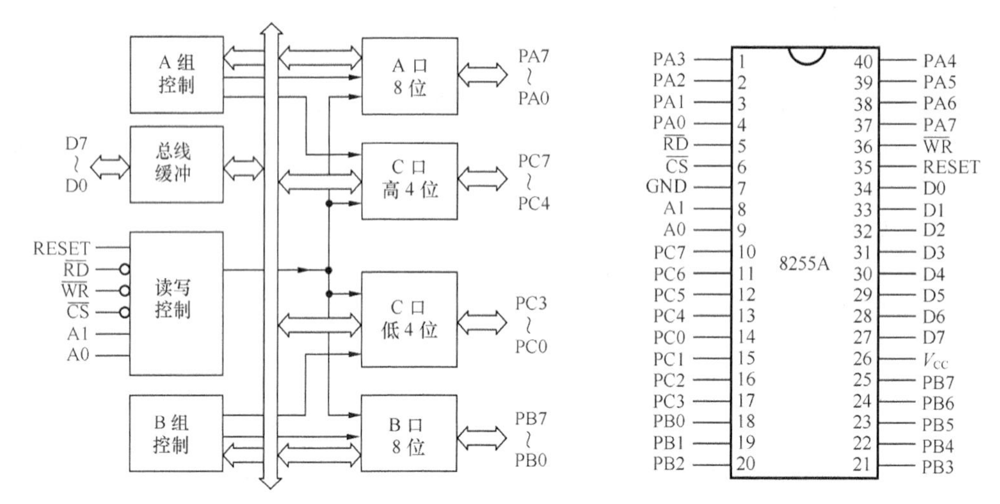

图 7-20　8255A 内部结构框图与引脚图

③ 数据总线缓冲器。数据总线缓冲器是三态双向的 8 位缓冲器，是 8255A 与单片机数据总线的接口，8255A 的 D_0～D_7 可以和 MCS-51 型单片机 P0.0～P0.7 直接相连。数据的输入/输出、控制字和状态信息的传递，均可通过数据总线缓冲器进行。

④ 读/写控制逻辑。8255A 读/写控制逻辑的作用是从 CPU 的地址和控制总线上接受有关信号，转变成各种控制命令送到数据缓冲器及 A 组和 B 组的控制电路，控制 A、B、C 3 个端口的操作。

2. 引脚功能

8255A 共有 40 个引脚，双列直插 DIP 封装，40 个引脚可分为与 CPU 连接的数据线、地址和控制信号以及与外围设备连接的 3 个端口线。

D0～D7：双向三态数据总线。

RESET：复位信号，输入，高电平有效。复位后，控制寄存器清零，A 口、B 口、C 口被置为输入方式。

$\overline{CS}$：片选信号，输入，低电平有效。

$\overline{RD}$：读信号，输入，低电平有效。$\overline{RD}$ 有效时，允许 CPU 通过 8255A 从 D0～D7 读取数据或状态信息。

$\overline{WR}$：写信号，输入，低电平有效。$\overline{WR}$ 有效时，允许 CPU 将数据或控制字通过 D_0～D_7 写入 8255A。

A1、A0：端口控制信号，输入。2 位可构成 4 种状态，分别寻址 A 口、B 口、C 口和控制寄存器。A1、A0 为 00、01、10、11 时分别选择 A 口、B 口、C 口和控制寄存器。

PA0～PA7：A 口数据线，双向。

PB0～PB7：B 口数据线，双向。

PC0～PC7：C 口数据/信号线，双向。当 8255A 工作于方式 0 时，PC0～PC7 分为两组（每组 4 位）并行 I/O 数据线；当 8255A 工作于方式 1 或方式 2 时，PC0～PC7 为 A 口、B 口提供联络信号。

A1、A0 与 $\overline{RD}$、$\overline{WR}$、$\overline{CS}$ 信号一起，可确定 8255A 的操作状态，见表 7-1。

表 7-1　　8255A 功能操作

A1	A0	$\overline{RD}$	$\overline{WR}$	$\overline{CS}$	操　作	
0	0	0	1	0	A 口→数据总线	输入操作
0	1	0	1	0	B 口→数据总线	
1	0	0	1	0	C 口→数据总线	
0	0	1	0	0	数据总线→A 口	输出操作
0	1	1	0	0	数据总线→B 口	
1	0	1	0	0	数据总线→C 口	
1	1	1	0	0	数据总线→控制口	
×	×	×	×	1	数据总线为高阻态	禁止操作
1	1	0	1	0	非法状态	
×	×	1	1	0	数据总线为高阻态	

7.5.2　8255A 与 MCS-51 型单片机典型连接电路

图 7-21 所示为 8255A 与 MCS-51 型单片机典型连接电路。

① 8255A 数据线 D0～D7 与 MCS-51 型单片机数据总线 P0.0～P0.7 直接相连。

② 8255A RESET 与 MCS-51 型单片机 RESET 相接，MCS-51 型单片机复位时，8255A 同时复位。

③ 8255A $\overline{WR}$ 、$\overline{RD}$ 与 MCS-51 型单片机 $\overline{WR}$ 、$\overline{RD}$ 相接。

④ 8255A 片选端 $\overline{CS}$ 通常与 MCS-51 型单片机 P2.0～P2.7 中一根端线相接，决定 8255A 口地址。

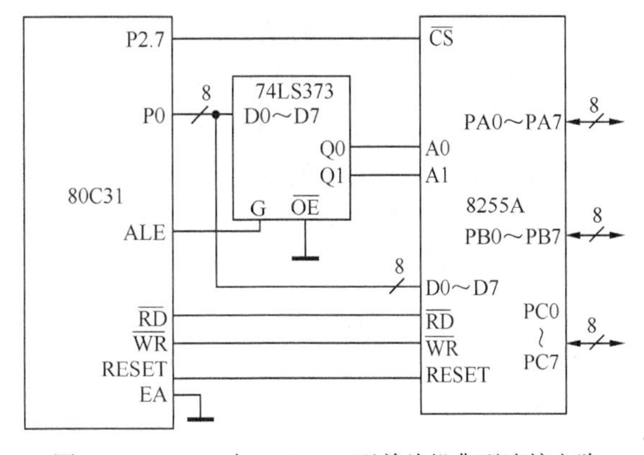

图 7-21　8255A 与 MCS-51 型单片机典型连接电路

⑤ 8255A 的 A1、A0 通常接经 74LS373 锁存后的低 8 位地址 Q1Q0，A1A0 决定 8255A 内部 4 个端口地址。

⑥ 8255A 的 A 口、B 口、C 口端线接外围设备，作为扩展的并行 I/O 口。

按图 7-21 所示，8255A 各端口地址（设无关位为 1）分别为：A 口 7FFCH、B 口 7FFDH、C 口 7FFEH、控制口 7FFFH。

7.5.3　8255A 的控制字

8255A 的控制字有两种：工作方式控制字和 C 口位操作控制字。工作方式控制字控制 A、B、C 3 个端口 3 种工作方式，C 口位操作控制字控制 C 口按位置 1 或清零。

1．工作方式控制字

8255A 各端口的工作方式由工作方式控制字确定，该控制字由 CPU 写入 8255A 控制口。

图 7-22（a）所示为 8255A 工作方式控制字每 1 位的含义和功能。

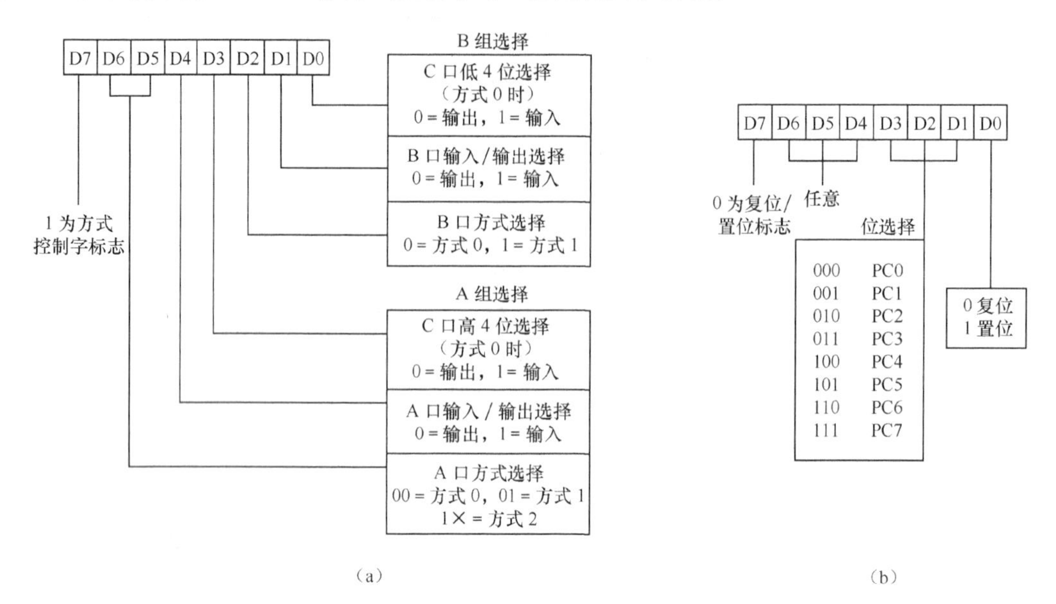

图 7-22　8255A 控制字格式

D7：工作方式控制字标志，“1”有效。

D6～D3：确定 A 组（包括 A 口和 C 口高 4 位）工作方式。

D2～D0：确定 B 组（包括 B 口和 C 口低 4 位）工作方式。

例如，若要求 8255A 的工作方式为：A 口方式 0 输入，B 口方式 0 输出，C 口高 4 位输入，C 口低 4 位输出，则方式控制字为 10011000B，即 98H。对于图 7-21 所示电路，设置上述工作方式可执行如下指令。

```
MOV   DPTR，#7FFFH        ；置 8255A 控制口地址
MOV   A，    #98H         ；工作方式控制字→A
MOVX  @DPTR，A            ；工作方式控制字→8255A 控制口
```

2. C 口位操作控制字

C 口除按字节输入/输出外，还可按位进行位操作。通过 C 口位操作控制字对 C 口任意位置 1 或清零。图 7-22（b）所示为 8255A C 口位操作控制字每 1 位的含义和功能。

D7：C 口位操作控制字标志，0 有效。

D6～D4：无关位。

D3～D1：位选择。

D0：置 1 或清零。

例如，若要置 PC4=1，则 C 口位操作控制字为 0×××1001B，即 09H。对于图 7-21 所示电路，可执行如下指令。

```
MOV    DPTR，    #7FFFH     ；置 8255A 控制口地址
MOV    A，       #09H       ；C 口位操作控制字→A
MOVX   @DPTR，   A          ；C 口位操作控制字→8255A 控制口
```

8255A 的工作方式控制字和 C 口位操作控制字均写入 8255A 控制口，其区别在于控制字

的最高位 D7 是 1 还是 0，D7=1 是工作方式控制字，D7=0 是 C 口位操作控制字，初学者容易搞错。

7.5.4 8255A 的工作方式

8255A 有 3 种工作方式：方式 0、方式 1、方式 2。工作方式的选择是通过写控制字的方法来完成的。

1. 方式 0（基本输入/输出工作方式）

A 口、B 口及 C 口的高 4 位、低 4 位都可以设置为输入方式或输出方式，不需要选通信号，但某时刻不能既作输入又作输出。单片机可以用 8255A 进行数据的无条件传送，数据在 8255A 的各端口能得到锁存和缓冲。在方式 0 下，输入口为缓冲输入方式，输出口具有锁存功能。

（1）输入操作

外围设备先将数据送到 8255A 的某一端口，CPU 执行一条读该端口的指令，即可将该端口的数据读入累加器 A 中。例如，参照图 7-21 所示电路，若要从 8255A 的 A 口读入数据，可执行下列指令。

```
MOV    DPTR,    #7FFFH  ；置 8255A 控制口地址
MOV    A,       #90H    ；工作方式控制字→累加器 A，A 口方式 0 输入（无关位为 0）
MOVX   @DPTR，A         ；工作方式控制字→8255A 控制口
MOV    DPTR,    #7FFCH  ；置 8255A 的 A 口地址
MOVX   A,       @DPTR   ；读 A 口数据
```

（2）输出操作

CPU 先将输出数据送入累加器 A 中，然后执行一条输出到 8255A 某一端口的指令，即可将数据输出。例如，参照图 7-21 所示电路，若要将内 RAM 30H 中的数据，从 8255A 的 B 口输出，可执行下列指令。

```
MOV    DPTR,    #7FFFH  ；置 8255A 控制口地址
MOV    A,       #80H    ；工作方式控制字→累加器 A，B 口方式 0 输出（无关位为 0）
MOVX   @DPTR，A         ；工作方式控制字→8255A 控制口
MOV    A,       30H     ；读输出数据
MOV    DPTR,    #7FFDH  ；置 8255A 的 B 口地址
MOVX   @DPTR，A         ；输出数据→8255A 的 B 口
```

例 7-9 8255A 用于 80C31 与微型打印机接口，要打印的数据存放在 80C31 内 RAM，首地址 20H，长度 100，试编制程序，电路图如图 7-23 所示。

分析：微型打印机两根联络线 BUSY 和 $\overline{\text{STB}}$ 接 8255A 的 C 口。BUSY 是微型打印机忙输出信号，BUSY=1 时，表示打印机忙；BUSY=0 时，CPU 可将数据传送给打印机。$\overline{\text{STB}}$ 是微型打印机选通输入信号，$\overline{\text{STB}}$=0，表示选通打印机可以接收数据。两根控制线一进一出，由于 C 口在方式 0 时分两组，每组 4 位要么输入，要么输出，故这里 BUSY 接高 4 位，选 PC7，8255A C 口高 4 位输入。$\overline{\text{STB}}$ 接低 4 位，选 PC0，8255A C 口低 4 位输出。

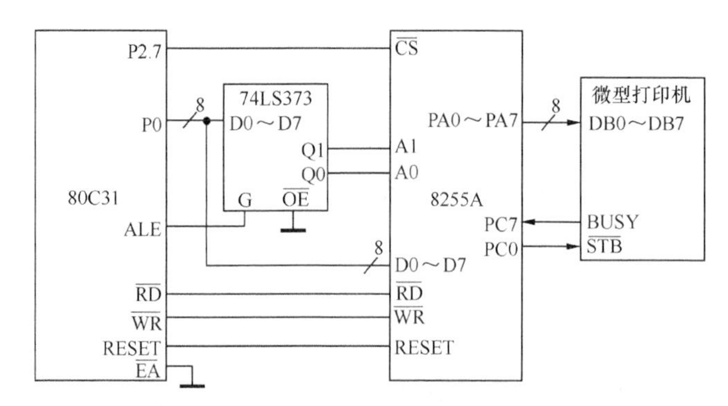

图 7-23 8255A 用于 80C31 与微型打印机接口电路图

解：程序如下。

```
PRINT：MOV    DPTR，  #7FFFH  ；置 8255A 控制口地址
       MOV    A，     #88H    ；工作方式控制字→A
       MOVX   @DPTR，A        ；工作方式控制字写入 8255A 控制口
       MOV    R0，    #20H    ；置打印数据区首地址
       MOV    R2，    #100    ；置打印数据长度
 LOOP：MOV    DPTR，  #7FFEH  ；置 8255A C 口地址
LOOP1：MOVX   A，     @DPTR   ；读 C 口信息
       JB     ACC.7， LOOP1   ；若 BUSY=1，微型打印机忙，继续查询等待
       MOV    DPTR，  #7FFCH  ；置 8255A A 口地址
       MOV    A，     @R0     ；读打印数据
       MOVX   @DPTR，A        ；打印数据→打印机
       INC    R0              ；指向下一打印数据地址
       MOV    DPTR，  #7FFEH  ；置 8255A C 口地址
       CLR    A
       MOVX   @DPTR，A        ；STB =0
       INC    A
       MOVX   @DPTR，A        ；STB =1，打印机 STB 端输入一个正脉冲，启动打印
       DJNZ   R2，LOOP        ；数据未打印完，继续
       RET                    ；数据打印完毕，返回
```

例 7-10 如图 7-24 所示的电路，用位操作方式进行控制，使 8255A 的 PC5 端向外输出一个宽度为 1 ms 的正脉冲信号。

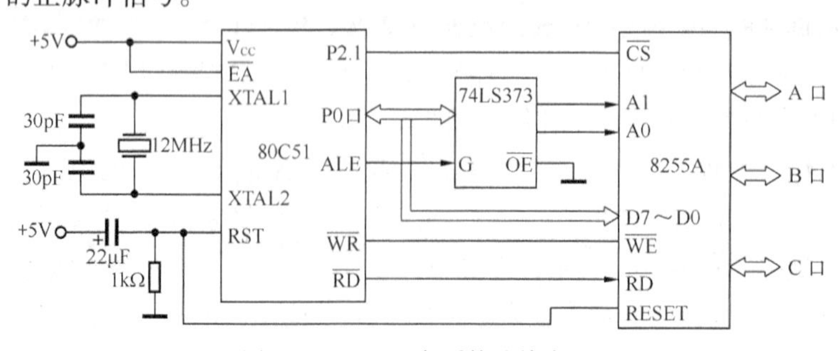

图 7-24 8255A 与系统连接应用

解：若要从 PC5 端输出一个正脉冲信号，则可通过对 PC5 位的置位/复位控制来实现。由于每送 1 个控制字，只能对 1 位作 1 次置位或复位操作，因此产生 1 个正脉冲要对 PC5 位先送置位控制字，经过一定的延时后再送复位控制字即能实现。程序如下。

```
MOV     DPTR,    #0FD03H    ; 指向 8255A 的控制口
MOV     A,       #80H       ; 方式字，A、B 和 C 口均为方式 0 输出
MOVX    @DPTR，A            ; 8255A 初始化
MOV     A,       #0BH       ; 置位/复位控制字，对 PC5 置 1
MOVX    @DPTR，A
LCALL   DELAY1ms            ; 调用延时子程序 DELAY1ms
DEC     A                   ; 对 PC5 置 0
MOVX    @DPTR，A
```

2. 方式 1（选通输入/输出工作方式）

8255A 工作方式 1 是选通输入/输出方式。在这种方式下，A 口和 B 口由编程可分别设定为输入口或输出口，而 C 口则分为两部分，分别用来作 A 口和 B 口的控制和同步信号，以便于 8255A 与 CPU 或外围设备之间传送状态信息及中断请求信号。这种联络信号是由 8255A 内部规定的，不是由用户指定的。C 口高 4 位服务于 A 口，C 口低 4 位服务于 B 口。在方式 1 输入和输出情况下，C 口各位的定义见表 7-2。

表 7-2　　8255A C 口方式 1 位定义表

引　脚	PC7	PC6	PC5	PC4	PC3	PC2	PC1	PC0
方式 1 输入	I/O	I/O	IBF_A	$\overline{STB_A}$	$INTR_A$	$\overline{STB_B}$	IBF_B	$INTR_B$
方式 1 输出	$\overline{OBF_A}$	$\overline{ACK_A}$	I/O	I/O	$INTR_A$	$\overline{ACK_B}$	$\overline{OBF_B}$	$INTR_B$

C 口在 A 口和 B 口都工作于方式 1 的输入或输出方式下，各位定义不同，有固定 6 位，其中 3 位为 A 口、3 位为 B 口提供状态和控制信号。剩余 2 位可作为基本输入或输出方式。若 A 口、B 口中一个工作于方式 1，另一个工作于方式 0。则 C 口固定的 3 位为其中一个口服务，剩余 5 位作为基本输入/输出。

（1）方式 1 输入

图 7-25 所示为 8255A 工作方式 1 输入时 A 口和 B 口功能图。C 口状态和控制信号定义如下。

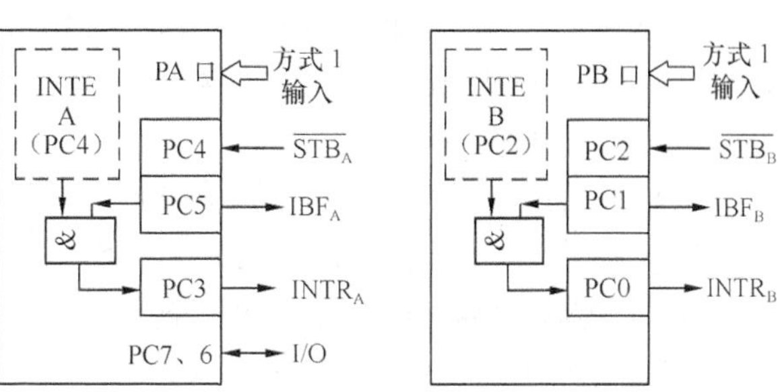

图 7-25　方式 1 输入时的联络信号

$\overline{STB}$：选通信号，低电平有效，由外围设备提供。C 口对 A 口、B 口各有一个 $\overline{STB}$，分别为 $\overline{STB_A}$ 和 $\overline{STB_B}$。当有效时，外围设备把数据送入 8255A 的 A 口和 B 口。

IBF：输入缓冲器满信号，高电平有效，由 8255A 输出给外围设备。A 口和 B 口的 IBF 分别为 IBF_A、IBF_B。当 IBF 有效时表明外围设备已将数据送到 A 口或 B 口的输入缓冲器，但尚未取走，禁止外围设备继续向 8255A 传送数据。IBF 也可作为 CPU 向 8255A 查询信号。IBF=1，CPU 应该从 8255A 端口读取数据。IBF 由外围设备提供的 $\overline{STB}$ 信号置位，由 CPU 读外 RAM 时

发出的 $\overline{RD}$ 信号复位。

INTR：中断请求信号，高电平有效，由8255A发出，向CPU请求中断，在中断服务程序中读取外围设备输入的数据。A口、B口的INTR信号分别为 $INTR_A$ 和 $INTR_B$，INTR应反相后，才能与MCS-51型单片机 $\overline{INT0}$ 或 $\overline{INT1}$ 连接。INTR置位条件：INTE=1、$\overline{STB}$=1、IBF=1。INTR复位条件：$\overline{RD}$ 下降沿。

INTE是8255A内部的中断允许控制信号，是内部中断允许触发器的状态，由C口的相应位设置，A口、B口的INTE分别为 $INTE_A$ 和 $INTE_B$，其中 $INTE_A$ 由PC4控制：CPU置PC4=1时，$INTE_A$=1，允许A口接收中断；$INTE_B$ 由PC2控制：CPU置 PC_2=1时，$INTE_B$=1，允许B口接收中断；且PC4、PC2控制 $INTE_A$ 和 $INTE_B$ 时，对PC4、PC2的另一个功能 $\overline{STB_A}$ 和 $\overline{STB_B}$ 无影响。例如，PC4用于置 $INTE_A$ 时，由CPU对C口位操作控制字写入PC4=1；而 $\overline{STB_A}$ 是外围设备直接对PC4输入的数字信号，两者无关系。

8255A工作于方式1，选通输入时的工作过程如下。

① 8255A IBF_A=0，表示A口输入缓冲器空，允许外围设备向8255A A口输入数据。

② 外围设备接到8255A IBF_A=0的信号后，输出一组数据给8255A A口，同时输出一个低电平信号，注入8255A $\overline{STB_A}$ 端（PC4）。

③ 8255A收到外围设备发出的 $\overline{STB_A}$ 信号后，知道外围设备已将数据发送到8255A的A口，即利用 $\overline{STB_B}$ 信号作为8255A A口输入数据缓冲器的触发脉冲，锁存外围设备发向A口的这组数据。

④ 8255A锁存外围设备发来的数据后，向外围设备发出 IBF_A（PC5）=1，表示A口输入缓冲器已满，外围设备应停止向A口继续发送数据；同时也可作为CPU向8255A查询信号。

⑤ 外围设备收到8255A发出的 IBF_A=1后，停止发送数据，并发出高电平信号，注入8255A的 $\overline{STB_A}$ 端（PC_4）。

⑥ 若CPU已先对8255A C口PC4写入位控制字，PC4=1，触发8255A片内A口中断允许触发器 $INTE_A$，使 $INTE_A$=1，表示允许A口中断。则在上述条件下，$INTR_A$（PC3）=1，向CPU发出中断请求。

⑦ CPU响应8255A的中断请求后，在中断服务程序中读取A口数据，执行MOVX指令时，$\overline{RD}$ 自动有效，在 $\overline{RD}$ 的上升沿 IBF_A 复位（IBF_A=0），在 $\overline{RD}$ 下降沿 $INTR_A$ 复位（$INTR_A$=0），至此完成一个数据从外围设备经8255A到CPU的选通输入。

（2）方式1输出

图7-26所示为8255A工作方式1输出时A口和B口功能图。C口状态和控制信号定义如下。

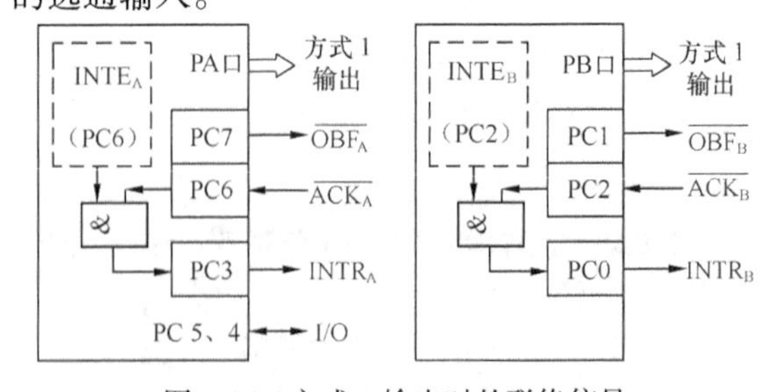

图7-26 方式1输出时的联络信号

$\overline{OBF}$：输出缓冲器满，低电平有效，由8255A输出给外围设备。A口和B口的分别为 $\overline{OBF_A}$ 和 $\overline{OBF_B}$，当有效时，表示CPU已将输出数据送至A口或B口的输出缓冲器中，外围设备可以将该数据取走。$\overline{OBF}$ 由CPU的 $\overline{WR}$ 上升沿清零，由外围设备发来的 $\overline{ACK}$ 下降沿置1。

$\overline{ACK}$：响应信号，低电平有效。当外围设备从8255A A口或B口取走数据后，发出一个负脉冲，注入8255A $\overline{ACK}$ 端。

INTR：中断请求信号，高电平有效，由8255A发出，向CPU请求中断INTR反相后，才能与 MCS-51 单片机 $\overline{INT0}$ 或 $\overline{INT1}$ 连接。INTR 置位条件：INTE=1、$\overline{OBF}$=1、$\overline{ACK}$=1。INTR 复位条件：$\overline{WR}$ 上升沿。

在方式 1 输出中，$INTE_A$ 由 PC6 控制：CPU 置 PC6=1 时，$INTE_A$=1，允许 A 口发送中断；$INTR_B$ 由 PC2 控制：CPU 置 PC2=1 时，$INTE_B$=1，允许 B 口发送中断。

8255A 工作于方式 1，选通输出时的工作过程如下。

① CPU 输出数据到 8255A 的 A 口，执行 MOVX 指令时，$\overline{WR}$ 自动有效，$\overline{WR}$ 上升沿使 8255A 的 $INTR_A$=0，取消中断申请，暂停继续向 A 口输出数据。同时使 8255A 发出 $\overline{OBF_A}$=0 信号，$\overline{OBF_A}$ 信号有效表示告诉外围设备可以接收信号。

② 外围设备收到 $\overline{OBF_A}$=0 信号，从 8255A 的 A 口取走数据后，发 $\overline{ACK_A}$=0 信号，其下降沿使 8255A 的 $\overline{OBF_A}$=1，禁止外围设备继续向 8255A 要数据，也可作为 CPU 向 8255A 查询，以便输出下一个数据。

③ 当外围设备发出 $\overline{ACK_A}$ 信号变为高电平后，若 CPU 预置 PC6=1，使 8255A $INTE_A$=1，允许中断，则 $INTR_A$=1，向 CPU 发出中断请求，开始进入输出下一个数据的操作过程。

（3）方式 1 的状态字

在方式 1 情况下，可以通过读 C 口数据读得 C 口的状态字，用来检查外围设备或 8255A 的工作状态，从而控制程序的进程。状态字位表见表 7-3，与表 7-2 相比，读得的 C 口状态字在输入情况下的 PC4 和 PC2 不是该引脚上外围设备送来的选通信号 $\overline{STB_A}$ 和 $\overline{STB_B}$；在输出情况下的 PC6 和 PC2 不是该引脚上外围设备送来的响应信号 $\overline{ACK_A}$ 和 $\overline{ACK_B}$，而是由位控制字确定的该位的状态（即中断允许信号 INTE）。

表 7-3　　8255A C 口方式 1 状态字位表

引　脚	PC7	PC6	PC5	PC4	PC3	PC2	PC1	PC0
方式 1 输入	I/O	I/O	IBF_A	$INTE_A$	$INTR_A$	$INTE_B$	IBF_B	$INTR_B$
方式 1 输出	$\overline{OBF_A}$	$INTE_A$	I/O	I/O	$INTR_A$	$INTE_B$	$\overline{OBF_B}$	$INTR_B$

例 7-11　如图 7-27 所示，若打印数据已存在内 RAM 30H 为首地址的数据区，长度 20，试编制 8255A 工作于方式 1 时的打印程序。

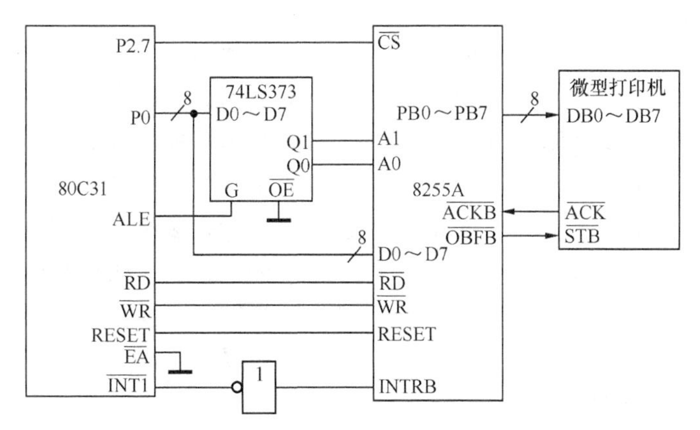

图 7-27　8255A 工作于方式 1 时的电路

分析：8255A 的 B 口工作于方式 1 输出中断方式时，方式控制字为 84H。根据产生中断条件，应先置 PC2（$INTE_B$）为 1，因此 C 口位控字为 05H。

解：程序如下。

```
        ORG     0000H
        LJMP    MAIN
        ORG     0013H
        LJMP    INT1
        ORG     1000H
MAIN：  MOV     R0，     #30H        ；置内 RAM 数据区首地址
        MOV     R7，     #20         ；置数据长度
        MOV     DPTR，   #7FFFH      ；置 8255A 控制口地址
        MOV     A，      #05H        ；位控字→A
        MOVX    @DPTR，  A           ；PC2（INTEB）置 1，允许 B 口中断
        MOV     A，      #84H        ；方式控制字→A
        MOVX    @DPTR，  A           ；B 口输出方式 1
        MOV     DPTR，   #7FFDH      ；置 8255A B 口地址
        MOV     A，      @R0         ；读第一个数据
        MOVX    @DPTR，  A           ；输出第一个数据
        INC     R0                   ；指向下一个数据
        DEC     R7                   ；数据长度减 1
        SETB    EX1                  ；开中断
        SETB    EA
        SJMP    $                    ；等待中断
        ORG     2000H
INT1：  PUSH    ACC                  ；保护现场
        PUSH    PSW
        PUSH    DPH
        PUSH    DPL
        MOV     A，      @R0         ；读数据
        MOV     DPTR，   #7FFDH      ；置 8255A B 口地址
        MOVX    @DPTR，  A           ；从 B 口输出数据
        INC     R0                   ；指向下一个数据
        DJNZ    R7，     BACK        ；判断数据发送完毕否？未完返回继续
        CLR     EX1                  ；发送完毕，INT1 关中断
        SETB    00H                  ；置结束标志
BACK：  POP     DPL                  ；恢复现场
        POP     DPH
        POP     PSW
        POP     ACC
        RETI                         ；中断返回
```

3. 方式 2（A 口双向选通传送工作方式）

只有 A 口有方式 2，B 口没有方式 2。工作方式 2 是一种双向传送方式，数据的输入/输出都能锁存，C 口的高 5 位用作 A 口的联络信号，C 口的低 3 位仍用作方式 0 与方式 1，在方式 0 时可作 C 口基本输入/输出，在方式 1 时用作 B 组联络信号。图 7-28 所示为 8255A 工作方式 2 时的功能图，表 7-4 所示是 8255A 方式 2 时 C 口各位的定义。

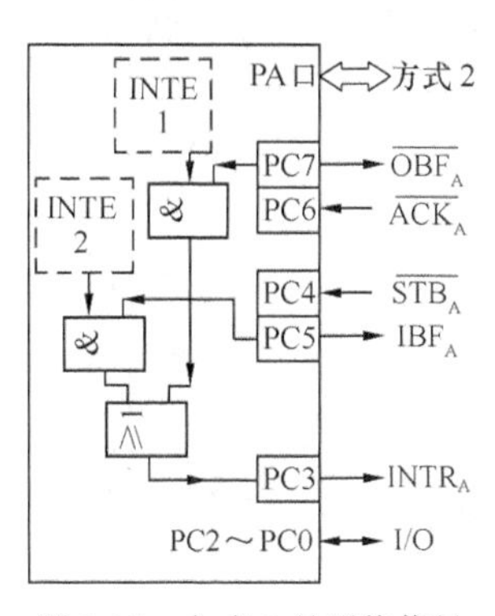

图 7-28　方式 2 的联络信号

$\overline{OBF_A}$ 和 $\overline{ACK_A}$ 构成双向方式下输出的联络信号，$\overline{OBF_A}$ 与方式 1 输出时功能相同，$\overline{ACK_A}$ 与方式 1 输出有所不同。在方式 2 情况下，外围设备收到 8255A 发出的 $\overline{OBF_A}$ 输出缓冲器满信号，不能直接从 A 口输出缓冲器读取输出数据，而要利用 $\overline{ACK_A}$ 去触发 8255A 的 A 口输出缓冲器，让 8255A 将 A 口输出缓冲器中的数据传送到 A 口外部数据线上，否则 8255A 的 A 口输出缓冲器输出端呈高阻态。

表 7-4　　8255A 方式 2 时 C 口各位的定义

引　脚	PC7	PC6	PC5	PC4	PC3
信　号	$\overline{OBF_A}$	$\overline{ACK_A}$	IBF_A	$\overline{STB_A}$	$INTR_A$

IBF_A 和 $\overline{STB_A}$ 构成双向方式下输入的联络信号，其功能与方式 1 输入时相同。

$INTR_A$ 是双向方式下输入与输出合用的中断请求信号，其置位复位条件和功能与方式 1 相同。当 A 口工作于方式 2 时，允许中断。若 B 口工作于方式 1 时，也允许中断。这时就有 3 个中断源：A 口的输入、A 口的输出和 B 口；2 个中断信号：$INTR_A$ 和 $INTR_B$。CPU 在响应 8255A 的中断请求时，先要查询 PC3（$INTR_A$）和 PC0（$INTR_B$），以判断中断源是 A 口还是 B 口。如果是 A 口，还要进一步查询 PC5（IBF_A）和 PC7（$\overline{OBF_A}$），以确定是输入中断还是输出中断。

8255A 工作方式 2 时的 C 状态字见表 7-5。

表 7-5　　8255A C 口方式 2 状态字位表

引脚	PC7	PC6	PC5	PC4	PC3	引脚	PC2	PC1	PC0
方式 2	$\overline{OBF_A}$	$INTE_1$	IBF_A	$INTE_2$	$INTR_A$	方式 1 输入	$INTE_B$	IBF_B	$INTR_B$
						方式 1 输出	$INTE_B$	$\overline{OBF_B}$	$INTR_B$

7.6 8155 可编程并行输入/输出接口

8155 芯片是一种可编程多功能接口芯片，其内部包含 256 B 的 SRAM，两个 8 位并行接口，一个 6 位并行接口和一个 14 位计数器，与 80C51 系列单片机的接口非常简单。

7.6.1　8155 的引脚及结构

8155 芯片采用 40 个引脚双列直插 DIP 封装，其引脚和内部结构如图 7-29 所示。8155 的内部包含如下部件。

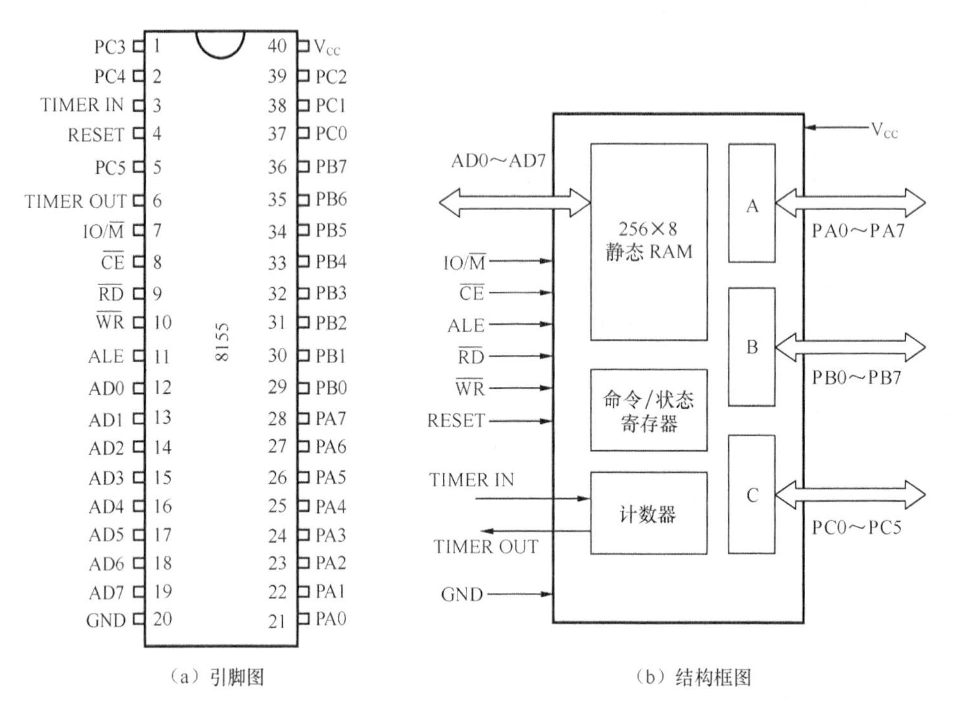

（a）引脚图　（b）结构框图

图 7-29　8155 的引脚及结构框图

① 256 字节的 SRAM。

② 可编程的 8 位并行接口 A、B 和 6 位并行接口 C。

③ 一个 14 位的减法计数器。

④ 只允许写入的 8 位命令寄存器/只允许读出的 8 位状态寄存器。

各引脚功能如下。

AD7～AD0：三态地址/数据总线，双向三态，可直接与 80C51 系列单片机的 P0 接口连接。

ALE：地址锁存允许信号输入端。其信号的下降沿将 AD7～AD0 线上的 8 位地址锁存在内部地址寄存器中。该地址可以作为 256 B 存储器的地址，也可以是 8155 内部各端口地址，这将由输入的 IO/$\overline{M}$ 信号的状态来决定。在 AD7～AD0 引脚上出现的数据是写入还是读出，8155 由系统控制信号 $\overline{WR}$ 和 $\overline{RD}$ 来决定。

RESET：8155 的复位信号输入端。该信号的脉冲宽度一般为 600 ns，复位后 3 个 I/O 口总是被置成输入工作方式。

$\overline{CE}$：片选信号，低电平有效。

IO/$\overline{M}$：内部端口和 SRAM 选择信号。当 IO/$\overline{M}$=1 时，选择内部端口；当 IO/$\overline{M}$=0 时，选择 SRAM。

$\overline{WR}$：写选通信号。低电平有效时，将 AD7～AD0 上的数据写入 SRAM 的某一地址单元，或某一端口。

$\overline{RD}$：读选通信号。低电平有效时，将 8155 SRAM 某地址单元的内容读至数据总线，或将内部端口的内容读至数据总线。

PA7～PA0：A 口的 8 根通用 I/O 线，数据的输入或输出的方向由可编程命令寄存器内容决定。

PB7～PB0：B 口的 8 根通用 I/O 线，数据的输入或输出的方向由可编程命令寄存器内容决定。

PC5～PC0：C 口的 6 根数据/控制线，通用 I/O 方式时传送 I/O 数据，A 口或 B 口选通 I/O 方式时传送控制和状态信息。控制功能由可编程命令寄存器的内容实现。

TIMER IN：计数器时钟输入端。

TIMER OUT：计数器输出端。其输出信号是矩形还是脉冲，是输出单个信号还是连续信号，由计数器的工作方式决定。

7.6.2　8155 与 MCS-51 单片机的连接电路

80C51 系列单片机可以与 8155 直接连接而不需要任何附加电路，使系统增加 256 字节的 RAM、22 位 I/O 线及一个计数器。图 7-30 所示为 80C31 与 8155 的连接。

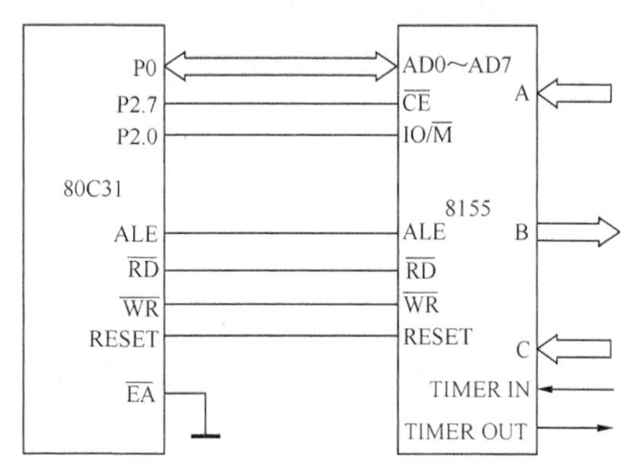

图 7-30　80C31 与 8155 的连接

由图 7-30 所示连接图分析，P2.7 必须为 0；P2.0=0 时选中 RAM，P2.0=1 时选中内部端口寄存器；P2.6～P2.1 为无关位，设定为 1。

由于 RAM 需 256B 单元空间，故 P0.7～P0.0 从 00H～FFH 定义；内部端口寄存器地址需 6 个，故定义 P0.2～P0.0 从 000B～101B，剩余 P0.7～P0.3 为无关位，设定为 0。表 7-6 所示为 8155 寄存器地址定义。

表 7-6　　8155 寄存器地址

AD2	AD1	AD0	寄存器名称
0	0	0	命令/状态寄存器
0	0	1	A 口
0	1	0	B 口
0	1	1	C 口
1	0	0	定时器低 8 位
1	0	1	定时器高 6 位和输出信号波形

结合以上分析，8155 片内 RAM 和各寄存器地址如下。

① RAM 地址：7E00H～7EFFH。

② 命令/状态寄存器：7F00H。

③ A 口：7F01H。

④ B 口：7F02H。

⑤ C 口：7F03H。

⑥ 定时/计数器低 8 位：7F04H。

⑦ 定时/计数器高 8 位：7F05H。

7.6.3　读写 8155 片内 RAM

根据图 7-30 所示，8155 片内 256 B RAM 属于 CPU 外部 RAM，使用 MOVX 指令进行数据

读写。读写前先设置 IO/$\overline{M}$=0。

例 7-12 按图 7-30 所示，要求检验 8155 片内 256 B RAM 能否正确写入和读出数据。

解：8155 片内 256 B RAM 能否正确写入和读出数据，可以用很多具体的措施来检验。这里采用对相邻两单元分别写入 01H（正 1）和 FFH（负 1），然后又分别读出求和，看结果是否为 0，用这种办法依次检验。读者还可以采用其他办法。

程序如下。

```
CHECK: MOV    DPTR,   #7E00H      ; 置 8155 片内 RAM 首地址
       MOV    R7,     #80H        ; 置循环操作次数
 LOOP: MOV    A,      #01H
       MOVX   @DPTR,  A           ; 写入 01H
       MOVX   A,      @DPTR       ; 读出
       MOV    B,      A           ; 暂存
       INC    DPTR                ; 指向 8155 下一 RAM 单元
       MOV    A,      #0FFH
       MOVX   @DPTR,  A           ; 写入 FFH
       MOVX   A,      @DPTR       ; 读出
       ADD    A,      B           ; 01H+FFH
       JNZ    ERR                 ; 若和不为 0，出错转 ERR
       INC    DPTR                ; 若和为 0，正确，指向下一 RAM 单元
       DJNZ   R7,     LOOP        ; 未检测完毕，继续循环
   OK: …                          ; RAM 读/写正确
  ERR: …                          ; RAM 读/写出错
```

7.6.4 8155 工作方式控制字和状态字

8155 的工作方式由可编程命令寄存器内容决定，状态可由状态寄存器的内容获得。8155 命令寄存器和状态寄存器为独立的 8 位寄存器。在 8155 内部，从逻辑上说，只允许写入命令寄存器和读出状态寄存器。命令寄存器和状态寄存器共用同一地址，以简化硬件结构，并将两个寄存器简称为命令/状态寄存器。

1. 工作方式控制字

8155 的 A 口和 B 口都有两种工作方式：基本输入/输出方式和选通输入/输出方式，每种方式都可置为输入或输出，以及有否中断功能。C 口能用作基本输入/输出，也可为 A 口、B 口工作于选通方式时提供控制线。工作方式的选择是通过写入命令寄存器的工作方式控制字来实现的，命令寄存器的内容只能写入不能读出。工作方式控制字的每一位含义与功能如图 7-31 所示。

2. 状态控制字

8155 的状态寄存器由 8 位锁存器组成，其最高位为任意值，通过读状态寄存器的操作，知道 8155 A 口、B 口和定时器的工作状态，状态寄存器的内容只能读出不能写入，状态口的地址

与命令口的地址相同，如图 7-32 所示。

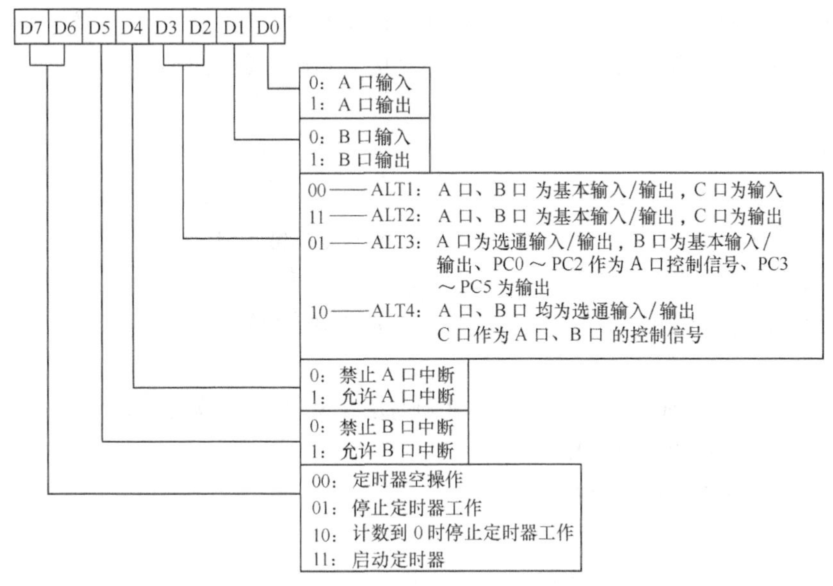

图 7-31　8155 工作方式控制字格式

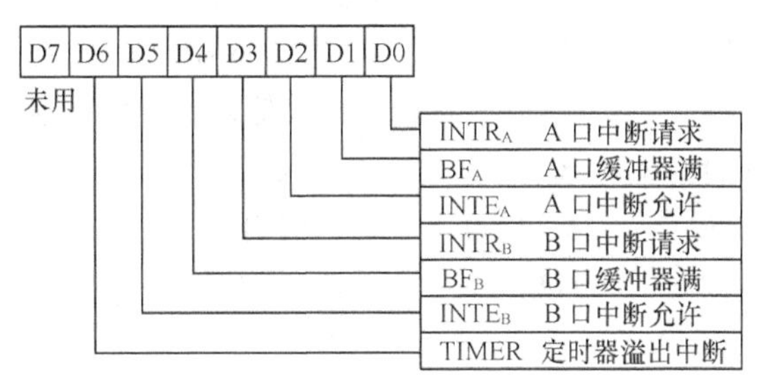

图 7-32　8155 状态字的格式

7.6.5　8155 工作方式

1. 基本输入/输出方式

8155 的控制字 D3、D2 位设置为 00 或 11 时，8155 工作于方式 1 与方式 2，A 口、B 口均为基本输入/输出方式，输入或输出由 D0、D1 位分别决定。C 口在方式 1 为基本输入方式，在方式 2 为基本输出方式。

例 7-13　如图 7-30 所示，要求从 8155 A 口读入数据，读入的数据先从 B 口输出，除以 4 后再从 C 口输出。

解：8155 工作方式控制字为 0EH。

程序如下。

```
L76: MOV   DPTR,     #7F00H        ; 置 8155 命令口地址
     MOV   A,        #0EH          ; A 口输入，B 口、C 口输出，基本输入/输出方式
     MOVX  @DPTR，A                ; 写入工作方式控制字
     INC   DPTR                    ; 指向 A 口
```

```
        MOVX  A,      @DPTR        ；从 A 口读入数据
        INC   DPTR                 ；指向 B 口
        MOVX  @DPTR, A             ；从 B 口输出数据
        CLR   C
        RRC   A
        CLR   C
        RRC   A                    ；读入数据除以 4
        INC   DPTR                 ；指向 C 口
        MOVX  @DPTR, A             ；从 C 口输出数据
        RET
```

例 7-14 如图 7-30 所示，要求从 8155 B 口每隔 1 ms 读入一次数据，共 256 次，取反后依次存入 8155 片内 RAM 00H～FFH。

解：8155 工作方式控制字为 00H。

程序如下。

```
 L77:  MOV   R2,     #00H         ；置读写次数
       MOV   R0,     #00H         ；置 8155 片内首地址
READ:  MOV   DPTR,   #7F00H       ；置 8155 命令口地址
       MOV   A,      #00H         ；B 口输入，B 口基本输入/输出方式
       MOVX  @DPTR,  A            ；写入工作方式控制字
LOOP:  MOV   DPTR,   #7F02H       ；指向 B 口
       MOVX  A,      @DPTR        ；读 B 口数据
       CPL   A                    ；取反
       MOV   DPH,    #7EH
       MOV   DPL,    R0           ；指向 8155 片内 RAM
       MOVX  @DPTR,  A            ；存数据
       LCALL D1ms                 ；延时 1 ms
       INC   R0                   ；修改 8155 片内 RAM 地址
       DJNZ  R2,     LOOP         ；判断 256 个数据读写完毕否
       RET
```

2. 选通输入/输出方式

8155 工作在选通输入/输出方式时，有 2 种方式：方式 3 仅 A 口为选通工作方式；方式 4 是 A 口、B 口均为选通工作方式。

（1）方式 3

当 8155 工作方式控制字的 D3、D2 位设置为 01 时，8155 工作于方式 3，即 A 口为选通输入/输出方式，B 口为基本输入/输出方式，C 口的低 3 位作为 A 口选通方式的控制信号，其余 3 位可用作输出，其功能如图 7-33（a）所示。

在方式 3 下，C 口低 3 位定义如下。

PC0：$INTR_A$，A 口中断请求信号，输出，高电平有效。

PC1：BF_A，A 口缓冲器满信号，输出，高电平有效。

PC2：$\overline{STB_A}$，A 口选通信号，输入，低电平有效。

STB_A，A 口选通信号，输入，低电平有效。

8155 工作于选通输入/输出方式时的操作情况与 8255A 工作于选通输入/输出方式相似，区别是 8255A 的缓冲器满信号分为输入缓冲器满 IBF 和输出缓冲器满 $\overline{OBF}$，而 8155 的缓冲器满信号只有一个 BF，不分输入/输出；另外，8255A 与外围设备的联络信号在输入方式下为 $\overline{STB}$，在输出方式下是 $\overline{ACK}$，而 8155 不分输入/输出，均为 $\overline{STB}$。

例 7-15 电路如图 7-34 所示，试编制程序，从 8155 的 A 口以中断方式输出 80C51 内 RAM 30H～3FH 单元的数据。

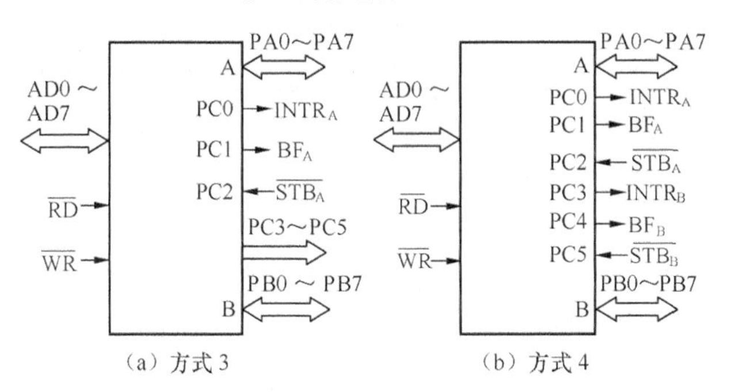

图 7-33 8155 选通输入/输出方式的功能

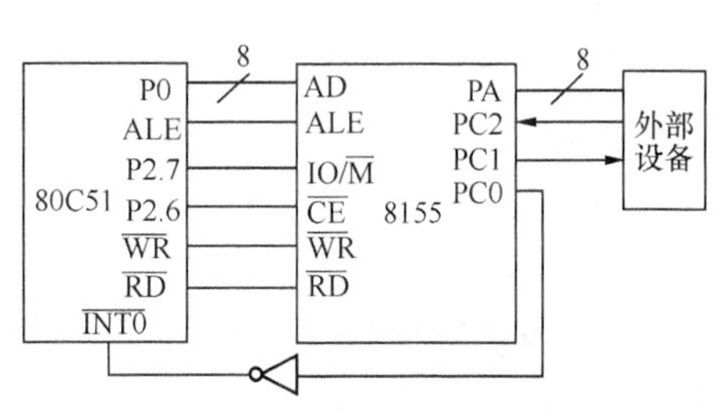

图 7-34 8155A 口中断方式 3

解：8155 工作方式控制字为 15H。

主程序如下。

```
        ORG     0000H
        LJMP    MAIN
        ORG     0003H
        LJMP    INT0
        ORG     0030H
MAIN：  MOV     DPTR，   #0BF00H      ；置 8155 命令口地址
        MOV     A，      #15H         ；A 口方式 3 输出，允许中断
        MOVX    @DPTR，  A            ；写入命令字
        SETB    IT0                   ；置边沿触发方式
        MOV     R0，     #30H         ；置数据区首地址
        MOV     R7，     #10H         ；置数据长度
        MOV     IE，     #81H         ；开中断
        MOV     DPTR，   #0BF01H      ；置 8155 A 口地址
        MOV     A，      @R0          ；读数据
        MOVX    @DPTR，  A            ；从 8155 A 口输出数据
        INC     R0                    ；修改数据区地址
        DEC     R7                    ；修改数据长度
        SJMP    $                     ；等待中断
INT0：  MOV     DPTR，   #0BF01H      ；置 8155 A 口地址
```

```
        MOV     A,        @R0           ；读数据
        MOVX    @DPTR,    A             ；从 8155 A 口输出数据
        INC     R0                      ；修改数据区地址
        DJNZ    R7,       L1            ；判断数据完成否
        CLR     EX0                     ；传送完毕，禁止中断
L1:     RETI
```

工作说明：CPU 把数据写入 8155 A 口，A 口缓冲器满，使 BF_A（PC1）=1 告诉外部设备，外围设备读 A 口数据后，向 8155 发出低电平应答信号（从 PC2 进），使 BF_A 为低，触发 8155 PC0（$INTR_A$）发出中断请求信号，要求 CPU 再次把下一数据写入 8155 A 口。

（2）方式 4

当 8155 工作方式控制字的 D3、D2 位设置为 10 时，8155 工作于方式 4，即 A 口和 B 口均为选通输入/输出方式，C 口高 3 位作为 B 口选通控制信号，C 口低 3 位作为 A 口选通控制信号，其功能如图 7-33（b）所示。PC0～PC5 依次被定义为 $INTR_A$、BF_A、$\overline{STB_A}$、$INTR_B$、BF_B、$\overline{STB_B}$，其作用同方式 3。

例 7-16 电路如图 7-35 所示，从 8155 B 口以中断方式输入外围设备发送的数据，存在 80C31 片内 RAM 30H，并从 A 口以查询方式输出。

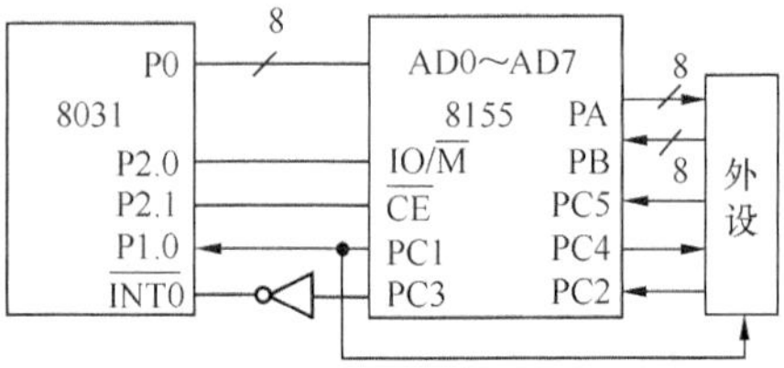

图 7-35　8155 B 口中断方式 4

解：8155 工作方式控制字为 29H。

主程序如下。

```
        ORG     0000H
        LJMP    MAIN
        ORG     0003H
        LJMP    IO8155
        ORG     0100H
MAIN:   MOV     DPTR,     #0FD00H       ；置 8155 命令口地址
        MOV     A,        #29H          ；A 口输出，B 口输入允许中断，方式 4
        MOVX    @DPTR,    A             ；写入命令字
        SETB    IT0                     ；置边沿触发
        MOV     IE,       #81H          ；开中断
        SJMP    $                       ；等待中断
        ORG     0200H
IO8155: MOV     DPTR,     #0FD02H       ；置 8155 B 口地址
        MOVX    A,        @DPTR         ；从 B 口输入数据
        MOV     30H,      A             ；存数据
        MOV     DPTR,     #0FD01H       ；指向 8155A 口
WAIT:   MOVX    @DPTR,    A             ；发送数据
        JNB     P1.0,     WAIT          ；查询 A 口缓冲器满否
        RETI
```

工作说明如下。开机后，外围设备准备好数据后向 8155 PC5（$\overline{STB_B}$）发出一个低电平信

号，使 PC3（$INTR_B$）为 1，产生负跳变使 80C31 中断；同时使 PC4（缓冲器满 BF_B）为 1，阻止向 PC5（$\overline{STB_B}$）继续发低电平信号，这时 CPU 来读 B 口数据到内部 30H；当 CPU 把数据发到 A 口缓冲器后，缓冲器满 PC1（缓冲器满 BF_A）为 1，通知 CPU 叫外设取 A 口缓冲器内容，读取后使 PC2（$\overline{STB_A}$）为低，使 PC1（BF_A）为低，A 口缓冲器内容读到外设后，又使 PC5（$\overline{STB_B}$）为低进行第二周期。

7.6.6 8155 定时/计数器

8155 片内有一个 14 位的减法计数器，计数脉冲从 TIMER IN 引脚输入，每次减 1，减到 0 时从 TIMER OUT 引脚输出一个信号，可实现定时与计数功能。

1. 设置工作状态

8155 定时/计数器的工作状态由 8155 方式控制字的最高 2 位 D_7D_6 决定，如图 7-31 所示。表 7-7 所示为定时/计数器命令字。

表 7-7　定时/计数器命令字

D7D6	工 作 状 态
00	空操作，对定时器无影响
01	停止定时器工作
10	若定时器未启动，表示空操作 若定时器正在工作，则计数器继续工作，直至减到 0 时立即停止工作
11	启动定时器工作 若定时器尚未启动，则在设置时间常数和输出方式后立即启动 若定时器正在工作，则继续工作，并在减到 0 后，以新的计数初值和输出方式进行工作

2. 设置定时器初值

定时器的初值由 CPU 分别写入 8155 定时器低 8 位字节和高 6 位字节寄存器，其格式如图 7-36 所示，该寄存器低 8 位的地址是 100，高 6 位的地址是 101，8155 允许从 TIMER IN 引脚输入的脉冲最高频率为 4MHz。

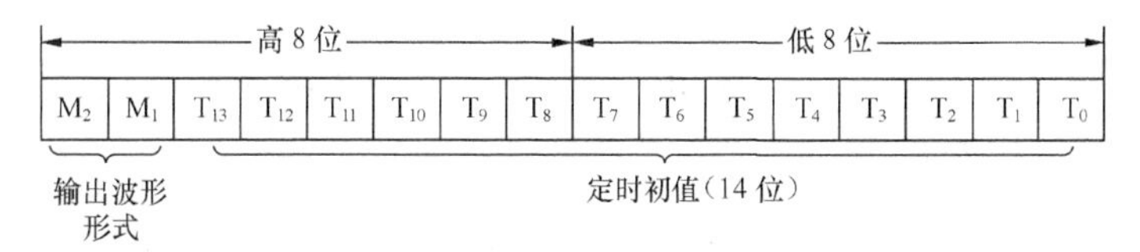

图 7-36　8155 定时器低 8 位和高 6 位字节寄存器

3. 设置波形输出

定时/计数器溢出时在 TIMER OUT 引脚端输出一个信号，其波形有 4 种形式，可由 8155 定时器的初值寄存器最高 2 位 M_2M_1 决定，如图 7-36 所示。输出波形如图 7-37 所示。

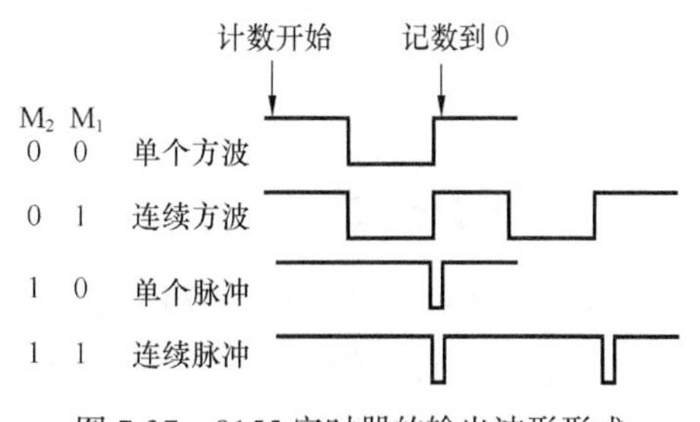

图 7-37　8155 定时器的输出波形形式

当 M_2M_1=00 或 10 时，TIMER OUT 引脚端输出单个方波或单个脉冲；当 M_2M_1=01 或 11 时，TIMER

OUT 引脚端输出连续方波或连续脉冲，在这种情况下，8155 定时器能像 MCS-51 型单片机定时/计数器方式 2 那样，自动恢复定时器初值，重新开始计数。

TIMER OUT 引脚端输出的方波形状与定时器的初值有关。当定时器初值是偶数时，TIMER OUT 引脚端输出的方波是对称的；当定时器初值是奇数时，TIMER OUT 引脚端输出的方波不对称，高电平比低电平多一个计数间隔。

例 7-17 电路如图 7-30 所示，外部计数脉冲从 8155 TIMER IN 引脚输入，要求输入满 100 个脉冲后，从 8155 TIMER OUT 引脚输出一个脉冲。

解：

```
L710: MOV    DPTR,   #7F00H   ; 置 8155 命令口地址
      MOV    A,      #0C0H    ; 在定时器初始化后启动定时器
      MOVX   @DPTR,  A        ; 写入工作方式控制字
      MOV    DPTR,   #7F04H   ; 指向 8155 定时器低 8 位
      MOV    A,      #64H     ; 计数 100 个脉冲
      MOVX   @DPTR,  A        ; 装入时间常数低 8 位
      INC    DPTR             ; 指向 8155 定时器高位字节
      MOV    A,      #80H     ; 置输出单个脉冲方式
      MOVX   @DPTR,  A        ; 装入时间常数高 6 位及设置输出脉冲形式
```

例 7-18 电路如图 7-30 所示，将从 8155 TIMER IN 引脚的输入脉冲 7 分频后从 8155 输出。

解：

```
L711: MOV    DPTR,   #7F00H
      MOV    A,      #0C0H
      MOVX   @DPTR,  A
      MOV    DPTR,   #7F04H
      MOV    A,      #07H     ; 7 分频
      MOVX   @DPTR,  A
      INC    DPTR
      MOV    A,      #40H     ; 输出连续方波
      MOVX   @DPTR,  A
```

项目 10 存储器扩展

1. 项目概述

MCS-51 系列单片机内部集成了诸如 CPU、RAM、ROM、PIO 和 SIO 等功能部件，对于小型测控系统已经足够用了，但是，对于一些比较大的应用系统，则还需要扩展一些外围芯片，以满足应用系统的需要。由于单片机受到引脚数目的限制，数据总线和地址总线的低 8 位是分

时复用的，复用技术的核心是采用带有三态门控制的 8D 锁存器，以三总线的方式与外部设备进行连接。本项目以 8031 单片机扩展一块静态 RAM 6264 为例，介绍单片机与 RAM 的硬件接口电路、接口后 RAM 的简单测试方法，以及通过程序对每个单元进行详细测试的方法。

2. 应用环境

复杂数据采集系统中扩充 RAM 芯片用于存放大量实时数据。

3. 实现过程

（1）硬件组成设计

图 7-38 所示就是单片机与 RAM 的接口电路，P2 口提供存储器的高 8 位地址，P0 口分时提供低 8 位地址和 8 位数据线，通过 74LS373 8D 锁存器来识别其输出端是低 8 位地址信号还是 8 位数据信号，片外存储器的读写由 CPU 的 $\overline{RD}$ 和 $\overline{WR}$ 信号控制，所以，虽然程序存储器与数据存储器在地址上是重叠的，但是彼此不会混淆。6264 是一片 8KB 的静态 RAM 芯片。

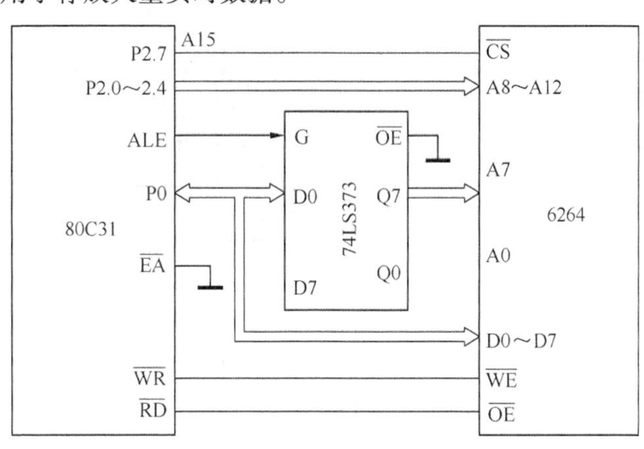

图 7-38 单片机与 RAM 接口电路

（2）软件的框图实现

为了检测所扩充的内存能否正常存储数据，必须对其中的每一个单元进行写入和读出的操作，只有每个单元都能正常读写，这块芯片才算是扩充成功的。本程序的算法是：将检测关键字从地址 0000H～1FFFH 逐个写入，然后从首地址开始再将关键字依次读出，并与指定关键字进行比较，如果全部比较结果相等，则该芯片的读写功能是正常的。当然也可以采用其他指定关键字进行读写操作，以检验读写功能的完整性。在拓展部分的训练中，通过数据传送指令将数据从单片机内存传送到刚扩展的外存储器中，让同学们理解在两种存储器中数据传送命令的使用方法。图 7-39 所示为写读 RAM 程序框图。

软件程序的实现如下。

```
        ORG     0000H
        LJMP    MAIN
        ORG     0030H
MAIN：  MOV     DPTR，    #0000H      ；片外 RAM 首地址
        MOV     R6，      #32         ；计数器，32 组
        MOV     A，       #55H        ；被检测数据，关键字
        CLR     P1.0                  ；点亮 LED
RAM1：  MOV     R7，      #00H        ；256 个/组
RAM2：  MOVX    @DPTR，   A           ；被检测数传入片外 RAM
        INC     DPTR                  ；地址调整
        DJNZ    R7，      RAM2        ；256 个未完，继续
        DJNZ    R6，      RAM1        ；共 32×256=8192
```

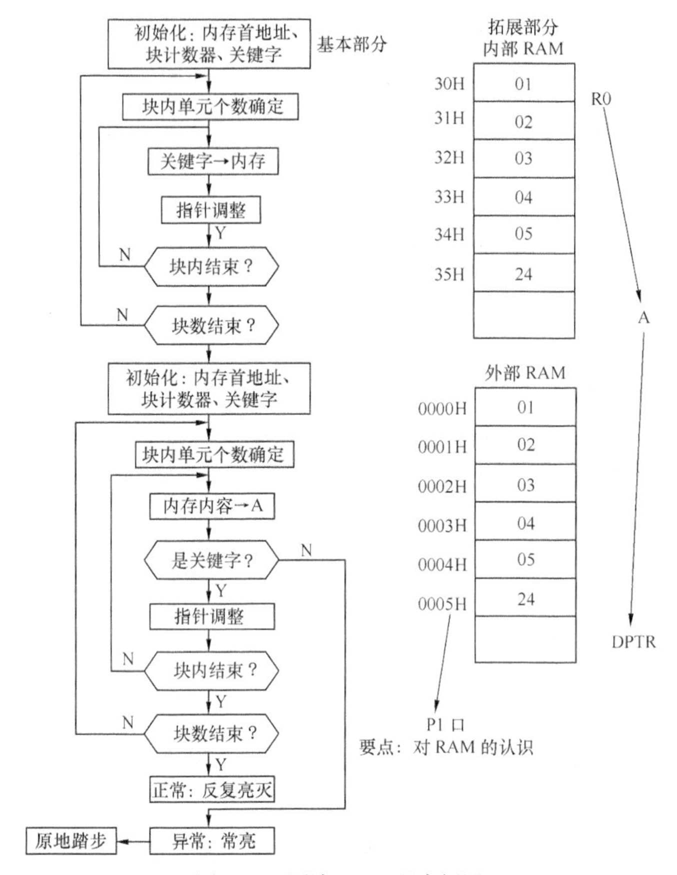

图 7-39　写读 RAM 程序框图

```
        SETB    P1.0                    ；关闭 LED
        MOV     R6,       #32           ；计数器，32 组
        MOV     DPTR,     #0000H        ；RAM 首地址
RAM3：  MOV     R7,       #00H          ；256 个/组
RAM4：  MOVX    A,        @DPTR         ；刚才 RAM 的数据送 A
        CJNE    A，#55H， ALARM         ；是 55H？如果不是，报警
        INC     DPTR                    ；是，调整数据指针
        DJNZ    R7,       RAM4          ；256 个未完，继续
        DJNZ    R6,       RAM3          ；共 32×256=8 192
FLASH： CLR     P1.0                    ；亮灯，检验正常
        LCALL   DELAY                   ；延迟
        SETB    P1.0                    ；灭灯
        LCALL   DELAY                   ；延迟
        SJMP    FLASH                   ；数据正确反复亮灭
ALARM： CLR     P1.0                    ；检验数据出错，长亮 LED 灯
        SJMP    $                       ；“原地踏步”
DELAY： MOV     R5,       #00H          ；延时
        MOV     R4,       #00H
```

```
DELAS:  DJNZ    R4,          $
        DJNZ    R5,          DELAS
        RET
        END
```

拓展：把内部 30H 单元开始的内容送到 0000H 开始的外部 RAM 单元中去，遇到$停止传送，在 LED 上依次演示传送结果。目的是为了理解并熟练掌握内部 RAM、外部 RAM、A 和 P1 等单元之间的操作。

```
        ORG     0000H
        LJMP    BEGIN
        ORG     0030H
BEGIN:  LCALL   L_DATA                  ；装载数据
START:  MOV     R0,         #30H        ；源数据区首地址，内部 RAM
        MOV     DPTR,       #0000H      ；目标数据区首地址，外部 RAM
LOOP0:  MOV     A，@R0
        CJNE    A，#24H,    LOOP1       ；判是否为$字符
        MOV     A，#24H
        MOVX    @DPTR,      A           ；将$作为结束符传过去
        SJMP    LOOP2                   ；是$字符，转结束
LOOP1:  MOVX    @DPTR,      A           ；不是$字符，数据传外存
        INC     R0
        INC     DPTR
        SJMP    LOOP0                   ；传送下一数据
LOOP2:  MOV     DPTR,       #0000H      ；重置数据首地址
NEXT:   MOVX    A,          @DPTR
        MOV     P1,         A
        LCALL   DELAY
        INC     DPTR
        CJNE    A，#24H,    NEXT        ；判断是否为$字符
        SJMP    $
L_DATA: MOV     30H,        #01H        ；待传送的数据
        MOV     31H,        #02H
        MOV     32H,        #03H
        MOV     33H,        #04H
        MOV     34H,        #05H
        MOV     35H,        #24H        ；$的 ASCII 码，结束符号
        RET
DELAY:  MOV     R5,         #10H        ；延时
    F3: MOV     R6,         #0FFH
    F2: MOV     R7,         #0FFH
```

```
F1：DJNZ    R7，      F1
    DJNZ    R6，      F2
    DJNZ    R5，      F3
    RET
    END
```

4. 思考与讨论

（1）老师与同学之间讨论的问题

① 扩展 RAM 6264 和 EPROM 2764 有什么区别？

② 如何使用监控命令来检查 RAM 扩展的正确性？

③ 如何在原有程序的基础上将 0，1，2，…，E，F 每个元素都作为关键字对该芯片的每一个存储单元进行检测？请修改程序。

（2）同学与同学之间讨论的问题，训练倾听和协作的能力

以下问题只是一个参考，鼓励同学之间提出不同的问题，老师可以适当地参与讨论并答疑解惑。

① 同学 A 提出的问题：如何在现有的基础上设计一个数据采集装置，将采集到的数据存放到 RAM 单元中？

② 同学 B 提出的问题：在检测过程中是否可以增加指示灯来显示检测过程的透明性？

A 和 B 两个同学互相提问并做相应的回答，把这些内容记录下来然后写在作业本上。

思考与练习题

7.1　P0～P3 用作输入口时，应先进行什么指令操作？

7.2　已知电路如题图 7.2 所示，实现如下功能。

若 S6、S7 闭合，红灯亮；若 S6、S7 均断开，绿灯亮；其余情况，黄灯亮。

7.3　由 MCS-51 型单片机 P1 口经驱动电路后分别接 8 个发光二极管，参照题图 7.2 中所示发光二极管驱动电路，试画出电路，并编制程序，使每个发光二极管亮 1s 后灭，下一个再亮，不断循环。

7.4　发光二极管驱动电路参照题图 7.2 所示，重画电路，并编制程序，使每个发光二极管依次秒闪烁 10 次（亮 0.5s，暗 0.5s），不断循环。

7.5　简述全译码、部分译码和线选法的特点及应用场合。

7.6　利用全译码为 80C51 扩展 16 KB 的外部数据存储器，存储器芯片选用 SRAM6264。要求 6264 占用从 A000H 开始的连续地址空间，画出电路图。

7.7　利用全译码为 80C51 扩展 8 KB 的外部程序存储器，存储器芯片选用 2764 EPROM，要求 2764 占用从 2000H 开始的连续地址空间，画出电路图。

7.8　利用全译码为 80C51 扩展 16 KB 的外部数据存储器和 16 KB 的外部程序存储器，存储器芯片选用 SRAM 6264 和 EPROM 2764。要求 6264 和 2764 占用从 2000H 开始的连续地址空间。

7.9　分析题 7.9 图所示的电路，写出各芯片的地址范围。

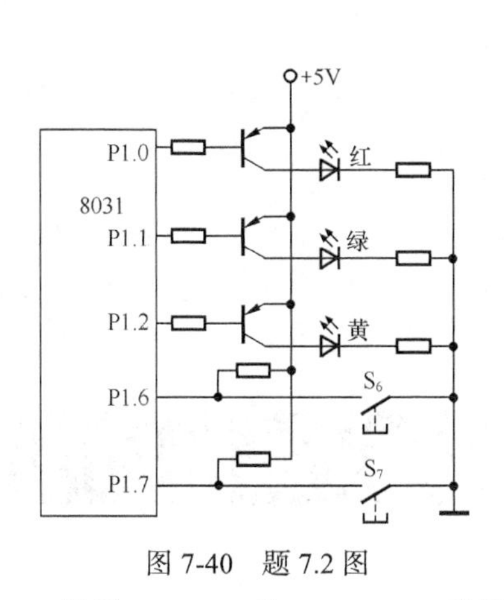

图 7-40　题 7.2 图

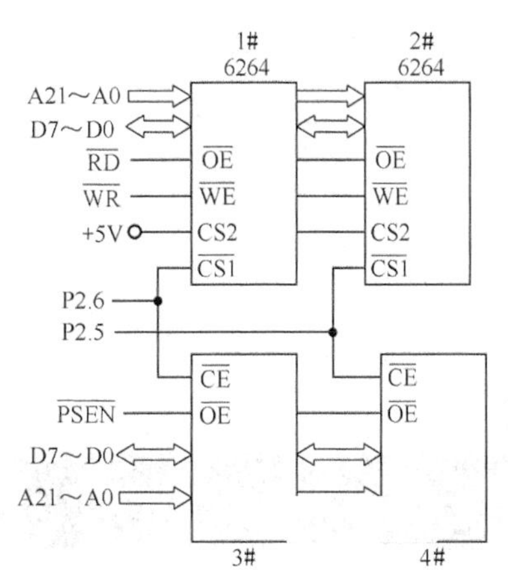

图 7-41　题 7.9 图

7.10　使用 74LS244 和 74LS273，采用全译码方法为 80C51 扩展一个输入口和一个输出口，口地址分别为 0080H 和 0081H，画出电路图。编写程序，从输入口输入一个字节的数据存入片内 RAM 的 30H 单元，同时把输入的数据送往输出口。

7.11　采用全译码方法为 80C51 扩展 8 个并行输入口和 8 个并行输出口，口地址自定，画出电路图（要求使用 74LS138 译码器）。

7.12　说明 8255A 的基本组成和各部分的主要功能。

7.13　说明 8255A C 口在 A 口、B 口工作方式 1 输入和输出情况下各位的含义。

7.14　按图 7-21 所示电路，8255A 工作于方式 0，A 口用作输入，B 口用作输出。从 A 口输入 10 个数据取反后再从 B 口输出，试编制程序。

7.15　参照图 7-23 所示电路，8255A 工作于方式 0，从 B 口输出数据到微型打印机，并用 PC0 控制微型打印机的 BUSY，用 PC7 控制 $\overline{STB}$，试画出电路图，并编制程序，将内 RAM 30H 为首地址的 30 个数据输出打印。

7.16　参照图 7-27 所示电路，8255A 工作于方式 1，从 A 口输出数据到微型打印机，用 $\overline{ACK_A}$、$\overline{OBF_A}$ 控制微型打印机，用 $INTR_A$ 反相后与 80C31 连接，用 P2.6 片选 8255A，试编制程序，将 80C31 片内 RAM 40H 为首地址的 40 个数据输出打印。

7.17　已知 P2.7 片选 8255A，要求利用 8255A A 口方式 1，每中断一次输入一个数据，共 16 个数据，存入以 30H 为首地址的内 RAM。

7.18　说明 8155 的基本组成和各部分的主要功能。

7.19　参照图 7-30 所示，P1.0 与 8155 IO/$\overline{M}$ 连接，P2.6 与 8155 $\overline{CE}$ 连接，试编制程序，从 A 口、C 口分别依次输入 10 个数据，相加后（设和值不超过 255）存入 8155 片内以 30H 为首地址的 RAM 区，并从 B 口输出。

7.20　试利用 MCS-51 型单片机 ALE 信号（f_{osc}=6MHz）作为 8155 TIMER IN 引脚的信号，编制程序从 8155 TIMER OUT 引脚输出脉宽 10 ms 的连续方波。

7.21　已知 P2.1、P2.0 分别与 8155 $\overline{CE}$、IO/$\overline{M}$ 端相连，试编制程序，将 8155 片内 RAM 30H～3FH 的数据传送到 80C31 内 RAM 首地址为 40H 的数据区。

7.22　已知 80C31 P2.7、P2.6 分别与 8155 $\overline{CE}$、IO/$\overline{M}$ 端相连，要求 8155 A 口以查询方式输入外围设备发送的数据，存入 8155 片内 RAM 30H，取反后，在 B 口以中断方式输出该数据，试画出电路，并编制程序。

第8章 常用外围设备接口电路

【学习目标】

1. 理解键盘接口（去抖动问题、按键连接方式、扫描控制方式）
2. 掌握 LED 数码管及编码方式
3. 掌握 A/D 和 D/A 接口电路
4. 掌握开关量驱动输出接口电路

【重点内容】

1. 独立式、矩阵式按键及其接口电路
2. 静态、动态显示方式及其典型应用电路
3. ADC0809 及其接口电路
4. DAC0832 及其接口电路

外围设备接口电路设计是单片机应用系统设计的主要内容之一。本章主要介绍键盘、LED 显示器、A/D 和 D/A 接口电路以及开关量驱动输出接口电路，单片机的控制功能正是通过这些接口电路实现的。

单片机接口就是单片机与各种外部设备之间进行信息交互的连接端口。单片机一方面通过输入接口接收各种现场数据、状态信息，另一方面通过输出接口将处理结果和控制命令向现场设备发出，还可以通过通信接口与其他计算机、系统或设备交换信息。如图 8-1 所示。

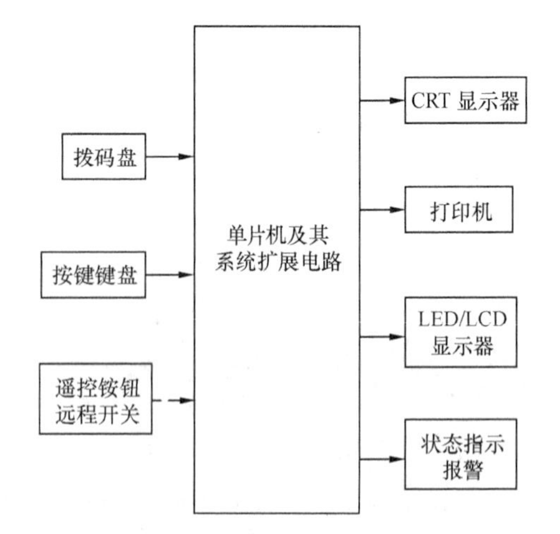

图 8-1　单片机应用系统人机对话通道配置图

单片机接口的主要作用如下。

① 管理和协调各种数字部件和外部设备对数据总线的使用。在单片机控制系统中，接口实质上是单片机内部数据总线对外延伸和变形。各种片外的数字设备都是挂接在数据总线上的。但是，在任何时刻只能有一对数字部件或设备占用数据总线，否则就会产生总线冲突。因此，各种数字部件和设备并不是直接连接到单片机的

数据总线上的，而是通过各种接口芯片才能挂接到数据总线上。只有当单片机向某一个接口芯片发出选通信号后，这个接口芯片内的数据通道才被打开，与之相连的数字部件或设备才被准许通过数据总线与单片机进行数据交换。

② 解决单片机与外设之间数据收发速度的匹配问题。通常，单片机对 I/O 接口的数据读/写速度远远快于外设。如果没有接口电路，单片机就得等待外设的数据收发。有了接口电路，单片机就可以只在外设已准备好的情况下才进行 I/O 读写，从而大大提高单片机的工作效率。

③ 解决单片机与外设信号形式的匹配问题。外设的种类多种多样，能接收和发出的信号形式也各不相同。有的外设发出的是 0～5V 的模拟电压信号，也有的发出的是 BCD 码信号，还有的发出的是串行编码信号等。这些信号都必须经过接口电路转换成单片机能接收和识别的统一并行或串行信号形式，才能对这些信号进行处理。同样，单片机所发出的并行或串行信号也需要经过接口电路转换成外设能接收和识别的信号形式。

8.1 键盘接口技术

在单片机控制系统中，为了实现人对系统的控制及向系统输入参数，需要为系统设置按键或键盘，实现简单的人机会话。键盘是一组（通常多于 8 个）按键的集合。键盘所使用的按键一般都是具有一对常开触点的按钮开关，平时不按键时，触点处于断开（开路）状态，当按下按键时，触点才处于闭合（短路）状态，而当按键被松开后，触点又处于断开状态。

根据键盘上闭合键的识别方法不同，键盘可分为非编码键盘和编码键盘两种。非编码键盘上，闭合键的识别采用软件实现；编码键盘上，闭合键的识别则由专门的硬件译码器产生按键编号（即键码），并产生一个脉冲信号，以通知 CPU 接收键码。编码键盘使用较为方便，易于编程，但硬件电路较复杂，因此在单片机控制系统中应用较少。而非编码键盘几乎不需要附加什么硬件电路，因此在实际单片机控制系统中较多采用。

从键盘结构来分，键盘可分为独立式和矩阵式两类。当系统操作较简单，所需按键较少时，采用独立式非编码键盘；当系统操作较复杂，需要数量较多的按键时，采用矩阵式非编码键盘。

8.1.1 按键的状态输入及去抖动

按键在电路中的连接如图 8-2（a）所示。当操作按键时，对触点闭合或断开，引起 A 点电压的变化。A 点电压就用来向单片机输入按键的通断状态。

由于机械触点的弹性作用，触点在闭合和断开瞬间，电接触情况不稳定，造成电压信号的抖动现象，如图 8-2（b）所示。按键的抖动时间一般为 5～10 ms。这种现象会引起单片机对于一次按键操作进行多次处理，因此必须设法消除按键通、断时的抖动现象。去抖动的方法有硬件和软件两种。在按键数较少时，可采用硬件去抖，而当按键数较多时，采用软件去抖。

在硬件上可采用在按键输出端加 RS 触发器（双稳态触发器）或单稳态触发器构成去抖动电路，图 8-3 所示是一种由 RS 触发器构成的去抖动电路，触发器一旦翻转，触点抖动不会对其产生任何影响。

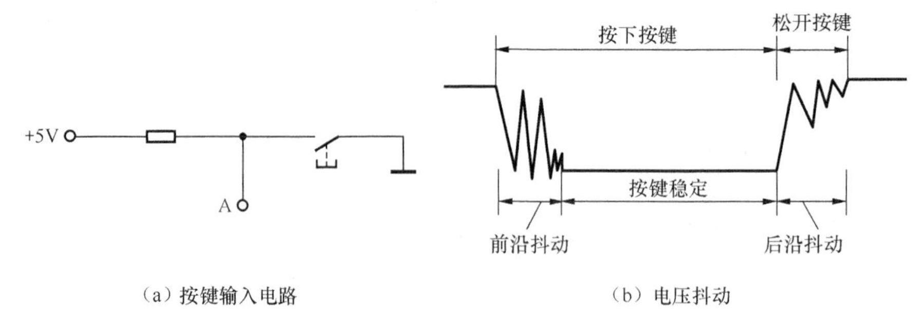

（a）按键输入电路　　（b）电压抖动

图 8-2　按键输入和电压抖动

电路工作过程如下。按键未按下时，a=0，b=1，输出 Q=1，按键按下时，因按键的机械弹性作用的影响，使按键产生抖动，当开关没有稳定到达 b 端时，因与非门 2 输出为 0 反馈到与非门 1 的输入端，封锁了与非门 1，双稳态电路的状态不会改变，输出保持为 1，输出 Q 不会产生抖动的波形。当开关稳定到达 b 端时，因 a=1，b=0，使 Q=0，双稳态电路状态发生翻转。当释放按键时，在开关未稳定到达 a 端时，因 Q=0，封锁了与非门 2，双稳态电路的状态不变，输出 Q 保持不变，消除了后沿的抖动波形。当开关稳定到达 a 端时，因 a=0，b=1，使 Q=1，双稳态电路状态发生翻转，输出 Q 重新返回原状态。由此可见，经双稳态电路之后，输出已变为规范的矩形方波。

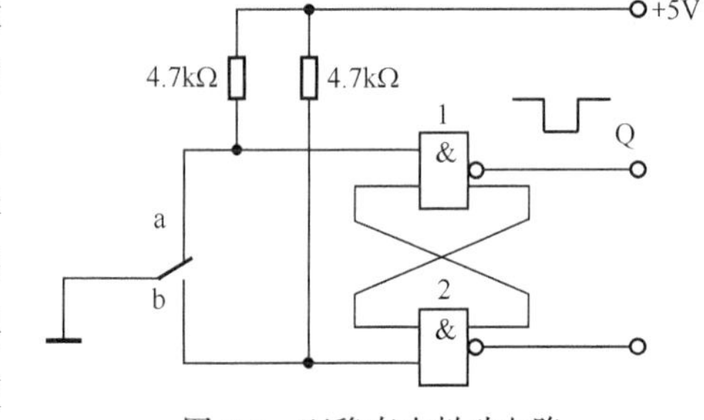

图 8-3　双稳态去抖动电路

软件上采取的措施是：在检测到有按键按下时，执行一个 10 ms 左右（具体时间应视所使用的按键进行调整）的延时程序后，再确认该键电平是否仍保持闭合状态电平，若仍保持闭合状态电平，则确认该键处于闭合状态；同理，在检测到该键释放后，也应采用相同的步骤进行确认，从而可消除抖动的影响。

8.1.2　键盘与 CPU 的连接方式

键盘与 CPU 的连接方式有两大类，一类是独立式，另一类为矩阵式。

独立式按键的每个按键都有一根信号线与单片机电路相连，所有按键有一个公共地或公共正端，每个按键相互独立互不影响。如图 8-4 所示，当按下按键 1 时，无论其他按键是否按下，按键 1 的信号线就由 1 变 0；当松开按键 1 时，无论其他按键是否按下，按键 1 的信号线就由 0 变 1。独立式按键电路配置灵活，软件结构简单，但每个按键必须占用一根 I/O 端线，在按键数量较多时，I/O 端线耗费较多，且电路结构繁杂。故这种形式适用于按键数量较少的场合。

矩阵式键盘的按键触点接于由行、列母线构成的矩阵电路的交叉处，每当一个键按下时通过该键将相应的行、列母线连通。若在行、列母线中把行母线逐行置 0（一种扫描方式），那么列母线就用来作信号输入线。矩阵式键盘原理图如图 8-5 所示。

无论独立式按键还是矩阵式键盘，与 80C51 I/O 口的连接方式可分为与 I/O 口直接连接和与扩展 I/O 口连接，与扩展 I/O 口连接又可分为与并行扩展 I/O 口连接和与串行扩展 I/O 口连接。

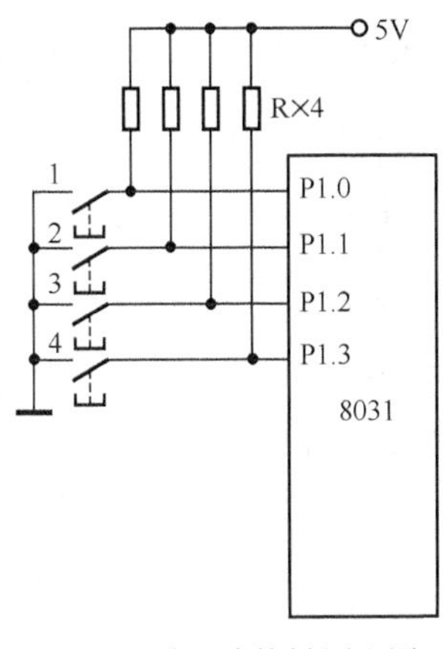

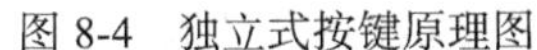
图 8-4 独立式按键原理图

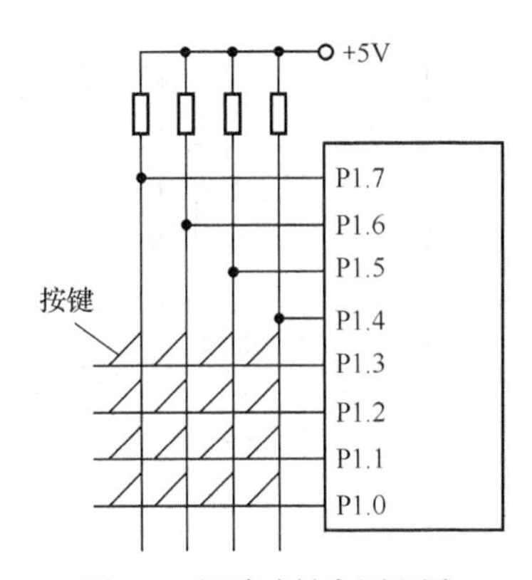

图 8-5 矩阵式键盘原理图

8.1.3 键盘扫描控制方式

在单片机应用系统中，对键盘的处理工作仅是 CPU 工作内容的一部分，CPU 还要进行数据处理、显示和其他输入/输出操作，因此键盘处理工作既不能占用 CPU 太多时间，又需要对键盘操作能及时做出响应。CPU 对键盘处理控制的工作方式有以下几种。

1. 程序控制扫描方式

程序控制扫描方式是在 CPU 工作空余调用键盘扫描子程序，响应按键输入信号要求。程序控制扫描方式的按键处理程序固定在主程序的某个程序段。当主程序运行到该程序段时，依次扫描键盘，判断有否按键输入。若有，则计算按键编号，执行相应按键功能子程序。这种工作方式，对 CPU 工作影响小，但应考虑键盘处理程序的运行间隔周期不能太长，否则会影响对按键输入响应的及时性。

2. 定时控制扫描方式

定时控制扫描方式是利用定时/计数器每隔一段时间产生定时中断，CPU 响应中断后对键盘进行扫描，并在有按键闭合时转入该按键的功能子程序。程序控制扫描方式与定时控制扫描方式的区别是，在扫描间隔时间内，前者用 CPU 工作程序填充，后者用定时/计数器定时控制。定时控制扫描方式也应考虑定时时间不能太长，否则会影响对按键输入响应的及时性。

3. 中断控制方式

中断控制方式是利用外部中断源响应按键输入信号。当无按键按下时，CPU 执行正常工作程序。当有按键按下时，CPU 中断。在中断服务子程序中扫描键盘，判断是哪一个按键被按下，然后执行该按键的功能子程序。这种控制方式克服了前两种控制方式可能产生的空扫描和不能及时响应按键输入的缺点，能及时处理按键输入，提高 CPU 运行效率，但要占用一个中断资源。

8.1.4 独立式按键

单片机控制系统中，如果只需要几个按键，可采用独立式按键结构，图 8-6（a）所示为低电平有效输入，图 8-6（b）所示为高电平有效输入。独立式按键一般是每个按键占用一根 I/O 线。

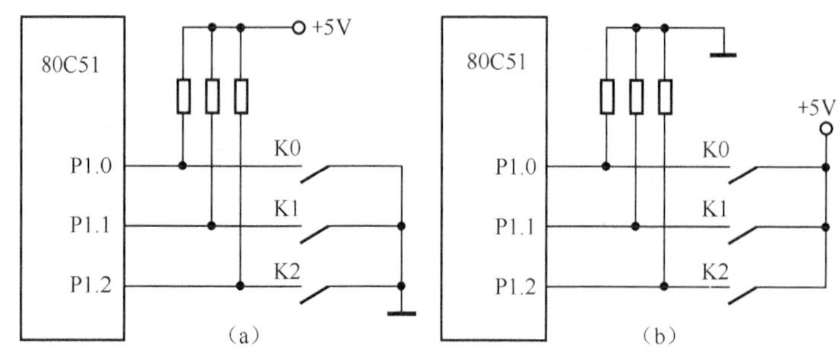

图 8-6　独立式按键

独立式按键的软件编程常采用查询式结构。先逐位查询每根 I/O 口线的输入状态，确定按键是否按下，如果按下，则转向该按键的功能处理程序。图 8-6（a）所示的独立按键扫描程序如下。

```
        ORG     0000H
        LJMP    KEYA
        ORG     0100H
KEYA:   ORL     P1,     #07H            ；置 P1.0～P1.2 为输入状态
        MOV     A,      P1              ；读键值，键闭合相应位为 0
        CPL     A                       ；取反，键闭合相应位为 1
        ANL     A,      #00000111B      ；屏蔽高 5 位，保留有键值信息的低 3 位
        JZ      GRET                    ；全 0，无键闭合，返回
        LCALL   DY10 ms                 ；非全 0，有键闭合，延时 10 ms，软件去抖动
        MOV     A，P1                   ；重读键值，键闭合相应位为 0
        CPL     A                       ；取反，键闭合相应位为 1
        ANL     A,      #00000111B      ；屏蔽高 5 位，保留有键值信息的低 3 位
        JZ      GRET                    ；全 0，无键闭合，返回；非全 0，确认有键闭合
        JB      Acc.0，KA0              ；转 0#键功能程序
        JB      Acc.1，KA1              ；转 1#键功能程序
        JB      Acc.2，KA2              ；转 2#键功能程序
GRET:   SJMP    $
KA0:    LCALL   WORK0                   ；执行 0#键功能子程序
        SJMP    GRET
KA1:    LCALL   WORK1                   ；执行 1#键功能子程序
        SJMP    GRET
KA2:    LCALL   WORK2                   ；执行 2#键功能子程序
        SJMP    GRET
        END
```

图 8-6（b）所示的独立按键扫描程序如下。

```
        ORG     0000H
        LJMP    KEYB
```

```
        ORG     0100H
KEYB:   ORL     P1,     #07H            ; 置 P1.0～P1.2 为输入态
        MOV     A,      P1              ; 读键值，键闭合相应位为 1
        ANL     A,      #00000111B      ; 屏蔽高 5 位，保留有键值信息的低 3 位
        JZ      GRET                    ; 全 0，无键闭合，返回
        LCALL   DY10 ms                 ; 非全 0，有键闭合，延时 10 ms，软件去抖动
        MOV     A，P1                   ; 重读键值，键闭合相应位为 1
        ANL     A,      #00000111B      ; 屏蔽高 5 位，保留有键值信息的低 3 位
        JZ      GRET                    ; 全 0，无键闭合，返回；非全 0，确认有键闭合
        JB      Acc.0，KB0              ; 转 0#键功能程序
        JB      Acc.1，KB1              ; 转 1#键功能程序
        JB      Acc.2，KB2              ; 转 2#键功能程序
GRET:   SJMP    $
KB0:    LCALL   WORK0                   ; 执行 0#键功能子程序
        SJMP    GRET
KB1:    LCALL   WORK1                   ; 执行 1#键功能子程序
        SJMP    GRET
KB2:    LCALL   WORK2                   ; 执行 2#键功能子程序
        SJMP    GRET
        END
```

8.1.5 矩阵式键盘

矩阵式键盘是由多个按键组成的开关矩阵，其按键识别方法有行反转法和扫描法等。

1. 行反转法

行反转法需要两个双向 I/O 口分别接行、列线，步骤如下。

（1）输出

将矩阵键盘中与行、列相连的两组 I/O 口线中的一组（行或列均可）设置为输入线（接收线），输入线的初值应为全 1，另一组设置为输出线（扫描线）。设置输出线的初值为全 0，读取接收线口，若其中某 1 位为 0，则说明有按键被按下，并保存。否则，无按键被按下。

（2）行反转

将原有输入线和输出线的功能互换，即原扫描线设定为输入，初值为全 1。原接收线设定为输出，并将第一步保存的原接收线的值输出，读取目前的接收线口（原扫描线口），并保存。

（3）判定

第一步保存值中为 0 的位是被按下按键所在的接收线，即被按键所在的行号（或列号）；第二步保存值中为 0 的位是被按下按键所在的扫描线，即被按键所在的列号（或行号）。可以判定：行线中为 0 位与列线中为 0 位的交叉点处的按键被按下。这样，根据扫描线和接收线读取的值就可以得出被按键的具体位置。

例 8-1 按图 8-7 及图 8-8 所示，试编制矩阵式键盘扫描程序。

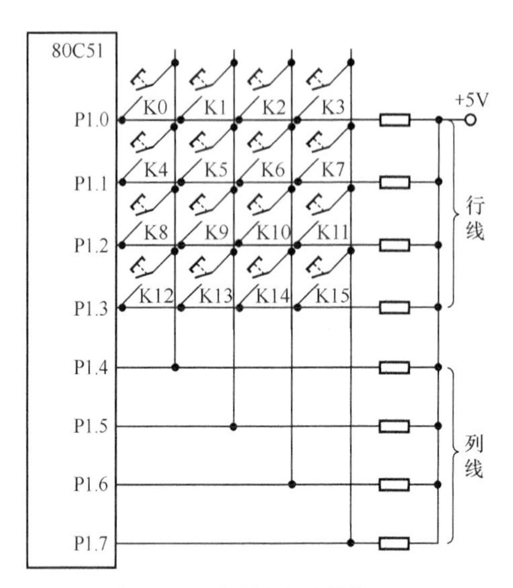

图 8-7 矩阵式键盘的结构

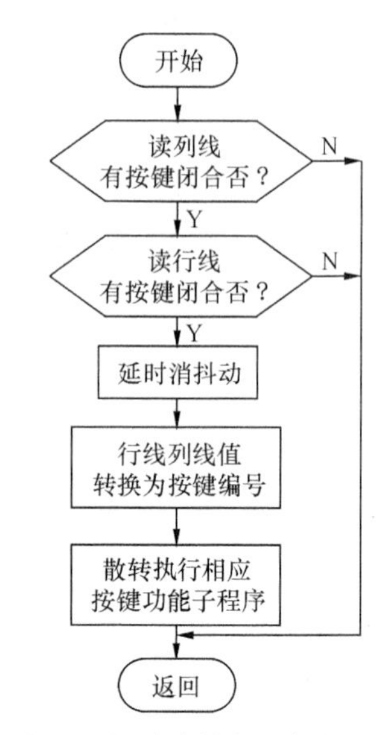

图 8-8 矩阵式键盘程序流程图

图 8-7 所示为 4 × 4 矩阵式键盘。当无按键闭合时，P1.0～P1.3 与相应的 P1.4～P1.7 之间开路。当有按键闭合时，与闭合按键相连接的两条 I/O 端线之间短路。判断有无按键按下的方法如下。第一步，置列线 P1.4～P1.7 为输入态，行线 P1.0～P1.3 输出低电平，读入列线数据，若某一列线为低电平，则该列线上有按键闭合。第二步，置行线 P1.0～P1.3 为输入态，列线 P1.4～P1.7 输出低电平，读入行线数据，若某一行线为低电平，则该行线上有按键闭合。综合一、二两步的结果，可确定按键编号。但是按键闭合一次只能进行一次按键功能操作，因此需等待按键释放后，再进行按键功能操作，否则按一次按键，有可能会连续多次进行同样的按键操作。

解：编程如下。

```
KEY:   MOV    P1,   #0F0H       ; 行线置低电平，列线置输入态
KEY0:  MOV    A,    P1          ; 读列线数据
       CPL    A                 ; 数据取反，1 有效
       ANL    A,    #0F0H       ; 屏蔽行线，保留列线数据
       MOV    R1,   A           ; 存列线数据（R1 高 4 位）
       JZ     GRET              ; 全 0，无键按下，返回
KEY1:  MOV    P1,   #0FH        ; 行线置输入态，列线置低电平
       MOV    A,    P1          ; 读行线数据
       CPL    A                 ; 数据取反，1 有效
       ANL    A,    #0FH        ; 屏蔽列线，保留行线数据
       MOV    R2,   A           ; 存行线数据（R2 低 4 位）
       JZ     GRET              ; 全 0，无键按下，返回
       JBC    F0,   WAIT        ; 已有消抖标志，转
       SETB   F0                ; 无消抖标志，置消抖标志
       LCALL  DY10 ms           ; 调用 10 ms 延时子程序，消抖
```

```
        SJMP    KEY0            ；重读行线列线数据
GRET：  RET
WAIT：  MOV     A，     P1      ；等待按键释放
        CPL     A
        ANL     A，     #0FH
        JNZ     WAIT            ；按键未释放，继续等待
KEY2：  MOV     A，     R1      ；取列线数据（高 4 位）
        MOV     R1，    #03H    ；取列线编号初值
        MOV     R3，    #03H    ；置循环数
        CLR     C
KEY3：  RLC     A               ；依次左移入 C 中
        JC      KEY4            ；C=1，该列有键按下，（列线编号存 R1）
        DEC     R1              ；C=0，无键按下，修正列编号
        DJNZ    R3，    KEY3    ；判断循环结束否？未结束继续寻找有键按下的列线
KEY4：  MOV     A，     R2      ；取行线数据（低 4 位）
        MOV     R2，    #00H    ；置行线编号初值
        MOV     R3，    #03H    ；置循环数
        CLR     C
KEY5：  RRC     A               ；依次右移入 C 中
        JC      KEY6            ；C=1，该行有键按下，（行线编号存 R2）
        INC     R2              ；C=0，无键按下，修正行线编号
        DJNZ    R3，    KEY5    ；判断循环结束否？未结束继续寻找有键按下的行线
KEY6：  MOV     A，     R2      ；取行线编号
        CLR     C
        RLC     A               ；行编号×2
        RLC     A               ；行编号×4
        ADD     A，     R1      ；行编号×4+列编号=按键编号
KEY7：  CLR     C
        RLC     A               ；按键编号×2
        RLC     A               ；按键编号×4（LCALL+RET 共 4 字节）
        MOV     DPTR，#TABJ
        JMP     @A+DPTR         ；散转，执行相应键功能子程序
TABJ：  LCALL   WORK0           ；调用执行 K0 键功能子程序
        RET
        LCALL   WORK1           ；调用执行 K1 键功能子程序
        RET
        ……
        LCALL   WORK15          ；调用执行 K15 键功能子程序
        RET
```

2. 扫描法

行反转法是一种有效的键盘接口方法，不仅节省 I/O 口线，编程实现也较容易。在只需要扩展键阵的情况下是一种很好的方案，但是多数单片机应用系统中，不仅需要扩展键阵，同时还要扩展显示器，此时行反转法将不能满足要求。下面介绍另一种常用的键盘接口方法——动态扫描法，动态扫描法不仅可以扫描键阵，也可以实现显示，是目前应用十分广泛的一种方法。

对键盘的扫描过程可分两步：第一步是 CPU 首先检测键盘上是否有按键按下；第二步是再识别是哪一个按键按下。对键盘的识别方法通常采用逐行（或列）扫描法，如图 8-9 所示。

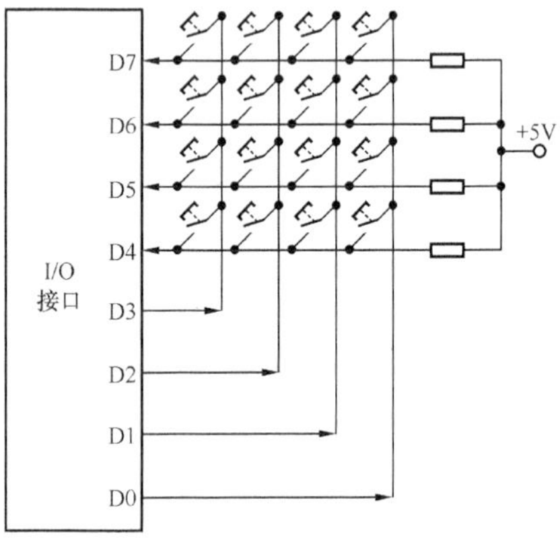

首先判断键盘中有无按键按下，由单片机通过 I/O 接口向键盘送（输出）全扫描字，然后读入（输入）行线状态来判别。其方法是：向列线输出全扫描字 00H，即所有列线置成低电平，读入行线状态来判断。如果有按键按下，总会有一根行线电平被拉至低电平，从而使输入状态不全为 1。

I/O 接口 D7 D6 D5 D4 D3 D2 D1 D0 +5V

图 8-9 矩阵式扩展键盘

键盘中按键的按下是通过列线逐列置低电平后，检查行输入状态来实现的，这称为逐行（或逐列）扫描。其方法是：依次给列线送低电平，然后查所有行线状态，如果全为 1，则所按下的按键不在此行；如果不全为 1，则按下的按键必在此行，而且是与 0 电平列线相交的交点上的那个按键。

这种逐行逐列地检查键盘状态的过程称为对键盘的一次扫描。单片机对键盘的扫描可以采取程序控制的随机方式，CPU 空闲时扫描键盘；也可以采取定时控制方式，每隔一定的时间，CPU 对键盘扫描一次；还可以采取中断方式，每当键盘上有按键闭合时，CPU 请求中断，对键盘扫描，以识别哪一个按键处于闭合状态，并对此信息做出相应处理。CPU 可以根据行线和列线的状态来确定键盘上闭合按键的键号，也可以根据行线和列线状态查表求得。

图 8-10 所示为采用 8155 扩展 I/O 接口组成的行列矩阵式键盘，在 8155 的 PA 口和 PC 口上组成 4×8 键盘。PA 口作为列线，PC0～PC3 作为行线。

（1）键盘扫描子程序的功能

① 判断键盘上有无按键按下，方法为：PA 口输出全扫描字 00H，读 PC 口状态，若 PC3～PC0 全为 1，则键盘无按键按下；若不全为 1 则有按键按下。

② 消除按键抖动：在判断有按键按下后，软件延时一段时间（5～10 ms）后再判断键盘状态，如果仍为有按键按下状态，则认为确实有一个按键被按下；否则，按照按键抖动处理。

③ 判断闭合按键的键号：对键盘的列线进行扫描，扫描口 PA7～PA0 依次输出列扫描字如下。

PA7	PA6	PA5	PA4	PA3	PA2	PA1	PA0	
1	1	1	1	1	1	1	0	FEH
1	1	1	1	1	1	0	1	FDH
1	1	1	1	1	0	1	1	FBH
……		……			……			
1	0	1	1	1	1	1	1	BFH
0	1	1	1	1	1	1	1	7FH

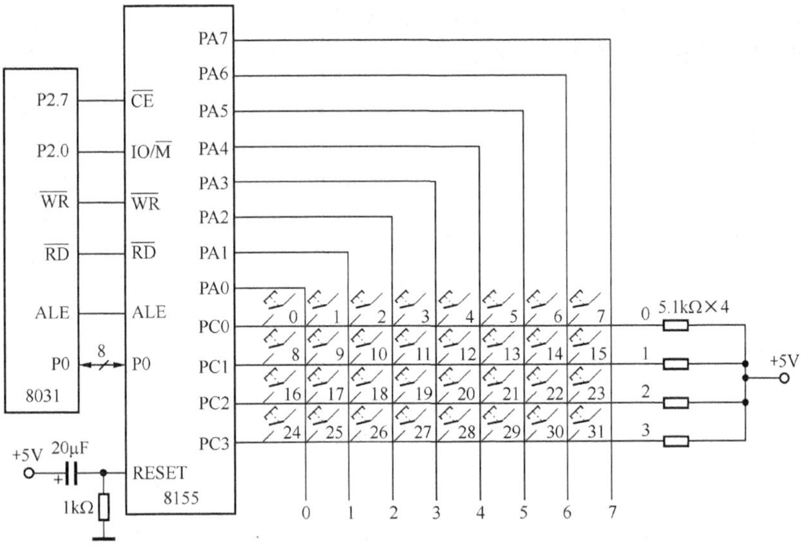

图 8-10　8155 扩展 I/O 接口组成的行列矩阵式键盘

再相应地读出 PC 口的可能状态如下。

PC7	PC6	PC5	PC4	PC3	PC2	PC1	PC0	
×	×	×	×	1	1	1	0	×EH
×	×	×	×	1	1	0	1	×DH
×	×	×	×	1	0	1	1	×BH
×	×	×	×	0	1	1	1	×7H

即输出一个扫描字，紧接着读 PC 口状态，若 PC3～PC0 全为 1，则列线输出为 0 的这一列上没有按键闭合；否则，这一列上有按键闭合。图 8-10 中从左至右第 0 列，第 1 列，……直至第 7 列，逐个查询有无按键按下，这就是用键扫描方式确定按键位置。下一步就是求出键号送累加器 A。

按照行列式键盘工作原理，图 8-10 中 32 个按键值应对应如下分布（按 PA 口，PC 口二进制码，×为任意值）：

FE×E	FD×E	FB×E	F7×E	EF×E	DF×E	BF×E	7F×E
FE×D	FD×D	FB×D	F7×D	EF×D	DF×D	BF×D	7F×D
FE×B	FD×B	FB×B	F7×B	EF×B	DF×B	BF×B	7F×B
FE×7	FD×7	FB×7	F7×7	EF×7	DF×7	BF×7	7F×7

按这种顺序排列，其对应键号 0～31 如图 8-10 所示。

闭合按键的键号等于处于低电平的列号加上低电平的行号的首键号。例如，PA 口的输出为 11111101 时，读出 PC3～PC0 为 1101，则 1 行 1 列相交的按键处于闭合状态。如第 1 行的首键

号为 8，列号为 1，闭合的键号为

$$N=行首键号+列号=8+1=9$$

在图 8-10 所示的行列矩阵中，每行的首键号自上至下依次为 0，8，10H，18H，列号依列线顺序依次为 0～7。在上述按键值中，根据低电平对应的位可以找出行首号与相应的列号。

④ CPU 对按键的一次闭合仅进行一次处理，采用的方法是等待按键释放以后再将扫描键号送入累加器 A 中。

依此原理可编写出键盘扫描子程序的流程框图，如图 8-11 所示。

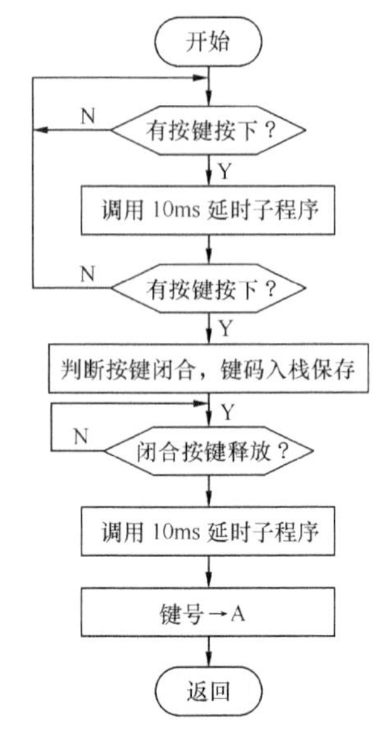

图 8-11　键盘扫描子程序的流程框图

（2）键盘扫描子程序

下面的程序为实用子程序，子程序出口状态：A=键号。

对 8155 初始化，置 PA 口为基本输出方式，PC 口为基本输入方式，放在主程序中完成。键盘扫描子程序如下。

```
KEY1： ACALL   KS1                 ；调用判断有无键按下子程序
       JNZ     LK1                 ；有键按下时，A≠0，转消抖动
       AJMP    KEY1                ；无键按下返回
LK1：  ACALL   T10MS               ；调延时 10 ms 子程序
       ACALL   KS1                 ；查有无键按下，若有则为键确实按下
       JNZ     LK2                 ；有键按下，A≠0，转逐列扫描
       AJMP    KEY1                ；不是键按下，返回
LK2：  MOV     R2,      #0FEH      ；首列扫描字送 R2
       MOV     R4,      #00H       ；首列号送 R4
LK4：  MOV     DPTR,    #7F01H     ；列扫描字送至 8155 PA 口
       MOV     A,       R2         ；第 1 次列扫描
       MOVX    @DPTR，A            ；使第 0 列线为 0
       INC     DPTR                ；指向 8155 PC 口
       INC     DPTR
       MOVX    A,       @DPTR      ；8155 PC 口，读入行状态
       JB      Acc.0,   LONE       ；第 0 行无键按下，转查第 1 行
       MOV     A,       #00H       ；第 0 行有键按下，该行首键号#00H→A
       AJMP    LKP                 ；转求键号
LONE： JB      Acc.1,   LTWO       ；第 1 行无键按下，转查第 2 行
       MOV     A,       #08H       ；第 1 行有键按下，该行首键号#08H→A
       AJMP    LKP
LTWO： JB      Acc.2,   LTHR       ；第 2 行无键按下，转查第 3 行
       MOV     A,       #10H       ；第 2 行有键按下，该行首键号#10H→A
       AJMP    LKP
LTHR： JB      Acc.3,   NEXT       ；第 3 行无键按下，改查下一列
```

```
        MOV    A,      #18H     ；第 3 行有键按下，该行首键号#18H→A
LKP：   ADD    A,      R4       ；键号=行首键号+列号
        PUSH   Acc              ；键号进栈保护
LK3：   ACALL  KS1              ；等待键释放
        JNZ    LK3              ；未释放，等待
        ACALL  T10MS            ；调 10 ms 延时子程序
        POP    Acc              ；键释放，键号→A
        RET                     ；键扫描结束，出口状态：A=键号
NEXT：  INC    R4               ；指向下一列，列号加 1
        MOV    A,      R2       ；判断 8 列扫描完没有
        JNB    Acc.7,  KND      ；扫描完，返回
        RL     A                ；扫描字左移一位
        MOV    R2,     A        ；扫描字送 R2
        AJMP   LK4              ；转下一列扫描
KND：   AJMP   KEY1
KS1：   MOV    DPTR,   #7F01H   ；指向 PA 口
        MOV    A,      #00H     ；全扫描字
        MOVX   @DPTR,  A
        INC    DPTR             ；指向 PC 口
        INC    DPTR
        MOVX   A,      @DPTR    ；读入 PC 口状态
        CPL    A                ；高电平表示有键按下
        ANL    A,      #0FH     ；屏蔽高 4 位
        RET                     ；出口状态：A≠0 时有键按下
T10MS： MOV    R7,     #14H     ；延时 10 ms 子程序
TM：    MOV    R6,     #FFH
TM6：   DJNZ   R6,     TM6
        DJNZ   R7,     TM
        RET
```

8.2 LED 显示器及其接口技术

在单片机应用系统中，显示器是最常用的输出设备。特别是发光二极管显示器（LED）和液晶显示器（LCD），由于结构简单、价格便宜，得到了广泛的应用。下面主要介绍 LED 显示器的显示原理及与 MCS-51 单片机的接口方法和相应的程序设计。

8.2.1 LED 显示器及其接口

LED 数码管是由发光二极管作为显示字段的数码型显示器件，发光二极管简称 LED（Light Emitting Diode）。由 LED 组成的显示器是单片机系统中常用的输出设备。将若干 LED 按不同的规则进行排列，可以构成不同的 LED 显示器。从 LED 器件的外观来划分，可分为“8”字型的七段数码管、米字型数码管、点阵块、矩形平面显示器、数字笔画显示器等。按显示颜色也有多种，主要有红色和绿色；按亮度强弱可分为超亮、高亮和普亮。其中，数码管又可从结构上分为单、双、三、四位字；从尺寸上可分为 0.3in（1in=2.54 cm），0.36in，0.4in，…，5.0in 等类型。

七段 LED 数码管显示器有 7 只发光二极管分别对应 a～g 笔段，能够显示十进制或十六进制数字及某些简单字符，另一只发光二极管 dp 作为小数点。所谓七段码，就是不计小数点的字段码。包括小数点的字型编码称为八段码。这种显示器显示的字符较少，形状有些失真，但控制简单，使用方便，在单片机系统中应用较多。其结构如图 8-12 所示。

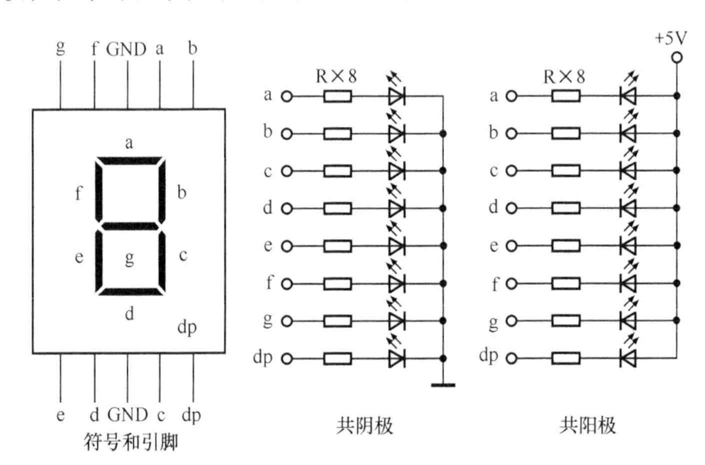

图 8-12　七段 LED 数码显示器

数码管显示器根据公共端的连接方式，可以分为共阴极数码管和共阳极数码管。图 8-12 中的 a～g 7 个笔画（段）及小数点 dp 均为发光二极管。如果将所有发光二极管的阳极连在一起，称为共阳极数码管；将阴极连在一起的称为共阴极数码管。对于共阳极数码管而言，所有发光二极管的阳极均接高电平，所以，哪一个发光二极管的阴极接地，则相应笔段的发光二极管发光；对于共阴极数码管而言，则相反。

LED 数码管显示器显示字符时，向其公共端及各段施加正确的电压即可实现该字符的显示。对公共端加电压的操作称为位选，对各段加电压操作称为段选，所有段的段选组合在一起称为段选码，也称为字型码，字型码可以根据显示字符的形状和各段的顺序得出。

例如，显示字符“0”时，a、b、c、d、e、f 点亮，g、dp 熄灭，如果在一个字节的字型码中，从高位到低位的顺序为 dp、g、f、e、d、c、b、a，则可以得到字符“0”的共阴极字型码为 3FH，共阳极字型码为 C0H。其他字符的字型码可以通过相同的方法得出。表 8-1 所示为引脚顺序连接时共阳极数码管和共阴极数码管显示不同字符的字型编码，此表是七段码。由表中可以看出，共阳极数码管和共阴极数码管的字型编码互为反码。

表 8-1　　数码管字型编码表

显示	字型	共阳极									共阴极								
		dp	g	f	e	d	c	b	a	字型码	dp	g	f	e	d	c	b	a	字型码
0	0	1	1	0	0	0	0	0	0	C0H	0	0	1	1	1	1	1	1	3FH
1	1	1	1	1	1	1	0	0	1	F9H	0	0	0	0	0	1	1	0	06H
2	2	1	0	1	0	0	1	0	0	A4H	0	1	0	1	1	0	1	1	5BH
3	3	1	0	1	1	0	0	0	0	B0H	0	1	0	0	1	1	1	1	4FH
4	4	1	0	0	1	1	0	0	1	99H	0	1	1	0	0	1	1	0	66H
5	5	1	0	0	1	0	0	1	0	92H	0	1	1	0	1	1	0	1	6DH
6	6	1	0	0	0	0	0	1	0	82H	0	1	1	1	1	1	0	1	7DH
7	7	1	1	1	1	1	0	0	0	F8H	0	0	0	0	0	1	1	1	07H
8	8	1	0	0	0	0	0	0	0	80H	0	1	1	1	1	1	1	1	7FH
9	9	1	0	0	1	0	0	0	0	90H	0	1	1	0	1	1	1	1	6FH
A	A	1	0	0	0	1	0	0	0	88H	0	1	1	1	0	1	1	1	77H
B	B	1	0	0	0	0	0	1	1	83H	0	1	1	1	1	1	0	0	7CH
C	C	1	1	0	0	0	1	1	0	C6H	0	0	1	1	1	0	0	1	39H
D	D	1	0	1	0	0	0	0	1	A1H	0	1	0	1	1	1	1	0	5EH
E	E	1	0	0	0	0	1	1	0	86H	0	1	1	1	1	0	0	1	79H
F	F	1	0	0	0	1	1	1	0	8EH	0	1	1	1	0	0	0	1	71H
H	H	1	0	0	0	1	0	0	1	89H	0	1	1	1	0	1	1	0	76H
L	L	1	1	0	0	0	1	1	1	C7H	0	0	1	1	1	0	0	0	38H
P	P	1	0	0	0	1	1	0	0	8CH	0	1	1	1	0	0	1	1	73H
R	R	1	1	0	0	1	1	1	0	CEH	0	0	1	1	0	0	0	1	31H
U	U	1	1	0	0	0	0	0	1	C1H	0	0	1	1	1	1	1	0	3EH
Y	Y	1	0	0	1	0	0	0	1	91H	0	1	1	0	1	1	1	0	6EH
-	-	1	0	1	1	1	1	1	1	BFH	0	1	0	0	0	0	0	0	40H
-	-	0	1	1	1	1	1	1	1	7FH	1	0	0	0	0	0	0	0	80H
灭	灭	1	1	1	1	1	1	1	1	FFH	0	0	0	0	0	0	0	0	00H

8.2.2　LED 数码管的显示和驱动

实际使用的 LED 显示器通常有多位，多位 LED 的控制包括字段控制（显示什么字符）和字位控制（哪 1 位或哪几位亮）。*N* 位 LED 显示器包括 8 × *N* 根字段控制线和 *N* 根字位控制线。

由 LED 显示原理可知，要使 *N* 位 LED 显示器的某一位显示出某个字符，必须要将此字符转换为相应的字段码，同时进行字位的控制，这要通过一定的接口来实现。*N* 位 LED 显示器的接口形式与字段、字位控制线的译码方式以及 LED 显示方式有关。字段、字位控制线的译码方式有软件译码和硬件译码两种（硬件译码可以简化程序，减少依赖 CPU；而软件译码则能充分发挥 CPU 功能，简化硬件装置。本书介绍的是软件译码方式）。

LED 显示方式可分为静态显示和动态显示。

1．静态显示方式

所谓静态显示，就是每 1 位显示器的字段控制线是独立的。当显示某一字符时，该位的各字段线和字位线的电平不变，也就是各字段的亮、灭状态不变。

在静态显示方式下，每 1 位显示器的字段需要一个 8 位 I/O 口控制，而且该 I/O 口必须有锁存功能，N 位显示器就需要 N 个 8 位 I/O 口，公共端可直接接+5V（共阳）或接地（共阴）。显示时，每 1 位字段码分别从 I/O 控制口输出，保持不变直至 CPU 刷新显示为止，也就是各字段的亮、灭状态不变。

静态显示方式编程较简单，但占用 I/O 口线多，即软件简单、硬件成本高，一般适用显示位数较少的场合。

例 8-2 80C51 通过 8255A 芯片扩展 3 位七段共阳极 LED 显示器。

解：图 8-13 给出了显示器的接口电路，8255A 与 80C51 的接口见 7.5 节。在程序中将相应的字型码写入 8255A 的 PA、PB、PC 口，显示器就可以显示出 3 位字符。

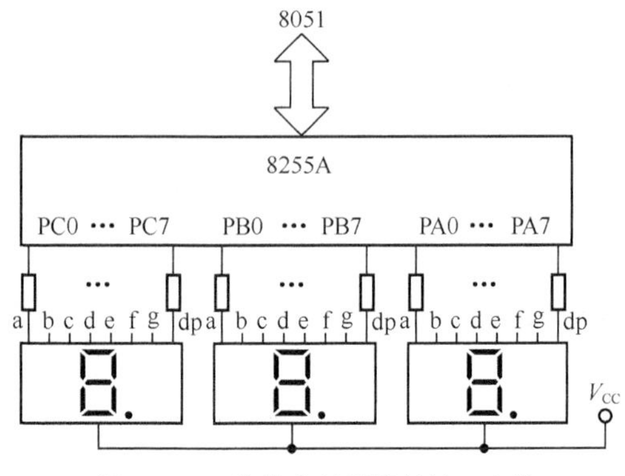

图 8-13　3 位静态显示器的接口电路

8255A 的初始化应设定为 PA、PB、PC 为基本 I/O 输出方式，待显示的数据存放在内部 RAM 的 40H～42H 单元，数据格式为非压缩 BCD 码。

初始化及显示程序如下。

```
          ORG    1000H
DSP8255： MOV    DPTR，   #7FFFH
          MOV    A，      #80H                  ；8255A 工作方式设置
          MOVX   @DPTR，  A                     ；工作方式字送 8255A 控制口
          MOV    R0，     #40H                  ；显示数据起始地址
          MOV    R1，     #3H                   ；待显示数据个数
          MOV    DPTR，   7FFCH                 ；第一个数据在 PA 口显示
LOOP：    MOV    A，      @R0                   ；取出第一个待显示数据
          ADD    A，      #06H                  ；加上偏移量，查表指令到表 TAB 有
                                                  6 个字节指令
          MOVC   A，      @A+PC                 ；查表取出字型码
          MOVX   @DPTR，  A                     ；字型码送 8255A 端口显示
          INC    R0                             ；指向下一个数据存储位置
          INC    DPTR                           ；指向下一个七段数码显示器
          DJNZ   R1，     LOOP                  ；未显示结束，返回继续
          RET
TAB：     DB     0C0H，0F9H，0A4H，0B0H         ；0，1，2，3 字型码表
          DB     99H，92H，82H，0F8H            ；4，5，6，7
          DB     80H，90H，88H，83H             ；8，9，A，B
          DB     0C6H，0A1H，86H，8EH           ；C，D，E，F
          END
```

例 8-3 图 8-14 所示为一个 3 位静态 LED 显示电路，由于 74LS377 有锁存功能，所以 P0 口可共用。显示器的每 1 位可独立显示，只要在该位的段选线上保持适当电平，该位就能保持相应的显示字符。静态显示时，在同一时刻各位可以同时显示不同字符。

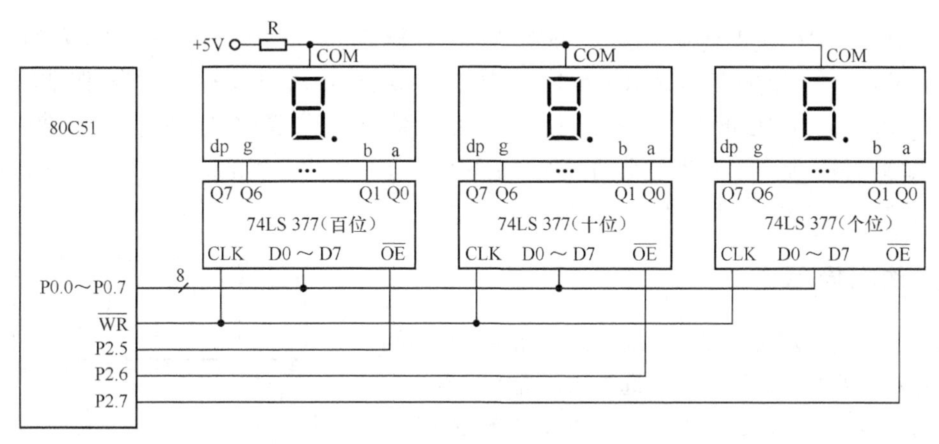

图 8-14　3 位静态 LED 显示

图 8-14 所示电路的静态显示参考程序如下，设要显示的数据（≤255）存在 30H 开始的内 RAM 中。显示代码表存在以 TAB 为首地址的 ROM 中。

```
        ORG     0000H
        LJMP    DIR1
        ORG     0100H
DIR1:   MOV     DPTR,   #TAB
        MOV     A,      30H             ；读显示数
        MOV     B,      #100            ；置除数
        DIV     AB                      ；产生百位显示数字
        MOVC    A,      @A+DPTR         ；读百位显示代码
        MOV     DPTR,   #0DFFFH         ；置 74LS377（百位）地址
        MOVX    @DPTR，A                ；输出百位显示代码
        MOV     A,      B               ；读余数
        MOV     B,      #10             ；置除数
        DIV     AB                      ；产生十位显示数字
        MOV     DPTR,   #TAB            ；置共阳字段码表首地址
        MOVC    A,      @A+DPTR         ；读十位显示代码
        MOV     DPTR,   #0BFFFH         ；置 74LS377（十位）地址
        MOVX    @DPTR，A                ；输出十位显示代码
        MOV     A，B                    ；读个位显示数字
        MOV     DPTR,   #TAB            ；置共阳字段码表首地址
        MOVC    A,      @A+DPTR         ；读个位显示代码
        MOV     DPTR,   #7FFFH          ；置 74LS377（个位）地址
        MOVX    @DPTR，A                ；输出个位显示代码
        SJMP    $
TAB:    DB      0C0H，0F9H，0A4H，0B0H，99H    ；共阳字段码表
        DB      92H， 82H， 0F8H，80H，90H
        END
```

静态显示主要的优点是显示稳定，在发光二极管导通电流一定的情况下，显示器的亮度大。系统运行过程中，在需要更新显示内容时，CPU 才去执行显示更新子程序，这样既节约了 CPU 的时间，又提高了 CPU 的工作效率。其不足之处是占用硬件资源较多，每个 LED 数码管需要独占 8 条输出线。随着显示器位数的增加，需要的 I/O 口线也将增加。为了节约 I/O 口线，常采用另一种显示方式——动态显示方式。

2. 动态显示方式

动态显示方式是指一位一位地轮流点亮每位显示器（称为扫描），即每个数码管的位选被轮流选中，多个数码管公用一组段选，段选数据仅对位选选中的数码管有效。对于每一位显示器来说，每隔一段时间点亮一次。显示器的亮度既与导通电流有关，也与点亮时间和间隔时间的比例有关。动态扫描显示电路连接方法如图 8-15 所示，将显示各位的所有相同字段线连在一起，每一位的 a 段连在一起，b 段连在一起，……，g 段连在一起，共 8 段，由一个 8 位 I/O 口控制，而每一位的公共端（共阳或共阴 COM）由另一个 I/O 口控制。

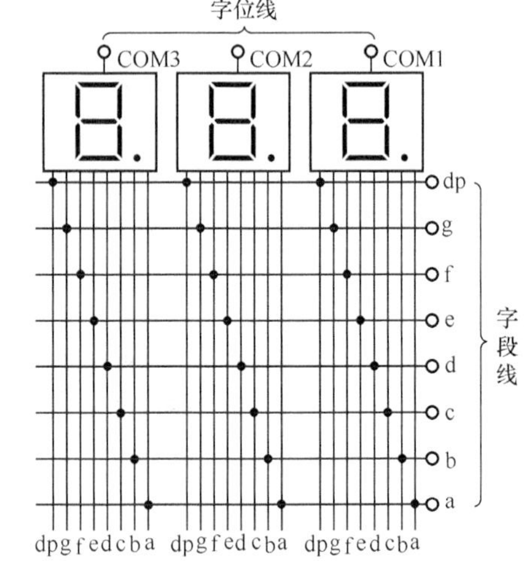

图 8-15　动态显示 LED 数码管连接方式

这种连接方式将每位相同字段的字段线连在一起，当输出字段码时，每一位将显示相同的内容。因此，要想显示不同的内容，必须采取轮流显示的方式。即在某一瞬时，只让某一位的字位线处于选通状态（共阴极 LED 数码管为低电平，共阳极为高电平），其他各位的字位线处于开断状态，同时，字段线上输出该位要显示的相应字符的字段码。在这一瞬时，只有这一位在显示，其他几位暗。同样，在下一瞬时，单独显示下一位，这样依次循环扫描，轮流显示，由于人的视觉滞留效应，人们看到的是多位同时稳定显示。

在动态显示方式中，各 LED 数码管轮流工作，为了防止出现闪烁现象，LED 数码管刷新频率必须大于 25Hz，即同一 LED 数码管相临两次点亮时间间隔要小于 40 ms。对于具有 N 个 LED 数码管的动态显示电路来说，如果 LED 显示器刷新频率为 f，那么刷新周期为 $1/f$，每一位的显示时间为 $1/(f\times N)$ s。显然，位数越多，每一位的显示时间就越短，在驱动电流一定的情况下，亮度就越低（正因如此，在动态 LED 显示电路中，需适当增大驱动电流，一般取 20～35 mA，以抵消因显示时间短引起的亮度下降）。实验表明：为了保证一定的亮度，在驱动电流取 30 mA 的情况下，每位显示时间不能小于 1 ms。

在动态显示方式下，每位显示时间只有静态显示方式的 $1/N$（N 为显示位数），因此为了达到足够的亮度，需要较大的瞬时电流。一般来讲，瞬时电流约为静态显示方式下的 N 倍。8 位动态扫描显示，每位显示时间只有 1/8，因此需要较大的瞬时电流，必须加接驱动电路，如 7406、7407、MC1413（ULNN2003A）等或用分立元件晶体管作为驱动器。

动态扫描显示电路的特点是占用 I/O 端线少；电路较简单，硬件成本低；编程较复杂，CPU 要定时扫描刷新显示。当要求显示位数较多时，通常采用动态扫描显示方式。

例 8-4　设计 6 位共阴极显示器与 8155 的接口电路，并写出与之对应的动态扫描显示子程序。显示数据缓存区在片内 RAM 79H～7EH 单元。

解：8155 与 MCS-51 单片机的接口采用 7.6 节中所示的形式，即 PA 口的端口地址为 7F01H，

PC 口的端口地址为 7F03H。6 位动态显示器接口电路如图 8-16 所示。

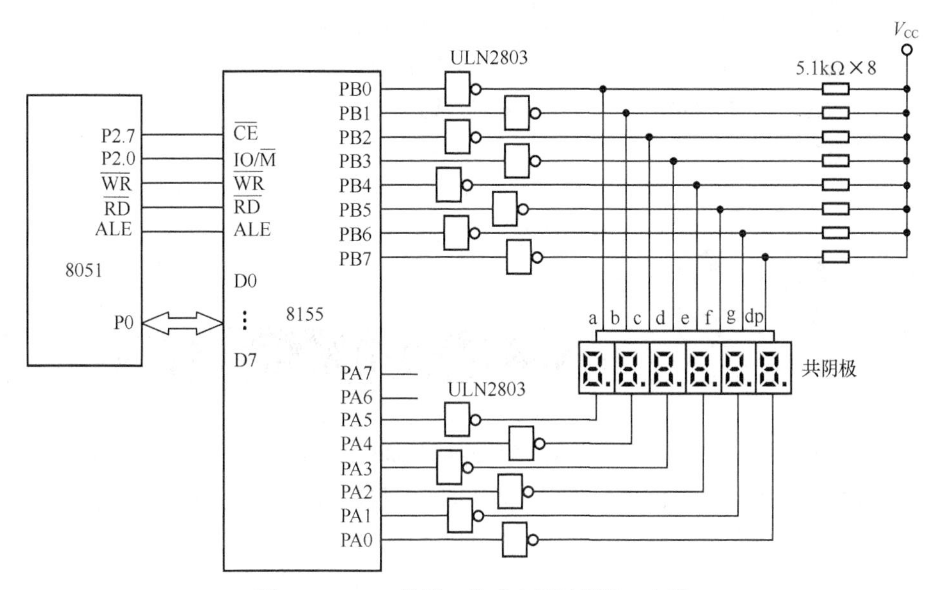

图 8-16　8155 扩展 6 位动态显示器接口电路

在该系统中，使用了 8155 的 PA 和 PB，其中，PA 作为扫描口，PB 作为段码输出口。8155 的 PA 和 PB 都工作在基本输出方式下，进行扫描时，PA 的低 6 位依次置 1，依次选中了从左至右的显示器。图 8-16 中，使用了 ULN2803 而不是用 7407 作为段码输出驱动，这是因为 ULN2803 具有 8 路驱动，只需一片即可驱动 8 位段码。但 ULN2803 是反相驱动，所以在段数据表中的字型码应与共阳极数码管的字型码相同。

动态扫描子程序清单如下。

```
          ORG    1000H
DSP8155:  MOV    DPTR，#7F00H        ；指向 8155 命令寄存器
          MOV    A ，   #00000011B   ；设定 PA 口、PB 口为基本输出方式
          MOVX   @DPTR，A            ；输出命令字
DISP1:    MOV    R0,     #7EH        ；指向缓冲区末地址
          MOV    A,      #20H        ；扫描字，PA5 为 1，从左至右扫描
LOOP:     MOV    R2,     A           ；暂存扫描字
          MOV    DPTR,   #7F01H      ；指向 8155 的 PA
          MOVX   @DPTR，A            ；输出位选码
          MOV    A,      @R0         ；读显示缓冲区一字符
          MOV    DPTR,   #PTRN       ；指向段数据表首地址（注：PTRN 为主程序中
                                     的段数据表）
          MOVC   A,      @A+DPTR     ；查表，得段数据
          MOV    DPTR,   #7F02H      ；指向 8155 的 PB
          MOVX   @DPTR，A            ；输出段数据
          LCALL  D1MS                ；延时 1 ms（注：D1MS 为主程序中的延时程序）
          DEC    R0                  ；调整指针
```

```
MOV   A,   R2      ；读回扫描
CLR   C            ；清进位标志
RRC   A            ；扫描字右移
JNC   LOOP         ；结束
RET
```

8.3 A/D 转换电路接口技术

在实际应用中，单片机控制系统经常要对各种现场信号，如温度、流量、压力、浓度、位置、速度、角度、力矩等进行检测与控制。这些非电量信号通常要先经过各种相应的传感器检测后变成电压或电流等电信号。这些电信号都是大小随时间连续变化的模拟信号。而单片机是一种纯数字部件，它只能接收和处理“0”和“1”这样的数字信号。因此，必须要先把这些模拟信号转换成单片机能直接接收和处理的数字信号，然后才能将其送入单片机进行处理。这种用来将模拟信号转换成数字信号的电路称为模/数转换电路，即 A/D 转换电路或 ADC(Analog to Digital Converter)。

同样，单片机对输入信号进行处理后，发出的控制信号如阀门开度、电机的转速等，都是“0”和“1”这样的二进制数字信号，不能直接用来驱动执行机构。因此，在输出回路中必须先把控制量的数字信号转换成模拟信号，再经驱动电路放大后才能送给执行机构。这种将数字信号转换成模拟信号的电路称为数/模转换电路，即 D/A 转换电路或 DAC（ Digital to Analog Converter ）。

采用 A/D、D/A 转换电路的单片机控制系统的一般结构如图 8-17 所示。

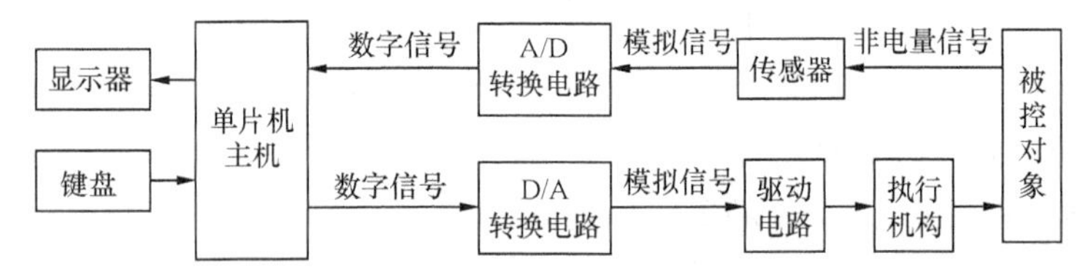

图 8-17　采用 A/D、D/A 转换电路的单片机控制系统的一般结构

A/D、D/A 转换电路一般都是由 A/D、D/A 转换器芯片及一些辅助元件构成的。本节首先介绍 A/D 转换电路的工作原理及其与单片机的接口技术。D/A 转换电路的工作原理及其与单片机的接口技术将在 8.4 节中介绍。

8.3.1 A/D 转换器的主要性能指标

1. 转换精度

转换精度通常用分辨率和量化误差来描述。

① 分辨率。分辨率 $U_{REF}/2^N$，它表示输出数字量变化一个相邻数码所需输入模拟电压的变

化量，其中 N 为 A/D 转换的位数，N 越大，分辨率越高，习惯上，分辨率常以 A/D 转换位数表示。例如，一个 8 位 A/D 转换器的分辨率为满刻度电压的 $1/2^8=1/256$，若满刻度电压（基准电压）为 5V，则该 A/D 转换器能分辨 5V/256≈20 mV 的电压变化。

② 量化误差。量化误差是指零点和满度校准后，在整个转换范围内的最大误差。通常以相对误差形式出现，并以 LSB（Least Significant Bit，数字量最小有效位所表示的模拟量）为单位。如上述 8 位 A/D 转换器基准电压为 5V 时，1LSB≈20 mV，其量化误差为 ± 1LSB/2≈ ± 10 mV。

2. 转换时间

指 A/D 转换器完成一次 A/D 转换所需时间。转换时间越短，适应输入信号快速变化能力越强。当 A/D 转换的模拟量变化较快时就需选择转换时间短的 A/D 转换器，否则会引起较大误差。

8.3.2 A/D 转换器的分类

A/D 转换器的分类如图 8-18 所示。

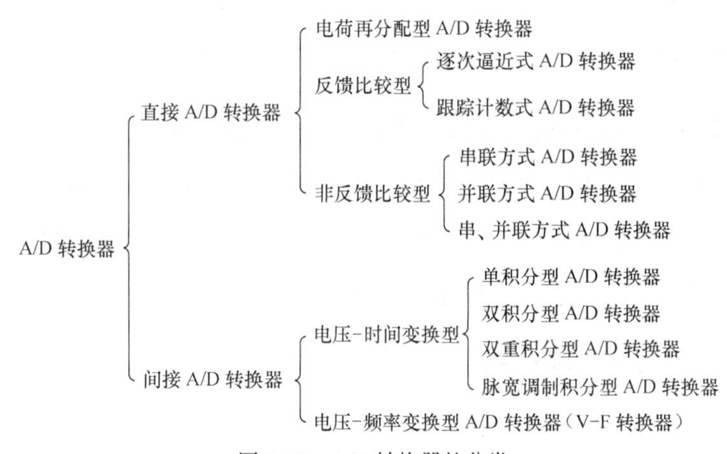

图 8-18　A/D 转换器的分类

根据输出数字量的方式，A/D 转换器可以分为并行输出转换器和串行输出转换器两种。串行、并行 ADC 各有优势。并行 ADC 的特点是占用较多的数据线，但转换速度快，在转换位数较少时，有较高的性价比。串行 ADC 具有输出占用的数据线少、转换后的数据逐位输出、输出速度较慢的特点。

根据输出数字量表示形式，A/D 转换器可分为二进制输出格式和 BCD 码输出格式。BCD 码输出采用分时输出万、千、百、十、个位的方法，可以很方便地驱动 LCD 显示。二进制输出格式一般要将转换数据送单片机处理后使用。

A/D 转换器目前应用较为广泛的主要有以下几种类型：逐次逼近式转换器、双积分型转换器、V-F 转换器和串行 A/D 转换器。逐次逼近式 A/D 转换器在精度、速度和价格上均比较适中，是最常用的 A/D 转换器件。双积分型转换器具有精度高、抗干扰性好、价格低廉等优点，但是转换速度慢，在单片机系统中对速度要求不高的场合应用较为广泛。V-F 转换器适用于转换速度要求不高，需要进行远距离传输的场合。串行 A/D 转换器便于信号隔离，性价比较高，芯片小，引脚少，便于电路板制作。

8.3.3　A/D 转换原理

A/D 转换电路是将大小随时间连续变化的模拟信号转换为数字信号的电路，其核心通常是一个 A/D 转换器芯片。A/D 转换器芯片的种类有很多，按性能分有普通、高精度、低功耗、高分辨率、高速以及与母线兼容等多种；按输出代码的有效位数可分为 4 位、6 位、8 位、10 位、12 位、14 位、16 位和 BCD 码输出的 $3\frac{1}{2}$ 位、$4\frac{1}{2}$ 位、$5\frac{1}{2}$ 位等多种。根据其转换原理，常用的 A/D 器件有逐次逼近式 A/D、双积分 A/D 等。

逐次逼近式 A/D 转换器速度较快，使用方便，但价格相对较高，抗干扰性差。常用的逐次逼近式 A/D 转换器有：8 位单通道 ADC0801～ADC0805 型、8 位 8 通道 ADC0808/0809 型、8 位 16 通道 ADC0816/0817 型，它们的转换时间均为 100μs。混合集成的高速转换芯片有 12 位的 AD574A，转换时间为 25μs；12 位的 ADC803，转换时间为 1.5μs；16 位的 ADC71、ADC76，转换时间为 17μs 等。有效位数和转换速度越高的 A/D 转换器价格也越昂贵。

双积分式 A/D 转换器精度高，抗干扰性好，价格低，但速度慢，转换结果大多以 BCD 码形式输出。转换时间一般大于 40～50ms。主要有：$3\frac{1}{2}$ 位精度的 ICL7106/7107/7126 系列，单参考电压，静态七段码输出，可以直接驱动 LED 显示器，国内相同产品有 CH7106、DG7126；$3\frac{1}{2}$ 位精度的 MCl4433，动态扫描 BCD 码输出，有自动量程控制信号输出，国内相同产品为 5G14433；$4\frac{1}{2}$ 位精度的 ICL7135，国内相同产品有 5G7135；$5\frac{1}{2}$ 位的 A/D 器件有 AD7550、AD7555 等。

下面介绍这两种常用的 A/D 转换器的工作原理。

1. 逐次逼近式 A/D 转换器

图 8-19 所示为逐渐逼近式 A/D 转换器的原理框图。

这种转换器的工作原理和用天平称量重物一样。在 A/D 转换中，输入模拟电压 V_i 相当于重物，比较器相当于天平，D/A 转换器给出的反馈电压 V_F 相当于试探码的总重量，而逐次逼近寄存器 SAR 相当于称量过程中人的作用。和在称量中从重到轻逐级加砝码进行试探一样，A/D 转换器是从高位到低位依次进行试探比较。这里，逐次逼近寄存器（SAR）起着关键性的控制作用，它应保证试探从高位开始依次进行，并根据比较的结果执行试探位数码的留或舍。

转换过程如下。初始时，逐次逼近寄存器 SAR 内的数字被清为全 0。转换开始，先把 SAR 的最高位置 1（其余位仍为 0），SAR 中的数字经 D/A 转换后给出试探（反馈）电压 V_F，该电压被送入比较器中与输入电压 V_i 进行比较。如果 $V_F<V_i$，则所置的 1 被保留，否则被舍掉（复原为 0）。再置次高位为 1，构成的新数字再经 D/A 转换得到新的 V_F，该 V_F 再与 V_i 进行比较，又根据比较的结果决定次高位的留或舍。如此试探比较下去，直至定出所有位的留或舍。最后得到转换结果数字输出。

图 8-20 所示为 4 位 A/D 转换过程示意图。每一次的试探量（反馈量）V_F 如图中粗线段所示，每次试探结果和数字输出如图中表所示。为了保证量化误差为 $\pm q/2$，比较器预先调整为当 $V_i=1/2q$（这里为 1/32）时，数字输出为 0001。

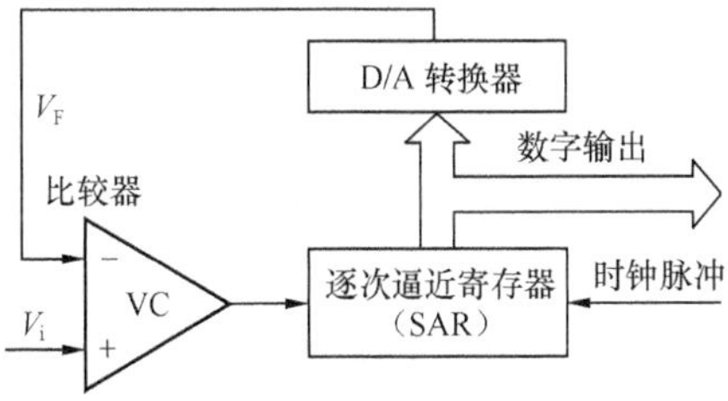

图 8-19 逐次逼近式 A/D 转换器原理框图

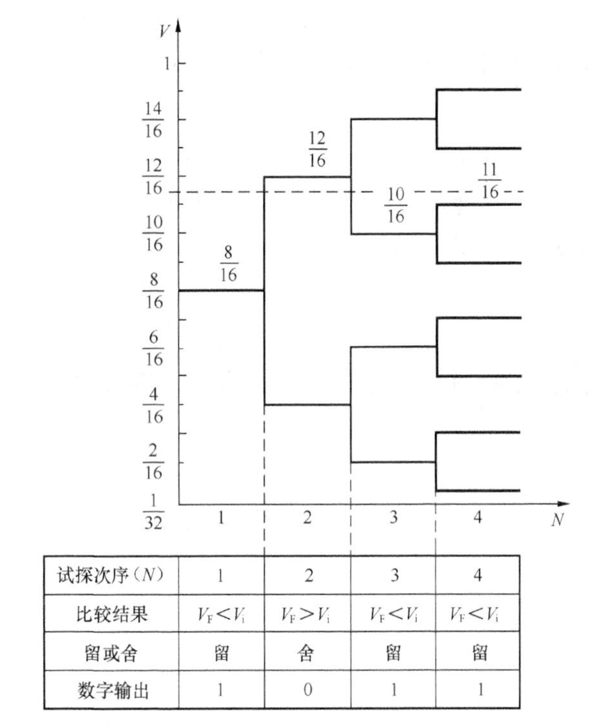

试探次序（N）	1	2	3	4
比较结果	$V_F<V_i$	$V_F>V_i$	$V_F<V_i$	$V_F<V_i$
留或舍	留	舍	留	留
数字输出	1	0	1	1

图 8-20 逐次逼近式 A/D 转换过程示意图

逐次逼近式 A/D 转换器的特点：这种转换器转换时间固定，它决定于位数和时钟周期，适用于变化过程较快的控制系统（每位转换时间为 200～500ns，12 位需 2.4～6μs）。

转换精度主要取决于 D/A 转换器和比较器的精度，可达 0.01%。转换结果也可以串行输出。这种转换器的性能适应大部分的应用场合，是应用最广泛的一种 A/D 转换器（占 90%左右）。

2. 双积分式 A/D 转换器

双积分式 A/D 转换器属于间接电压/数字转换器，它把输入电压转换为与其平均值成正比的时间间隔，同时把此时间间隔转变为数字。原理框图如图 8-21 所示，积分器输出波形如图 8-22 所示。

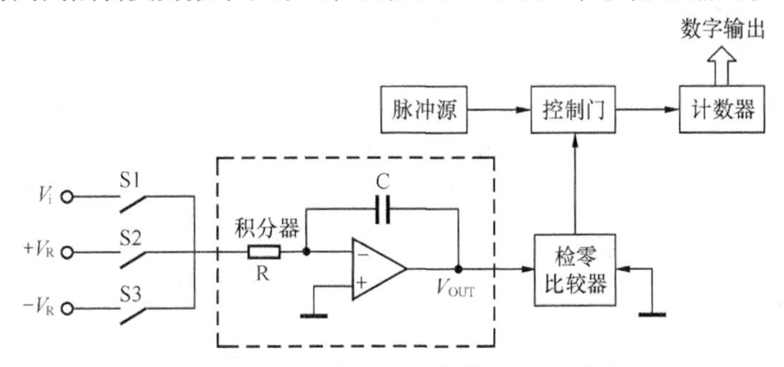

图 8-21 双积分式 A/D 转换器原理框图

转换过程分采样和比较两个阶段。

在采样阶段中，S1 闭合，积分器从原始状态（$V_{OUT}=0$）对 V_i 进行固定时间（T_1）的积分。当积分到 T_1 结束时，S1 打开，这时

$$V_{OUT}=-\frac{1}{RC}\int_0^{T_1}V_i\mathrm{d}t=V_A=-\frac{1}{RC}\frac{T_1}{T_1}\int_0^{T_1}V_i\mathrm{d}t$$

这里，$\frac{1}{T_1}\int_0^{T_1} V_i \mathrm{d}t$ 是 V_i 在 T_1 时间间隔内的平均值 $\overline{V_i}$，所以

$$V_{OUT} = -\frac{T_1}{RC}\overline{V_i} = V_A$$

采样阶段结束立即就进入比较阶段。这时 S2（或 S3）闭合，把与 V_i 极性相反的基准电压 V_R 接向积分器，积分器的输出为

$$V_{OUT} = V_A + \left(-\frac{1}{RC}\int_0^t V_R \mathrm{d}t\right) = V_A - \frac{1}{RC}\int_0^t V_R \mathrm{d}t$$

这里，后一项为 V_R 的积分输出，因 V_R 为固定值，所以

$$V_{OUT} = V_A - \frac{1}{RC}V_R\int_0^t \mathrm{d}t$$

当 $t = t_x$ 时，V_{OUT} 恢复到初始状态（$V_{OUT} = 0$），即

$$V_{OUT} = V_A - \frac{V_R}{RC}t_x = 0$$

于是

$$V_A = \frac{V_R}{RC}t_x$$

将 V_A 代入上式 $V_{OUT} = -\frac{T_1}{RC}\overline{V_i} = V_A$ 得

$$t_x = -\frac{T_1}{V_R}\overline{V_i}$$

因 T_1 和 V_R 都是固定值，所以 t_x 与 $\overline{V_i}$ 成正比。

输出电压 V_{OUT} 的变化如图 8-22 所示。可见，V_i 大 V_A 也大，从而 t_x 也长。（比较阶段的斜率由 V_R 决定，V_R 不变，斜率也不变。）

t_x 到数字量的转换是通过时间/数字转换实现的。在 t_x 期间对脉冲源来的脉冲进行计数，计得的数字量即是代表 V_i 的数字值。

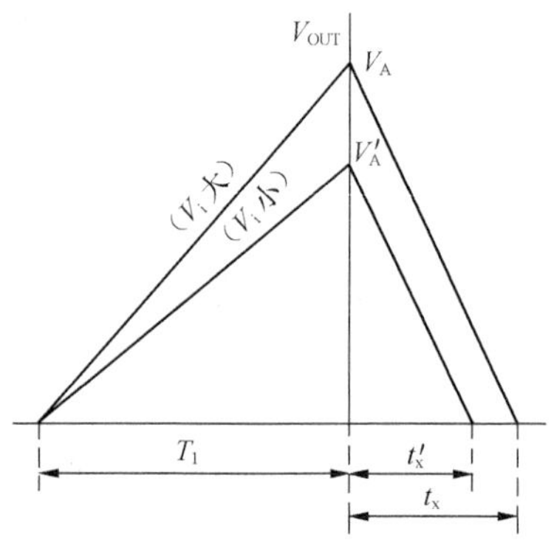

图 8-22 积分器输出波形图

在转换过程中，因进行了两次积分故称为双积分式 A/D 转换器。这种转换器测量的是 V_i 在固定时间 T_1 内的平均值 $\overline{V_i}$，因此，它对周期为 T_1 或几分之一 T_1 的对称干扰具有非常大的抑制能力。这种转换器的精度和稳定性都比较高，但转换速度较慢（为 20 ms 的整倍数），因此多用于要求抗扰能力强、精度高，但对速度要求不高的场合。

8.3.4 A/D 转换器 ADC0809 的接口

本小节介绍的是典型的 8 位逐次逼近式 A/D 转换器 ADC0809，逐次逼近式 A/D 转换器 SAR 由结果寄存器、比较器和控制逻辑等部件组成。采用“对分搜索，逐位比较”的方法逐步逼近，利用数字量试探地进行 D/A 转换，再比较判断，从而实现 A/D 转换。N 位逐次逼近型 A/D 转换器最多只需 N 次 D/A 转换、比较判断，就可以完成 A/D 转换。因此，逐次逼近型 A/D 转换

速度很快。ADC0809 内部逻辑结构如图 8-23 所示。

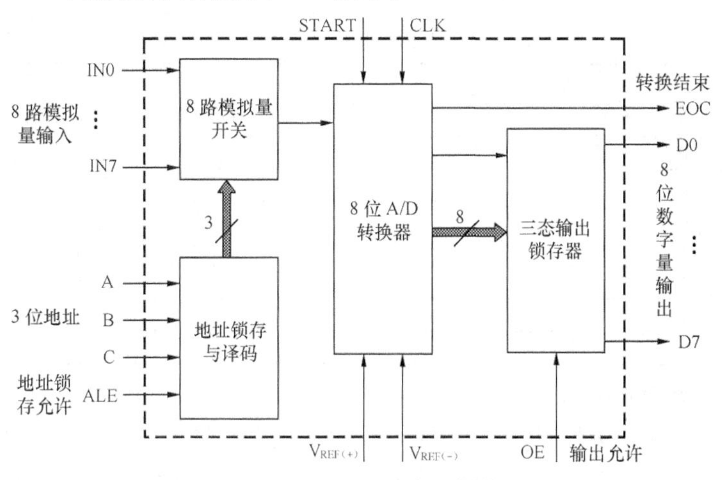

图 8-23　ADC0809 内部逻辑结构

1. ADC0809 的特点

ADC0809 是 NS（National Semiconductor，美国国家半导体）公司生产的逐次逼近型 A/D 转换器。ADC0809 具有以下特点。

① 分辨率为 8 位。

② 误差 ± 1LSB，无漏码。

③ 转换时间为 100μs（当外部时钟输入频率 f_c=640kHz 时）。

④ 很容易与微处理器连接。

⑤ 单一电源+5 V，采用单一电源+5 V 供电时量程为 0～5 V。

⑥ 无需零位或满量程调整。

⑦ 带有锁存控制逻辑的 8 通道多路转换开关，便于选择 8 路中的任一路进行转换。

⑧ DIP28 封装。

⑨ 使用 5 V 或采用经调整模拟间距的电压基准工作。

⑩ 带锁存器的三态数据输出。

2. ADC0809 引脚功能

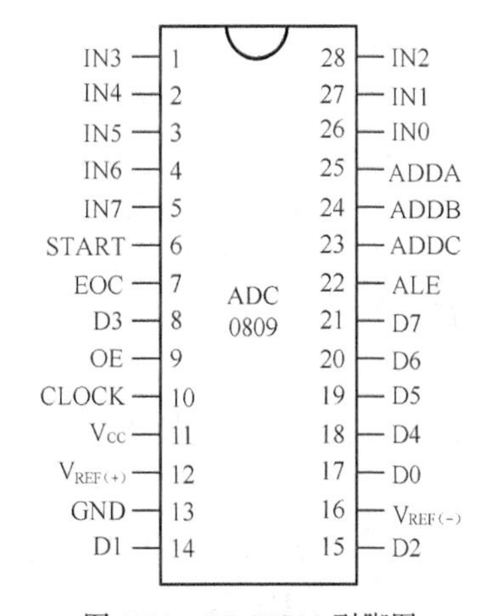

图 8-24　ADC0809 引脚图

ADC0809 为 DIP28 封装，芯片引脚排列如图 8-24 所示，引脚的功能及含义如下。

① IN0～IN7：8 路模拟信号输入。

② ADDA、ADDB、ADDC：3 位地址码输入。8 路模拟信号转换选择由 A、B、C 决定。A 为低位，C 为高位，与低 8 位地址中 A0～A2 连接。由 A0～A2 地址 000～111 选择 IN0～IN7 8 路 A/D 通道，见表 8-2。

③ CLK：外部时钟输入。时钟频率高，A/D 转换速度快。允许范围为 10～1280 kHz，典型值为 640kHz，此时 A/D 转换时间为 100μs。通常由 80C51 ALE 直接或分频后与 0809CLK 相连接。当 80C51 无读写外 RAM 操作时，ALE 信号固定为 CPU 时钟频率的 1/6，若晶振为 6MHz，

则 1/6 为 1MHz 时，A/D 转换时间为 64μs。

表 8-2　　ADC0809 通道选择

C　B　A	被选通的通道
0　0　0	IN0
0　0　1	IN1
0　1　0	IN2
0　1　1	IN3
1　0　0	IN4
1　0　1	IN5
1　1　0	IN6
1　1　1	IN7

④ D0～D7：数字量输出。

⑤ OE：A/D 转换结果输出允许控制。当 OE 为高电平时，允许将 A/D 转换结果从 D0～D7 输出。通常由 80C51 的 $\overline{RD}$ 与 0809 片选端（例如 P2.0）通过或非门与 0809 OE 相连接。当 DPTR 为 FEFFH，且执行 MOVX　A，@DPTR 指令后，$\overline{RD}$ 和 P2.0 均有效，或非后产生高电平，使 0809 OE 有效，0809 将 A/D 转换结果送入数据总线 P0 口，CPU 再读入 A 中。

⑥ ALE：地址锁存允许信号输入。0809 可依次转换 8 路模拟信号，8 路模拟信号的通道地址由 0809 的 ADDA、B、C 端输入，0809 ALE 信号有效时将当前转换的通道地址锁存。（注意 0809 ALE 与 80C51 ALE 的区别）。

⑦ START：启动 A/D 转换信号输入。当 START 输入一个正脉冲时，立即启动 0809 进行 A/D 转换。START 与 ALE 连在一起，由 80C51 $\overline{WR}$ 与 0809 片选端（例如 P2.0）通过或非门相连，当 DPTR 为 FEF8H 时，执行 MOVX @DPTR，A 指令后，将启动 0809 模拟通道 0 的 A/D 转换。FEF8H～FEFFH 分别为 8 路模拟输入通道的地址。执行 MOVX 写指令，并非真的将 A 中内容写进 0809，而是产生 $\overline{WR}$ 信号和 P2.0 有效，从而使 0809 的 START 和 ALE 有效，且输出 A/D 通道地址 A0～A2。事实上也无法将 A 中内容写进 0809，0809 中没有一个寄存器能容纳 A 中内容，0809 的输入通道是 IN0～IN7，输出通道是 D0～D7，因此，执行 MOVX @DPTR，A 指令与 A 中内容无关，但 DPTR 地址应指向片选地址和当前 A/D 的通道地址。

⑧ EOC：A/D 转换结束信号输出。当启动 0809 A/D 转换后，EOC 输出低电平；转换结束后，EOC 输出高电平，表示可以读取 A/D 转换结果。该信号取反后，若与 80C51 $\overline{INT0}$ 或 $\overline{INT1}$ 连接，可引发 CPU 中断，在中断服务程序中读取 A/D 转换的数字信号。若 80C51 两个中断源已用完，则 EOC 也可与 P1 口或 P3 口的任一条端线相连，采用查询方式，查得 EOC 为高电平后，再读 A/D 转换值。

⑨ V_{REF}（+）、V_{REF}（−）：正、负基准电压输入端。基准电压的典型值为+5V，可与电源电压（+5V）相连，但电源电压往往有一定波动，将影响 A/D 精度。因此，精度要求较高时，可用高稳定度基准电源输入。当模拟信号电压较低时，基准电压也可取低于 5V 的数值。

⑩ V_{CC}：正电源电压（+5V）。

⑪ GND：接地端。

3. 接口与编程

ADC0809 典型应用如图 8-25 所示。由于 ADC0809 输出含三态锁存，所以其数据输出可以直接连接 MCS-51 的数据总线 P0 口（无三态锁存的芯片是不允许直接连数据总线的）。可通过外部中断或查询方式读取 A/D 转换结果。

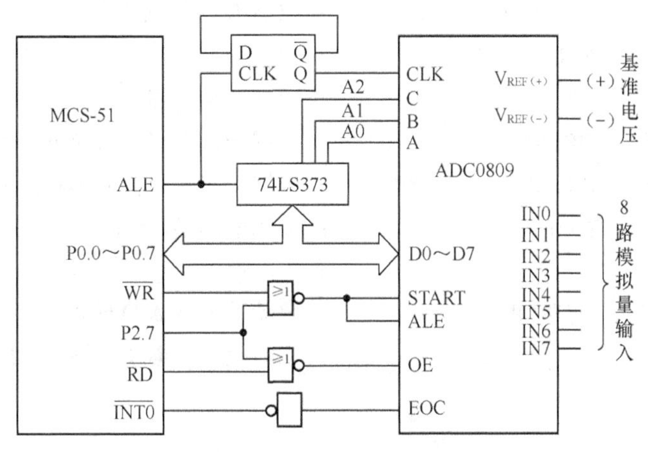

图 8-25 ADC0809 典型应用

写 P2.7 口有两个作用。其一，写 P2.7 口脉冲的上升沿使 ALE 信号有效，将送入 C，B，A 的低 3 位地址 A2，A1，A0 锁存，并由此选通 IN0～IN7 中的一路进行转换。其二，写 P2.7 口脉冲的下降沿，清除逐次逼近寄存器，启动 A/D 转换。

读 P2.7 口时（C，B，A 低 3 位地址已无任何意义），OE 信号有效，保存 A/D 转换结果的输出三态锁存器的“门”打开，将数据送到数据总线。注意，只有在 EOC 信号有效后，读 P2.7 口才有意义。

CLK 时钟输入信号频率的典型值为 640kHz。鉴于 640kHz 频率的获取比较复杂，在工程实际中多采用在 80C51 的 ALE 信号的基础上分频的方法。例如，当单片机的 f_{osc}=6MHz 时，ALE 上的频率大约为 1MHz，经 2 分频之后为 500kHz，使用该频率信号作为 ADC0809 的时钟，基本上可以满足要求。该处理方法与使用精确的 640kHz 时钟输入相比，仅仅是转换时间比典型的 100μs 略长一些（ADC0809 转换需要 64 个 CLK 时钟周期）。

例 8-5 假设 ADC0809 与 MCS-51 的硬件连接如图 8-25 所示，要求采用中断方法，进行 8 路 A/D 转换，将 IN0～IN7 转换结果分别存入片内 RAM 的 30H～37H 地址单元中。

解：程序清单如下。

```
        ORG     0000H
        LJMP    MAIN                ；转主程序
        ORG     0003H               ；INT0中断服务入口地址
        LJMP    INT0F               ；INT0中断服务
        ORG     0100H
MAIN：  MOV     R0，#30H            ；内部数据指针指向 30H 单元
        MOV     DPTR，  #7FF8H      ；指向 P2.7 口，且选通 IN0（低 3 位地址为 000）
        SETB    IT0                 ；设置INT0下降沿触发
        SETB    EX0                 ；允许INT0中断
        SETB    EA                  ；开总中断允许
        MOVX    @DPTR，A            ；启动 A/D 转换
        SJMP    $                   ；等待转换结束中断
```

中断服务程序如下。

```
INT0F:  MOVX    A，@DPTR            ；取 A/D 转换结果
        MOV     @R0，    A          ；存结果
        INC     R0                  ；内部指针下移
        INC     DPTR                ；外部指针下移，指向下一路
        CJNE    R0，#38H，NEXT      ；未转换完 8 路，继续转换
        CLR     EX0                 ；关 INT0 中断允许
        RETI                        ；中断返回
NEXT:   MOVX    @DPTR，A            ；启动下一路 A/D 转换
        RETI                        ；中断返回，继续等待下一次
        END
```

8.4 D/A 转换接口电路

D/A 转换是单片机应用系统后向通道的典型接口技术。根据被控装置的特点，一般要求应用系统输出模拟量，例如，电动执行机构和直流电动机等。但是，在单片机内部，对检测数据进行处理后输出的还是数字量，这就需要将数字量通过 D/A 转换成相应的模拟量。本节主要讨论 80C51 单片机与 D/A 转换器的接口技术。

8.4.1 D/A 转换器工作原理

D/A 转换器把计算机处理好的数字量转换为模拟量，用以实现对生产过程等控制对象的控制。因数字计算机的输出通常为二进制代码，下面主要讨论由二进制码到模拟量的转换。

D/A 转换器实质上是一种解码器。它的输入量是数字量 D 和模拟基准电压 V_R，它的输出是模拟量 V_A，输入、输出间的关系可表示为

$$V_A = DV_R$$

这里，D 是小于 1 的二进制数，可表示为

$$D = a_1 2^{-1} + a_2 2^{-2} + \cdots + a_n 2^{-n} = \sum_{i=1}^{n} \frac{a_i}{2^i}$$

其中，n 为数字量的位数，a_i 为第 i 位代码，它为 1 或为 0。D/A 转换器的输出为

$$V_A = DV_R = \frac{a_1}{2^1} V_R + \frac{a_2}{2^2} V_R + \cdots + \frac{a_n}{2^n} V_R = \sum_{i=1}^{n} \frac{a_i}{2^i} V_R$$

从此式可见，D/A 转换器输出电压 V_A 等于代码为 1 的各位所对应的各分模拟电压之和。各种转换器就是根据这一基本原理设计的。

D/A 转换器一般由基准电源、电阻解码网络、运算放大器和缓冲寄存器等部件构成。根据采用的解码网络的不同，可分为多种形式，下面主要介绍几种典型的 D/A 转换器的工作原理。

1. 权电阻解码网络 D/A 转换器

这种转换器的电路结构如图 8-26 所示。从结构上讲，这是一种最简明的转换器，它由权电阻解码网络和运算放大器组成。权电阻解码网络是实现 D/A 转换的关键部件。从图 8-26 中可见，解码网络的每一位由一个权电阻和一个双向模拟开关组成，数字量位数增加，开关和电阻的数量也相应地增加。图中每个开关的左方标出该位的权，开关右方标出该位的权电阻阻值。每位的阻值和该位的权值是一一对应的，也是按二进制规律排列的，因此称为权电阻。权电阻的排列顺序和权值的排列顺序相反，即随着权值按二进制规律递减，权电阻值按二进制规律递增，以保证流经各位权电阻的电流符合二进制规律的要求。

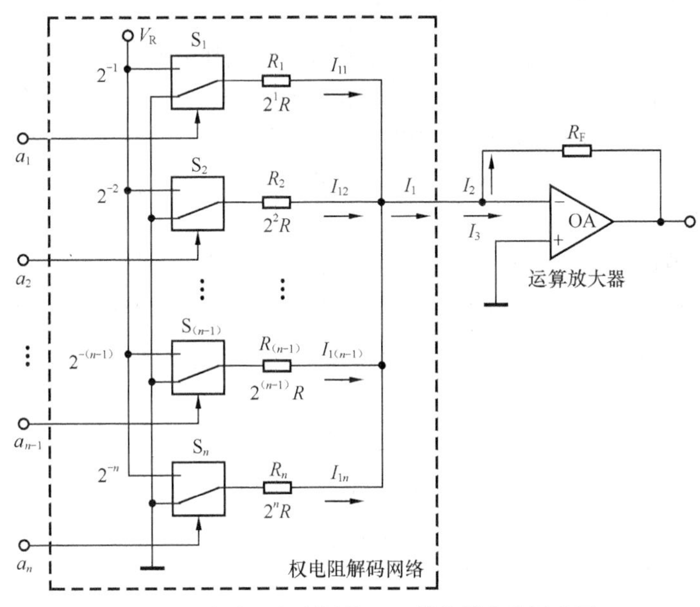

图 8-26　权电阻解码网络 D/A 转换器电路原理图

各位的开关由该位的二进制代码控制，代码 a_i 为 1 时，开关 S_i 上合，相应的权电阻接向基准电压 V_R；代码 a_i 为 0 时，开关 S_i 下合，相应的权电阻接地。

运算放大器和权电阻解码网络接成比例求和运算电路。从运算放大器工作原理可知，求和点具有接近于地的电位，称为虚地点。因此，当某一位（例如第 K 位）的输入代码为 1，相应开关 S_K 合向 V_R 时，通过该位权电阻 R_K 流向求和点的电流为 $I_{1K}=\dfrac{V_R}{R_K}$；当某位代码为 0 时，相应开关合向地，没有电流通过相应权电阻流向求和点。推广到一般情况，如以 a_i 代表第 i 位代码，它可为 1 或 0，则 I_{1i} 可表示为

$$I_{1i}=a_i\frac{V_R}{R_i}$$

权电阻网络流向求和点的电流 I_1 为各位所对应的分电流之和，即

$$I_1=I_{11}+I_{12}+\cdots+I_{1n}=\sum_{i=1}^{n}I_{1i}=\sum_{i=1}^{n}\frac{a_i}{2^iR}V_R$$

流过反馈电阻 R_F 的电流为

$$I_2 = -\frac{V_{\text{OUT}}}{R_{\text{F}}}$$

因运算放大器的开环输入阻抗极高，可以认为 $I_3 = 0$，因此 $I_1 = I_2$，将 I_1、I_2 值代入得

$$V_{\text{OUT}} = -\sum_{i=1}^{n} \frac{a_i}{2^i} \frac{R_{\text{F}}}{R} V_{\text{R}} = -D \frac{R_{\text{F}}}{R} V_{\text{R}}$$

由此可知，流入求和点的电流是由代码为 1 的那些位提供的，转换器的输出电压 V_{OUT} 正比于数字量 D，负号表示输出电压的极性与基准电压 V_{R} 的极性相反，R_{F} 为反馈电阻，调整它可以改变输出电压的范围。

2. T 型电阻解码网络 D/A 转换器

T 型电阻解码网络 D/A 转换器有电压相加型和电流相加型两种，图 8-27 所示是集成 D/A 中广泛采用的电流相加型 D/A 的电路结构。从图 8-27 中可见，网络只有 R 和 $2R$ 两种电阻，各结点电阻都接成 T 形，故称为 T 型电阻解码网络。各位的双向开关也是由各位代码控制。当输入数字量某位代码 a_i 为 1 时，开关 S_i 上合，接运算放大器求和点（虚地点）；当输入代码 a_i 为 0 时，开关下合接地。因此，不论开关是上合还是下合，网络中各支路的电流是不变的。从电阻网络各结点向右看的电阻和向下看的等效电阻都是 $2R$，经结点向右和向下流的电流一样，向下每经过一个结点就进行一次对等分流，因此，网络实际上是一个按二进制规律分流的分流器（从电压角度看，各结点电压依次递减 $\frac{1}{2}$）。整个网络的等效输入电阻为 R，V_{R} 供出的总电流为

$$I = \frac{V_{\text{R}}}{R}$$

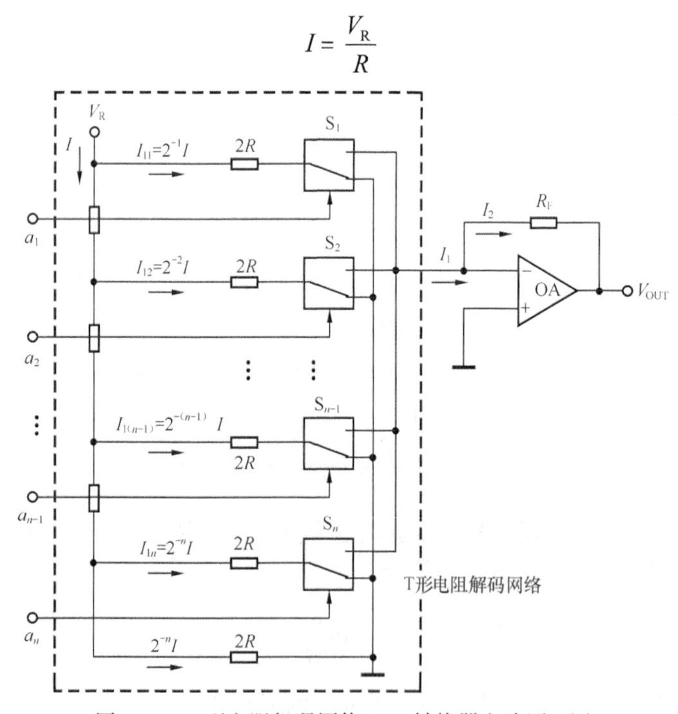

图 8-27　T 型电阻解码网络 D/A 转换器电路原理图

经 $2R$ 电阻流向开关的各分电流为

$$I_{11} = \frac{I}{2^1} = \frac{V_{\text{R}}}{2^1 R}$$

$$I_{12}=\frac{I}{2^2}=\frac{V_R}{2^2R}$$

…

…

$$I_{1n}=\frac{I}{2^n}=\frac{V_R}{2^nR}$$

这些电流是流向求和点还是流向地，由开关是上合还是下合决定，也就是由数字量各位的代码 a_i是 1 还是 0 决定。因此，流向求和点的电流 I_1 由下式确定

$$I_1=a_1I_{11}+a_2I_{12}+\cdots+a_nI_{1n}=\sum_{i=1}^{n}\frac{a_i}{2^iR}V_R$$

和分析权电阻网络 D/A 转换器时一样，因 $I_2=-\dfrac{V_{OUT}}{R_F}=I_1$，所以

$$V_{OUT}=-I_1R_F=-\sum_{i=1}^{n}\frac{a_i}{2^i}\frac{R_F}{R}V_R=-D\frac{R_F}{R}V_R$$

结果和权电阻解码网络 D/A 转换器一样。

权电阻解码网络中，各位电阻阻值是按二进制规律递变的，最高位和最低位阻值相差极悬殊，例如，12 位时，相差近 $2^{11}=2\,048$ 倍。由于阻值分散和悬殊，给制造工艺带来很大困难，很难保证精度，特别是在集成 D/A 中尤为突出。因此，在集成 D/A 中，一般都采用 T 型电阻解码网络。

3. 开关树型 D/A 转换器

开关树型D/A转换器是一种能确保单调性特性的 D/A 转换器。它由分压器、树状排列的模拟开关和运算放大器组成，如图 8-28 所示。为了简化，图中以 3 位 D/A 为例。

分压器由 2^n个（n 为数字量位数）相同阻值的电阻串联构成，把基准电压等分为 2^n 份。模拟开关共有 n 级形成树状，n 级分别由数字量的各位控制。数字量某位代码 a_i 为 1 时，相应级的开关均上合；为 0 时，均下合。这样 n 级开关结合起来就把与数字量相应的电压引向输出端。在本例中，如输入数字为 101 时，则 S_1 上合，S_2 下合，S_3 上合，从而将

$$V=\sum_{i=1}^{n}\frac{a_i}{2^i}V_R=\left(\frac{1}{2^1}+\frac{0}{2^2}+\frac{1}{2^3}\right)V_R=\frac{5}{8}V_R$$

引向开关树输出端。开关树接运算放大器，运算放大器接成跟随器形式，这样既能保持树状开关输出电压的大小的极性，又可减小负载对转换特性的影响。

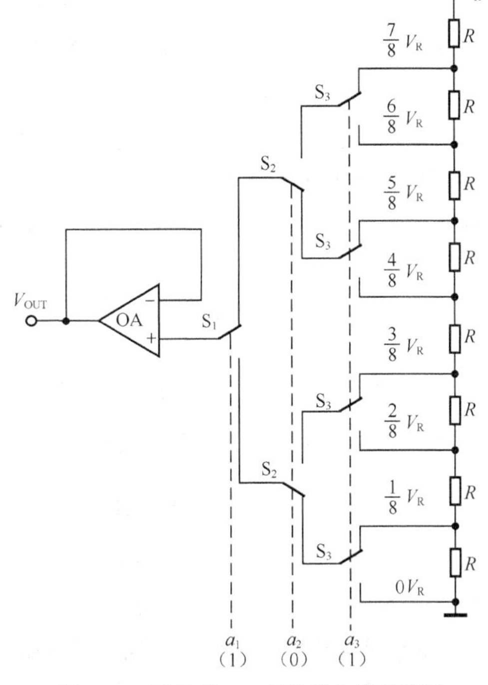

图 8-28 开关型 D/A 转换器电路原理图

8.4.2 D/A 转换器的技术性能指标

(1) 分辨率

分辨率是 D/A 转换器对输入量变化敏感程度的描述，与输入数字量的位数有关。如果数字量

的位数为 n，则 D/A 转换器的分辨率为 $1/2^n$。例如，8 位数的分辨率为 1/256，10 位数的分辨率为 1/1024。因此，数字量位数越多，分辨率也就越高，即转换器对输入量变化的敏感程度也就越高。

（2）输入编码形式

输入编码形式有二进制码、BCD 码等。

（3）转换线性

通常给出在一定温度下的最大非线性度，一般为 0.01%～0.03%。

（4）输出形式

输出形式常用的有电压输出和电流输出两种形式。电压型输出，一般为 5～10 V，也有高压型输出，为 24～30 V；电流型输出，一般为 20 mA 左右，高者可达 3 A。

（5）转换时间

转换时间是描述 D/A 转换速度快慢的一个参数，指从输入数字量变化到输出达到终值误差 ±（1，2）LSB（最低有效位）时所需的时间。输出形式为电流时，转换时间较短；输出形式为电压时，由于转换时间还要加上运算放大器的延迟时间，因此转换时间要长一些。转换时间通常为几十纳秒至几微秒。

（6）接口形式

接口形式通常根据 D/A 转换器是否内置数据锁存器分为两类。带锁存器的 D/A 转换器，对来自单片机的转换数据可以保存，因此可直接挂接在数据总线上接收转换数据。对于不带锁存器的 D/A 转换器，除可直接挂接在并行 I/O 口上外，也可外加锁存器后挂接到数据总线上。

（7）温度系数

温度系数的含义是环境温度变化 1℃时该项误差的相对变化率。以上各项性能指标一般是在环境温度为 25℃下测定的。环境温度的变化会对 D/A 转换精度产生影响，这一影响分别用失调温度系数、增益温度系数和微分非线性温度系数来表示。

8.4.3 典型 D/A 转换器芯片 DAC0832

DAC0832 是一个 8 位 D/A 转换器，单电源供电，工作电源范围为 5～15 V。基准电压范围为 ± 10 V；转换时间为 1μs；CMOS 工艺，功耗为 20 mW。

1. DAC0832 引脚功能

DAC0832 转换器芯片为 20 引脚，双列直插式封装，DAC0832 内部结构框图如图 8-29 所示，其引脚排列图如图 8-30 所示。

该转换器由输入寄存器和 DAC 寄存器构成两级数据输入锁存。使用时，数据输入可以采用两级锁存（双锁存）形式，或单级锁存（一级锁存，一级直通）形式，或直接输入（两级直通）形式。

此外，由 3 个与门电路组成寄存器输出控制逻辑电路，该逻辑电路的功能是进行数据锁存控制。当 ILE=0 时，输入数据被锁存；当 ILE=1 时，锁存器的输出跟随输入的数据，形成直接输入。

DAC0832 转换器能实现 8 位数据的转换，其各引脚信号的功能说明如下。

① $\overline{CS}$：片选信号，低电平有效。与 ILE 相配合，可对写信号 $\overline{WR1}$ 是否有效起到控制作用。

② ILE：允许输入锁存信号，高电平有效。输入寄存器的锁存信号由 ILE、$\overline{CS}$、$\overline{WR1}$ 的逻辑组合产生。当 ILE 为高电平、$\overline{CS}$ 为低电平、$\overline{WR1}$ 输入负脉冲时，为输入寄存器直通方式；

当 ILE 为高电平、$\overline{\text{CS}}$为低电平、$\overline{\text{WR1}}$为高电平时，为输入寄存器锁存方式。

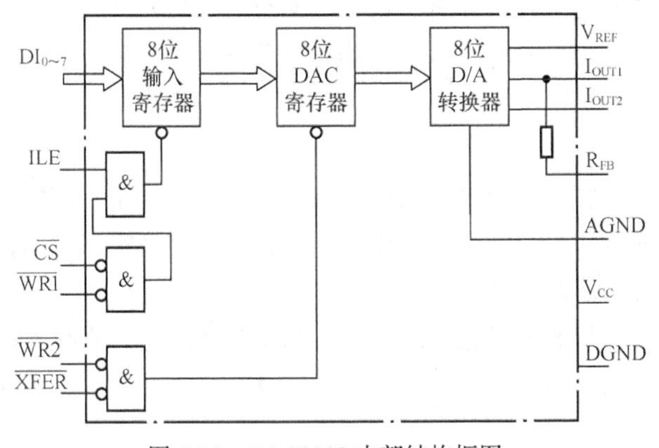

图 8-29　DAC0832 内部结构框图

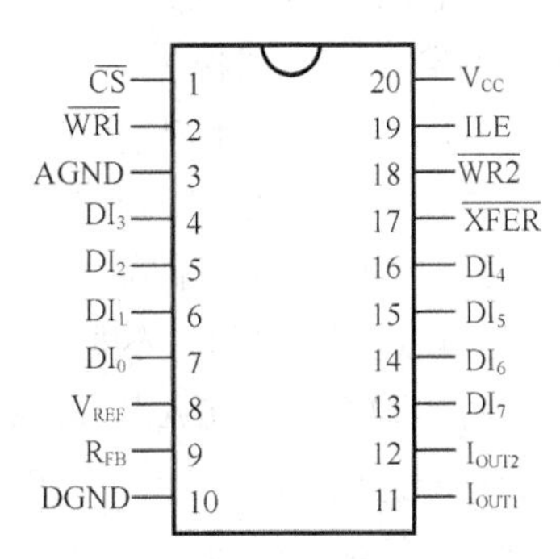

图 8-30　DAC0832 引脚排列图

③ $\overline{\text{WR1}}$：输入寄存器写信号，低电平有效。当$\overline{\text{WR1}}$、$\overline{\text{CS}}$、ILE 均有效时，可将数据写入 8 位输入寄存器。

④ $\overline{\text{WR2}}$：写信号 2，低电平有效。当$\overline{\text{WR2}}$有效时，在$\overline{\text{XFER}}$传送控制信号作用下，可将锁存在输入寄存器的 8 位数据送到 DAC 寄存器。

⑤ $\overline{\text{XFER}}$：数据传送信号，低电平有效。$\overline{\text{XFER}}$和$\overline{\text{WR2}}$两个信号控制 DAC 寄存器是数据直通方式还是数据锁存方式。当$\overline{\text{XFER}}$=0 和$\overline{\text{WR2}}$=0 时，DAC 寄存器为直通方式；当$\overline{\text{WR2}}$=1 或$\overline{\text{XFER}}$=1 时，DAC 寄存器为锁存方式。

⑥ V_{REF}：基准电源输入，极限电压为 ± 25 V。

⑦ DI_0～DI_7：8 位数字量输入，DI_7为最高位，DI_0为最低位。

⑧ I_{OUT1}：DAC 的电流输出 1，当 DAC 寄存器各位为 1 时，输出电流为最大。当 DAC 寄存器各位为 0 时，输出电流为 0。

⑨ I_{OUT2}：DAC 的电流输出 2，它使 $I_{OUT1}+I_{OUT2}$ 恒为一常数。一般在单极性输出时 I_{OUT2} 接地，在双极性输出时接运算放大器。

⑩ R_{FB}：反馈电阻。在 DAC0832 芯片内有一个反馈电阻，可用作外部运算放大器的分路反馈电阻。

⑪ V_{CC}：电源输入线。

⑫ DGND：数字地。

⑬ AGND：模拟信号地。

DAC0832 是电流输出型 D/A 转换器，为了取得电压输出，需在电压输出端接运算放大器，R_{FB} 即为运算放大器的反馈电阻端。运算放大器的接法如图 8-31 所示。

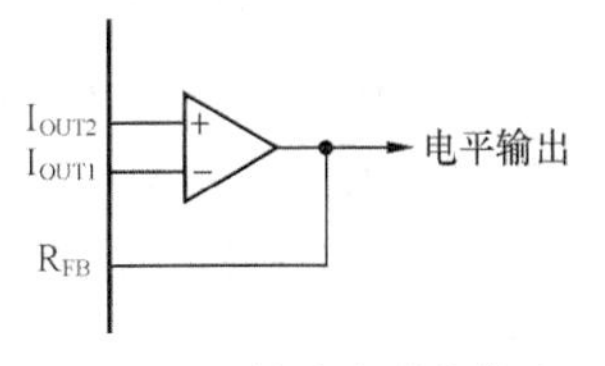

图 8-31　运算放大器的接法

2. DAC0832 工作方式

在 DAC0832 内部有两个寄存器，输入信号要经过这两个寄存器才能进入 D/A 转换器进行 D/A 转换。而控制这两个寄存器的控制信号有 5 个：输入寄存器由 ILE、$\overline{\text{CS}}$、$\overline{\text{WR1}}$控制；DAC 寄存器由$\overline{\text{XFER}}$和$\overline{\text{WR2}}$控制。因此，用软件指令控制这 5 个控制端，可实现 3 种工作方式。

（1）直通工作方式

直通工作方式是将两个寄存器的 5 个控制信号均预先置为有效，两个寄存器都开通，处于数据接收状态，只要数字信号送到 DI_0～DI_7，就立即进入 D/A 转换器进行转换，这种方式主要用于不带微机的电路中。

（2）单缓冲工作方式

单缓冲方式就是使 0832 的两个输入寄存器中有一个处于直通方式，而另一个处于受控的锁存方式，或者说两个输入寄存器同时受控的方式。在实际应用中，如果只有一路模拟量输出，或虽有几路模拟量但并不要求同步输出的情况，就可采用单缓冲方式。

图 8-32 所示是 DAC0832 单缓冲工作方式与 8031 的连接示意图，图中为两个输入寄存器同时受控的连接方法，$\overline{WR1}$和$\overline{WR2}$一起接 8031 的$\overline{WR}$，$\overline{CS}$和$\overline{XFER}$共同连接在 P2.7，因此两个寄存器的地址相同。

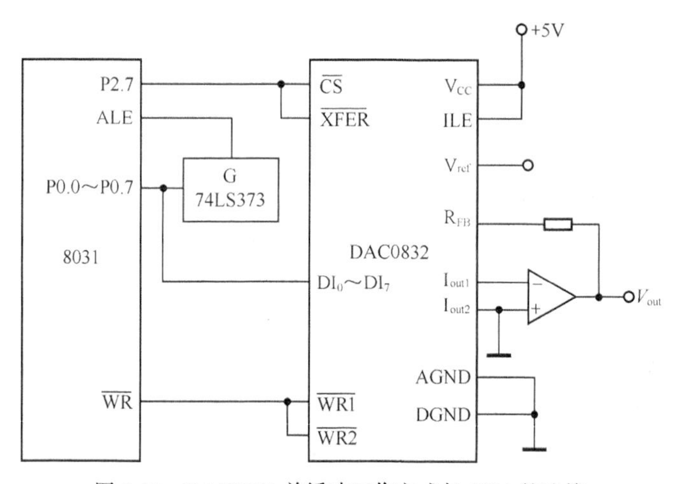

图 8-32　DAC0832 单缓冲工作方式与 8031 的连接

按此电路，8031 对 DAC0832 执行一次写操作，就能使 DAC0832 对输入的数字量进行一次 D/A 转换并输出。这段转换程序如下。

```
MOV    DPTR，   #7FFFH        ；送 DAC0832 地址
MOV    A，      #data         ；要转换的数字量送 A
MOVX   @DPTR，A               ；数字量送 D/A 芯片，进行转换输出
```

图 8-33 所示是 DAC0832 单缓冲工作方式与 8031 的另一种连接方式，图中$\overline{WR2}$=0 和$\overline{XFER}$=0，因此 DAC 寄存器处于直通方式，而输入寄存器处于受控锁存方式，$\overline{WR1}$接 8031 的$\overline{WR}$，ILE 接高电平，此外还应把$\overline{CS}$接高位地址或译码输出，以便为输入寄存器确定地址。

在许多控制应用中，要求有一个线性增长的电压（锯齿波）来控制检测过程，移动记录笔或移动电子束等。对此可通过在 DAC0832 的输出端接运算放大器，由运算放大器产生锯齿波来实现。图 8-33 中所示的 DAC0832 工作于单缓冲方式，其中输入寄存器受控，而 DAC 寄存器直通。

图 8-33 中将$\overline{CS}$与 8031 的 P2.7 引脚连接，故输入寄存器地址为 7FFFH，产生锯齿波的源程序清单如下。

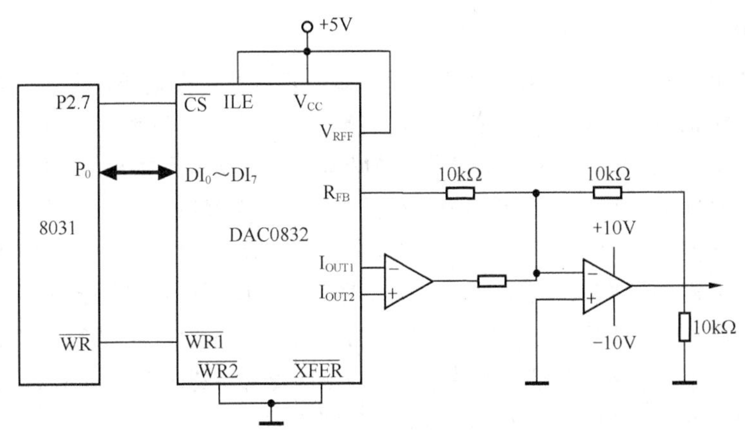

图 8-33　DAC0832 单缓冲工作方式与 8031 另一种连接方式

```
        ORG     0200H
DASAW:  MOV     DPTR，#7FFFH       ；输入寄存器地址，假定 P2.7 接CS
        MOV     A,     #00H        ；转换初值
WW:     MOVX    @DPTR，A           ；D/A 转换
        INC     A
        NOP                        ；延时
        NOP
        NOP
        AJMP    WW
```

执行上述程序，在运算放大器的输出端就能得到图 8-34 所示的锯齿波。

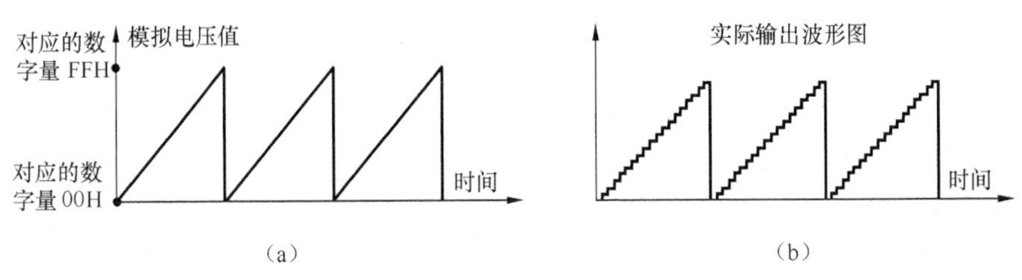

图 8-34　D/A 转换产生的锯齿波

对锯齿波的产生做如下几点说明。

① 程序每循环一次，A 加 1，因此实际上锯齿波的上升边是由 256 个小阶梯构成的。但由于阶梯很小，所以宏观上看就如图 8-34（b）所示的线性增长锯齿波。

② 可通过循环程序段的机器周期数，计算出锯齿波的周期。并可根据需要，通过延时的办法来改变波形周期。当延迟时间较短时，可用 NOP 指令来实现（本程序就是如此）；当需要延迟时间较长时，可以使用一个延时子程序。延迟时间不同，波形周期不同，锯齿波的斜率就不同。

③ 通过 A 加 1，可得到正向的锯齿波；如要得到负向的锯齿波，改为减 1 指令即可实现。

④ 程序中 A 的变化范围是 0～255，因此得到的锯齿波是满幅度的。如要求得到非满幅锯齿波，可通过计算求得数字量的初值和终值，然后在程序中通过置初值判终值的办法即可实现。

（3）双缓冲工作方式

在多路 D/A 转换情况下，若要求同步输出，必须采用双缓冲工作方式。例如智能示波器，要求同步输出 X 轴信号和 Y 轴信号，若采用单缓冲方式，X 轴信号和 Y 轴信号只能先后输出，不能同步，会形成光点偏移。图 8-35（a）所示为双缓冲工作方式时的接口电路，图 8-35（b）所示为该电路的逻辑框图。P2.5 选通 DAC0832（1）的输入寄存器，P2.6 选通 DAC0832（2）的输入寄存器，P2.7 同时选通两片 DAC0832 的 DAC 寄存器。工作时 CPU 先向 DAC0832（1）输出 X 轴信号，后向 DAC0832（2）输出 Y 轴信号，但是该两信号均只能锁存在各自的输入寄存器内，而不能进入 D/A 转换器。只有当 CPU 由 P2.7 同时选通两片 0832 的 DAC 寄存器时，X 轴信号和 Y 轴信号才能分别同步地通过各自的 DAC 寄存器进入各自的 D/A 转换器，同时进行 D/A 转换，此时从两片 DAC0832 输出的信号是同步的。

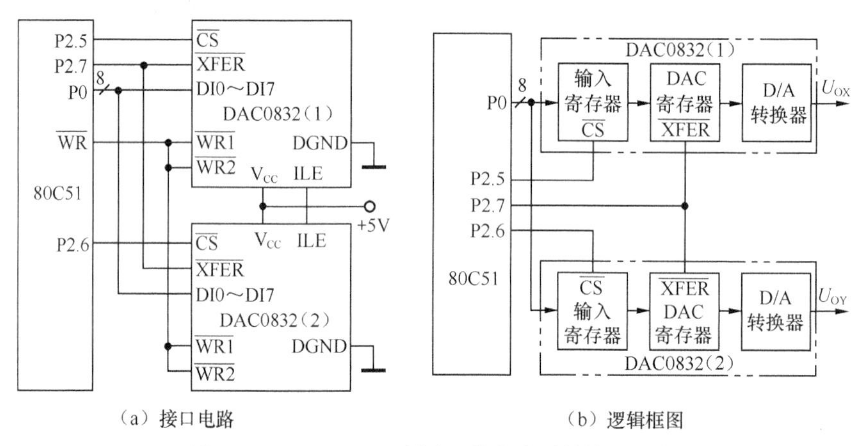

（a）接口电路　　（b）逻辑框图

图 8-35　DAC0832 双缓冲工作方式时的接口电路

例 8-6　按图 8-35（a）所示电路编程，DAC0832（1）和（2）输出端接运放后，分别接图形显示器，X 轴和 Y 轴偏转放大器输入端，实现同步输出，更新图形显示器光点位置。已知 X 轴信号和 Y 轴信号已分别存于 30H、31H 中。

解：程序如下。

```
DOUT:  MOV    DPTR,     #0DFFFH    ；置 DAC0832（1）输入寄存器地址
       MOV    A,        30H        ；取 X 轴信号
       MOVX   @ DPTR,   A          ；X 轴信号→DAC0832（1）输入寄存器
       MOV    DPTR,     #0BFFFH    ；置 DAC0832（2）输入寄存器地址
       MOV    A,        31H        ；取 Y 轴信号
       MOVX   @DPTR,    A          ；Y 轴信号→DAC0832（2）输入寄存器
       MOV    DPTR,     #7FFFH     ；置 0832（1）、（2）DAC 寄存器地址
       MOVX   @ DPTR,   A          ；同步 D/A，输出 X、Y 轴信号
       RET                         ；
```

第 3 条 MOVX　@ DPTR，A 指令与 A 中内容无关，仅使两片 0832 的 $\overline{\text{XFER}}$ 有效，打开 2 片 DAC 0832 寄存器选通门。

综上所述，3 种工作方式的区别是：直通方式不选通，直接 D/A；单缓冲方式，一次选通；双缓冲方式，二次选通。至于 5 个控制引脚如何应用，可灵活掌握。80C51 的 $\overline{\text{WR}}$ 信号在 CPU

执行写外 RAM 指令 MOVX 时能自动有效，可接两片 0832 的 $\overline{WR1}$ 和 $\overline{WR2}$，但 $\overline{WR}$ 属 P3 口第二功能，负载能力为 4 个 TTL 门，现要驱动两片 0832 共 4 个 $\overline{WR}$ 片选端门，显然不适当。因此，宜用 80C51 的 $\overline{WR}$ 与两片 0832 的 $\overline{WR1}$ 相连，$\overline{WR2}$ 分别接地。

8.5 开关量驱动输出接口电路

在单片机控制系统中，常需要用开关量去控制和驱动一些执行元件，如发光二极管、继电器、电磁阀、晶闸管等。但 80C51 单片机驱动能力有限，且高电平（拉电流）比低电平（灌电流）驱动电流小。一般情况下，需要加驱动接口电路，且用低电平驱动。

8.5.1 发光二极管

发光二极管 LED 具有体积小、抗冲击和抗震性能好、可靠性高、寿命长、工作电压低、功耗小及响应速度快等优点，常用于显示系统的状态、系统中某一功能电路甚至某一输出引脚的电平状态，如电源指示、停机指示、错误指示等。

将多个 LED 组合在一起，可构成特定字符（文字或数码）的显示器件，如七段 LED 数码管和点阵式 LED 显示器。将发光二极管和光敏晶体管组合在一起，可构成光电耦合器件以及由此衍生出来的固态继电器。因此，了解 LED 发光二极管的性能和使用方法，对单片机控制系统的设计非常必要。

LED 工作电流较大，而 MCS-51 系列 CPU 的 P1～P3 口 I/O 引脚负载能力仅为 4 个 TTL 门电路，一般不能直接驱动 LED 发光二极管。LED 通常用晶体管或驱动 IC 芯片驱动，如图 8-36 所示。

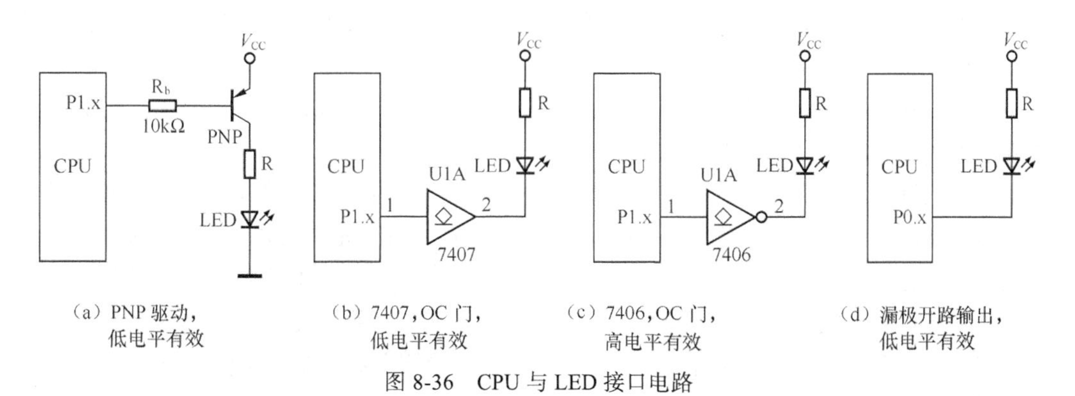

（a）PNP 驱动，低电平有效　（b）7407，OC 门，低电平有效　（c）7406，OC 门，高电平有效　（d）漏极开路输出，低电平有效

图 8-36　CPU 与 LED 接口电路

图 8-36（a）所示电路采用 PNP 晶体管驱动，当 P1.x 引脚输出低电平时，晶体管饱和导通，限流电阻 R 与 LED 内阻（几欧姆到几十欧姆）构成了集电极等效电阻 R_c。限流电阻 R 的大小由 LED 二极管工作电流 I_F 决定，即 $I_C=I_F=(V_{CC}-V_F-V_{CES})/R$。其中，$I_C$ 为集电极电流，I_F 为 LED 工作电流，V_{CC} 为电源电压，V_{CES} 为晶体管饱和压降（一般在 0.1～0.2 V 之间），V_F 为 LED 导通电压（一般在 1.2～2.5 V 之间）。当 V_{CC}=5 V，V_F 取 2.0 V，V_{CES} 取 0.2 V，I_F 取 15 mA 时，限流电阻 R 大致为 200Ω。

当 P1.x 引脚输出高电平时，晶体管截止，LED 不亮。值得注意的是，为使 LED 发光时驱动管处于饱和状态，发光二极管 LED 不宜串在发射极。

图 8-36（b）、（c）所示电路是采用集电极开路输出（OC 门）的集成驱动器，如 7407（同相驱动）、7406（反相驱动），限流电阻 R 与 LED 导通时内阻构成了输出级集电极等效电阻 R_C，限流电阻 R 的计算方法与图 8-36（a）相同。在图 8-36（b）中，当 P1.x 引脚输出低电平时，7407 驱动器输出低电平，LED 亮。而在图 8-36（c）中，当 P1.x 引脚输出高电平时，7406 反相器输出低电平，LED 亮，该电路的不足之处是 CPU 复位期间 LED 亮。

对于漏极开路输出的 I/O 口，如增强型 MCS-51 的 P0 口，可直接驱动 1～3 只工作电流不大的小功率 LED 发光二极管，如图 8-36（d）所示，但必须注意 I/O 引脚电流总和不能大于器件允许值。

8.5.2 单片机与继电器接口电路

继电器也是单片机控制系统中常用的开关元件，用于控制电路的接通和断开，包括电磁继电器、接触器和干簧管。继电器由线圈及动片、定片组成。线圈未通电（即继电器未吸合）时，与动片接触的触点称为常闭触点，当线圈通电时，与动片接触的触点称为常开触点。

继电器的工作原理是利用通电线圈产生磁场，吸引继电器内部的衔铁片，使动片离开常闭触点，并与常开触点接触，实现电路的通、断。由于采用触点接触方式，接触电阻小，允许流过触点的电流大（电流大小与触点材料及接触面积有关）。另外，控制线圈与触点完全绝缘，因此控制回路与输出回路具有很高的绝缘电阻。

根据线圈所加电压类型可将继电器分为两大类，即直流继电器和交流继电器。其中，直流继电器的使用最为普及，只要在线圈上施加额定的直流电压，即可使继电器吸合。直流继电器与单片机接口的连接十分方便。

直流继电器的线圈吸合电压以及触点额定电流是直流继电器两个非常重要的参数。例如，对于 6 V 继电器来说，驱动电压必须在 6 V 左右，当驱动电压小于额定吸合电压时，继电器吸合动作缓慢，甚至不能吸合或颤抖，这会影响继电器的寿命或造成被控设备损坏；当驱动电压大于额定吸合电压时，会因线圈过流而损坏。

小型继电器与单片机连接的接口电路如图 8-37 所示，其中，二极管 VD 是为了防止继电器断开瞬间引起的高压击穿驱动管。当 P1.0 输出低电平时，7407 输出低电平，驱动管 VT_1 导通，结果继电器吸合；当 P1.0 输出高电平时，7407 输出高电平，VT_1 截止，继电器不吸合。在继电器由吸合到断开的瞬间，由于线圈中的电流不能突变，将在线圈产生上负下正的感应电压，使驱动管集电极承受高电压（电源电压 V_{cc}+感应电压），有可能损坏驱动管。为此，必须在继电器线圈两端并接一只续流二极管 VD，使线圈两端的感应电压被钳位在 0.7 V 左右。正常工作时，线圈上的电压上正下负，续流二极管 VD 对电路没有影响。

由于继电器由吸合到断开的瞬间会产生一定的干扰，因此图 8-37（a）所示电路仅适用于吸合电流较小的微型继电器。当继电器吸合电流较大时，在单片机与继电器驱动线圈之间需要增加光耦隔离器件等，如图 8-37（b）所示，其中，R_1 是光耦内部 LED 的限流电阻，R_2 是驱动管 VT_1 的基极泄放电阻（防止电路过热造成驱动管误导通，提高电路工作可靠性），R_2 一般取 4.7～10 kΩ，太大会失去泄放作用，太小会降低继电器吸合的灵敏度。

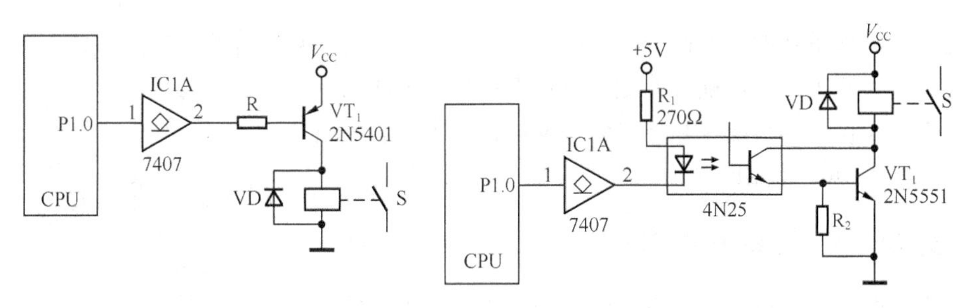

（a）驱动微型继电器　（b）驱动较大功率继电器

图 8-37　单片机与继电器连接的接口电路

当然，如果需要控制的继电器数目较多，对于小功率继电器来说，可采用继电器专用集成驱动芯片 75468。75468 芯片内部结构如图 8-38 所示，该芯片包含了 7 个反相驱动器，并在每个驱动器上并接了续流二极管，每个驱动器最多可以吸收 500 mA 的电流，最大耐压为 50 V，完全可以驱动小功率直流继电器。采用 75468 驱动的继电器电路如图 8-39 所示。

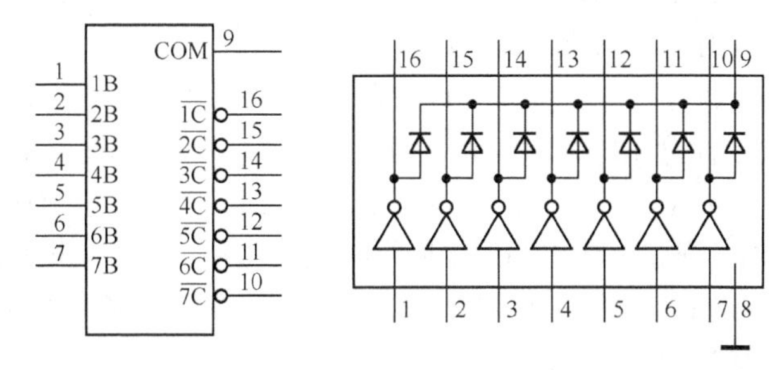

图 8-38　75468 芯片内部结构及引脚排列

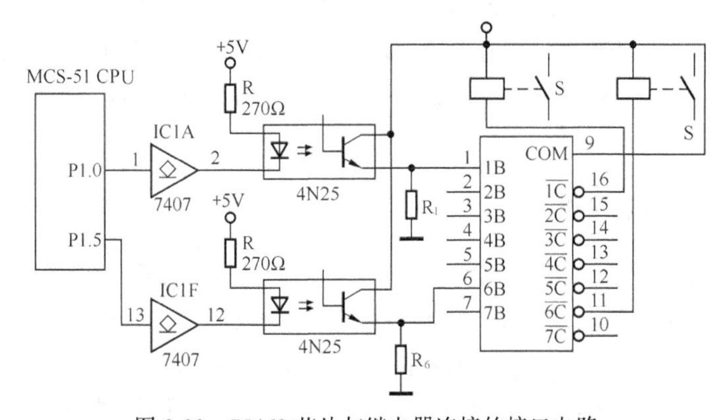

图 8-39　75468 芯片与继电器连接的接口电路

8.5.3　光电隔离接口

单片机控制系统要控制或检测高电压、大电流的信号时，必须采取电气上的隔离，以防止现场强电磁干扰或工频电压干扰通过输出通道反窜到控制系统。信号的隔离，最常用的是光电耦合器，它是一种能有效地隔离噪声和抑制干扰的新型半导体器件，具有体积小、寿命长、无触点、抗干扰能力强、输入/输出之间电绝缘、单向传输信号及逻辑电路易连接等优点。光电耦合器按光接收器件可分为有硅光敏器件（光敏二极管、雪崩型光敏二极管、PIN 光敏二极管、光敏晶体管等）、光敏晶闸管和光敏集成电路。把不同的发光器件和各种光接收器组合起来，就可构成几百个品种系列的光电耦合器。因而，该器件已成为一类独特的半导体器件。其中，光敏二极管加放大器类的光电耦合器随着近年来信息处理的数字化、高速化以及仪器的系统化和网络化的发展，其需求量不断增加。图 8-40 所示是常用的晶体管型光电耦合器原理图。

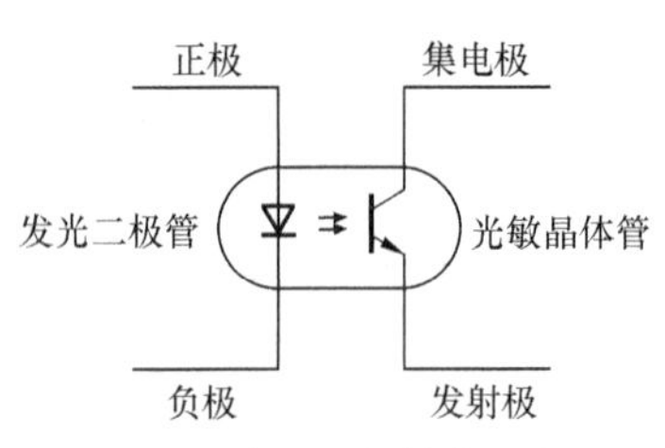

图 8-40　常用的晶体管型光电耦合器原理图

1. 光电耦合器基本原理

光电耦合器是以“电—光—电”转换的过程进行工作的。当电信号送入光电耦合器的输入端时，发光二极管通过电流而发光，光敏元件受到光照后产生电流；反之当输入端无信号时，发光二极管不发光，光敏晶体管截止。对于数字量，当输入为高电平 1 时，光敏晶体管饱和导通，输出为低电平 0；当输入为低电平 0 时，光敏晶体管截止，输出为高电平 1；若基极有引出线则可满足温度补偿、检测调制要求。这种光电耦合器性能较好，价格便宜，因而应用广泛。

光电耦合器之所以在传输信号的同时能有效地抑制尖脉冲和各种噪声干扰，使通道上的信号噪声比大为提高，主要有以下几方面的原因。

① 光电耦合器的输入阻抗很小，只有几百欧姆，而干扰源的阻抗较大，通常为 $10^5 \sim 10^6\ \Omega$。据分压原理可知，即使干扰电压的幅度较大，但馈送到光电耦合器输入端的噪声电压会很小，只能形成很微弱的电流，由于没有足够的能量而不能使二极管发光，从而被抑制掉了。

② 光电耦合器的输入回路与输出回路之间没有电气联系，也没有共地，之间的分布电容极小，而绝缘电阻又很大，因此回路一边的各种干扰噪声都很难通过光电耦合器馈送到另一边去，避免了共阻抗耦合的干扰信号的产生。

③ 光电耦合器可起到很好的安全保障作用，即使当外部设备出现故障，甚至输入信号线短接时，也不会损坏仪表。因为光电耦合器件的输入回路和输出回路之间可以承受几千伏的高压。

④ 光电耦合器的响应速度极快，其响应延迟时间只有 10μs 左右，适于对响应速度要求很高的场合。

2. 常用光电耦合器件

光电耦合器具有体积小、使用寿命长、工作温度范围宽、抗干扰性能强、无触点且输入与输出在电气上完全隔离等特点，因而在各种电子设备上得到广泛的应用。光电耦合器可用于隔离电路、负载接口及各种家用电器等电路中。常见的光电耦合器件有二极管—晶体管耦合的 4N25、TLP541G；二极管—达林顿管耦合的 4N38、TPL570；二极管—TTL 耦合的 6N137。

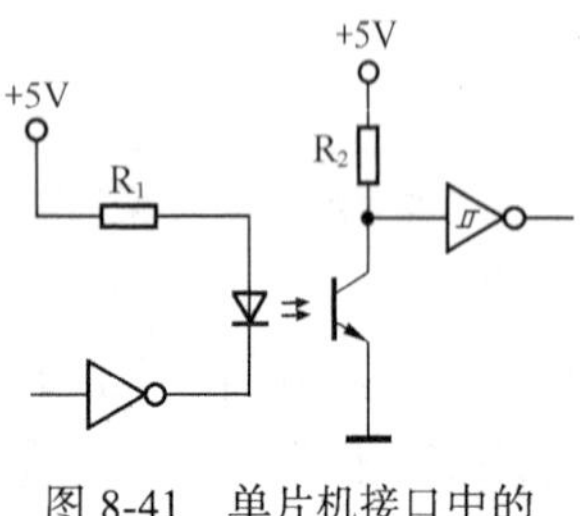

图 8-41　单片机接口中的光电隔离电路

3. 单片机接口电路中的光电隔离技术的应用

恶劣的现场环境，会产生较大的噪声干扰。若这些干扰随输入信号或输出通道串入微机系统将会使控制的准确性降低，产生错误动作。因而常在单片机的输入和输出端使用光电耦合器，对信号及噪声进行隔离。单片机接口电路中典型的光电隔离电路如图 8-41 所示。

该电路主要应用在 A/D 转换器的数字信号输出，及由 CPU 发出的对前向通道的控制信号与模拟电路的接口处，从而实现在不同系统间信号通路相连的同时，在电气通路上相互隔离，并在此基础上实现将模拟电路和数字电路相互隔离，起到抑制交叉干扰的作用。

对于线性模拟电路通道，要求光电耦合器必须具有能够进行线性变换和传输的特性，或选择对管，采用互补电路以提高线性度，或用 V/P 变换后再用数字隔离光耦进行隔离。

8.5.4 驱动晶闸管

晶闸管常用于单片机控制系统中交流强电回路的执行元件。一般来讲，均需用光耦合器隔离驱动。图 8-42（a）所示为 80C51 驱动双向晶闸管典型应用电路。

为减小驱动功率和减小晶闸管触发时产生的干扰，交流电路双向晶闸管常采用过零触发，因此上述电路还需要正弦交流过零检测电路，在过零时产生脉冲信号引发 80C51 中断，在中断服务子程序中发出晶闸管触发信号，并延时关断。这就增加了控制系统的复杂性。一种较为简便的方法是采用新型元件，图 8-42（b）所示为过零触发晶闸管电路，MOC3041 能在正弦交流过零时自动导通，触发大功率双向晶闸管导通。从而省去了过零检测及触发等辅助电路，并降低了材料成本，提高了可靠性。图 8-42（b）中 R_3 为 MOC3041 触发限流电阻，R_4 为 BCR 门极电阻，防止误触发，提高抗干扰性。

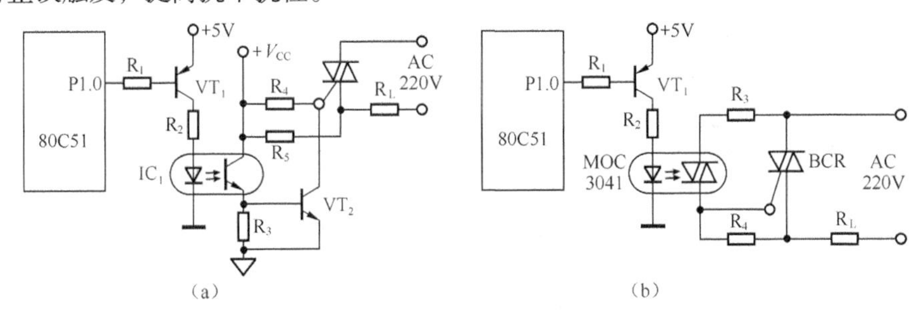

图 8-42　80C51 驱动双向晶闸管接口电路

项目 11　0 ~ 999.9 s 数码显示器

1. 项目概述

显示器是单片机应用系统的重要组成设备，其常用的显示设备有 LED、LCD 和 LEC 等。LED 显示器由若干个发光二极管组成，当发光二极管导通时，相应的一个笔画或点就发光，控制相应的发光二极管导通，显示出对应的字符。LED 显示装置广泛使用在各类机电产品中，也是大型显示装置如十字路口交通灯、篮球场记分牌和立体车库显示器的基础装置，其区别只是在于驱动电路的不同。采用定时器中断的方式进行计数是一种内中断方式，也可以将其改变为外中断方式来进行外部事件的计数，因此，本项目的训练有助于同学们深入理解 LED 显示器的原理与应用。

2. 应用环境

数码显示器主要应用于家用电器的数字显示、电子钟、流水线工件计数以及工业智能仪表数码显示装置等。

3. 实现过程

（1）硬件组成设计

单片机与 LED 接口的方式有许多。这里采用单片机与 LED 直接接口的方式来实现秒的计数与显示，该系统的硬件组成如图 8-43 所示。其中，P0 口控制字型，P2 口控制字位，这种方式也称为动态显示方法，该方法的特点是硬件接口比较简单，占用端口资源少，但是程序实现稍微复杂，是组成最小系统的基本方法。

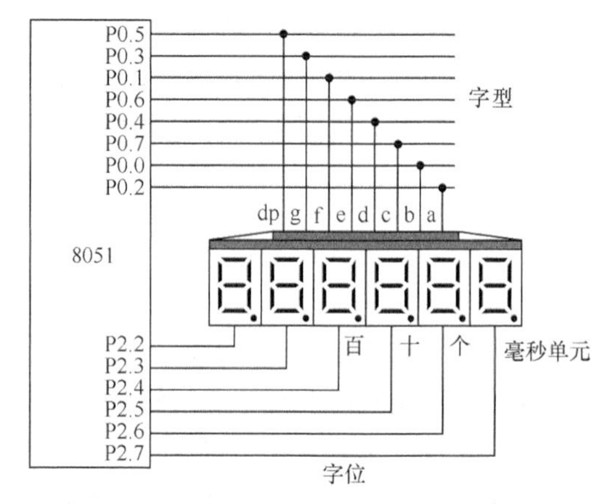

图 8-43　单片机与 LED 显示器的接口方式

（2）软件的实现

以下是完整的 0～999.9s 计时器源程序，6 位数码管显示，在 DAIS 板上调试通过。

```
        Count   EQU  79H                ; 79H～7EH 是 DAIS 的显示缓冲区
        T_C     EQU  3FH
        ORG     0000H
        JMP     MAIN
        ORG     000BH
        LJMP    TIMER0
        ORG     0030H
MAIN:   MOV     SP,      #60H
        MOV     3FH,     #00H
        MOV     TMOD,    #01
        SETB    EA
        SETB    ET0
        SETB    TR0
        MOV     TH0,     #3CH           ; 50 ms 定时
        MOV     TL0,     #0B0H
        CLR     P1.7
        MOV     R0,      #Count         ; 首地址
        MOV     R1,      #6
        MOV     A,       #00H
CLEAR:  MOV     @R0,     A              ; 清零
        INC     R0
        DJNZ    R1,      CLEAR
DISP:   MOV     R0,      #Count         ; 获得显示单元首地址
        LCALL   DIS
        SJMP    DISP
TIMER0: PUSH    ACC                     ; T0 中断服务程序
        MOV     TH0,     #3CH           ; 50 ms 定时
```

```
        MOV     TL0,        #0B0H
        INC     T_C
        MOV     A,          T_C
        CJNE    A，#2，     T_END
        MOV     T_C,        #00H
        INC     Count                   ；小数位
        MOV     A,          Count
        CJNE    A，#10，    T_END
        MOV     Count,      #00H
        INC     Count+1                 ；个位
        MOV     A,          Count+1
        CJNE    A，#10，    T_END
        MOV     Count+1,    #00H
        INC     Count+2                 ；十位
        MOV     A,          Count+2
        CJNE    A，#10，    T_END
        MOV     Count+2,    #00H
        INC     Count+3                 ；百位
        MOV     A,          Count+3
        CJNE    A，#10，    T_END
        MOV     Count+3,    #00H
T_END:  POP     ACC
        RETI
DIS:    PUSH    DPH
        PUSH    DPL
        SETB    RS1                     ；改变工作寄存器组
        MOV     R0,         #7EH        ；显示缓冲区
        MOV     R2,         #20H        ；00100000 共阳
        MOV     R3,         #00H        ；可能是一个延迟系数
        MOV     DPTR,       #LS0
LS2:    MOV     A,          @R0
        MOVC    A,          @A+DPTR
        MOV     R1,         #0DCH       ；字型口 DC 字型，由开发工具决定
        MOVX    @R1,        A           ；显示字型
        MOV     A,          R2          ；是字位
        INC     R1                      ；R1=DDH，字型指针调整，由开发工具决定
        MOVX    @R1,        A
LS1:    DJNZ    R3,         LS1         ；视觉延迟
        CLR     C
        RRC     A                       ；字位控制
        MOV     R2,         A
```

```
        DEC     R0                      ; 显示缓冲区调整
        JNZ     LS2
        CLR     RS1                     ; 恢复工作寄存器组
        POP     DPL
        POP     DPH
        RET
LS0:    DB 0C0H, 0F9H, 0A4H, 0B0H, 99H, 92H; 字型码
        DB 82H, 0F8H, 80H, 90H, 88H, 83H, 0C6H
        DB 0A1H, 86H, 8EH, 0FFH, 0CH, 89H, 7FH, 0BFH
        END
```

4. 思考与讨论

（1）老师与同学之间讨论的问题

① 本程序采用的是动态显示电路，如何将其改变成静态显示电路？其程序的哪些方面要进行相应的修改？

② 这个任务可以采用程序查询方式而不用中断方式来实现吗？两种方式各有何种特点？

（2）同学与同学之间讨论的问题，训练倾听和协作的能力

以下问题只是一个参考，鼓励同学之间提出不同的问题，老师可以适当地参与讨论并答疑解惑。

① 同学 A 提出的问题：该程序运行后总是从 0 开始计时，是否可以设置一个暂停键，其功能是按下暂停键后停止当前计时，再按下该键时可以连续计时？

② 同学 B 提出的问题：是否可以设置两种功能键盘，暂停后的连续计时和清零计时？

A 和 B 两个同学互相提问并做相应的回答，把这些内容记录下来然后写在作业本上。

项目 12 步进电机控制

1. 项目概述

步进电机是一种能够在脉冲的控制下一步一步进行旋转的特种电机。从步进电机的结构来看，错齿是使步进电机旋转的根本原因，当某相通电，相应的齿对齐，迫使电机旋转一个步距角，未通电的各相的齿出现了新的错位，改变通电的顺序和通电的相数，就可以组合出其他的运行方式。显然，给步进脉冲，电机就转，不给步进脉冲，步进电机就停止。步进脉冲频率越高，步进电机转速越快，反之越慢。改变各相的通电方式（也称脉冲分配）可以改变步进电机的运行方式。改变通电顺序，可以改变步进电机的正、反转。

2. 应用环境

由于步进电机具有在脉冲信号的控制下快速启动、停止、加速、减速、正转和反转等特性，

这使得它在工业过程中的线位移和角位移控制中得到广泛应用。

3. 实现过程

（1）硬件组成设计

图 8-44 所示就是单片机与步进电机的接口电路，显然，对于一个双绕组 4 个抽头的步进电机来说，需要 4 位二进制数进行控制，图中是 P1.0～P1.3。74LS04 是反相器，其作用是为了满足某线圈的得电状态与 P 口的某位输出状态呈现正的逻辑关系。75452 是功率放大器，完成驱动功能。GP 端为绕组的中心抽头，步进电机工作在单双八拍工作方式，其通电顺序是：A-AB-B-BC-C-CD-D-DA（即一个脉冲旋转 0.937 5°），本步进电机转子为 48 个齿，所以齿间夹角为 360°/48=7.5°，理解这些接口关系是实现软件编程的基础。

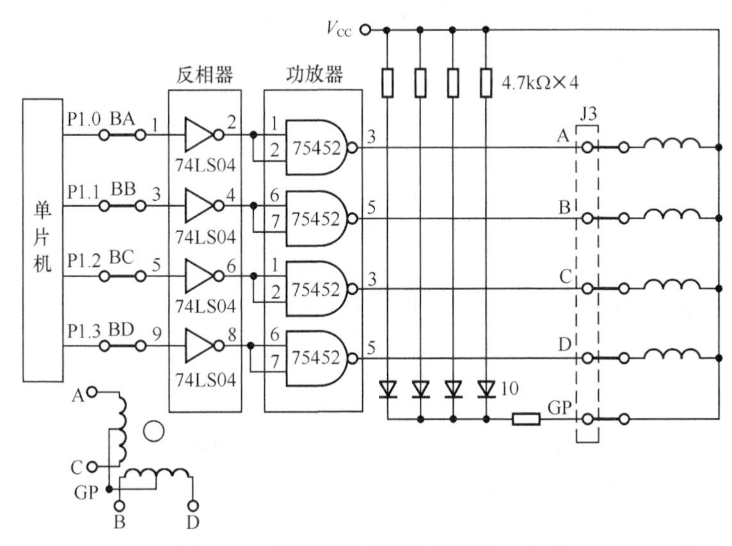

图 8-44 单片机与步进电机的接口方式

（2）软件的实现

步进电机的正、反转控制程序如下。

```
        POS     BIT     P3.2            ；步进电机正转
        NEG     BIT     P3.3            ；步进电机反转
        STOP    BIT     P3.5            ；步进电机停止转动
        ORG     0000H
        LJMP    MAIN
        ORG     0030H
MAIN：  MOV     SP，    #60H
        MOV     P1，    #0F0H           ；关闭步进电机
        MOV     P3，    #0FFH           ；键输入线置高
LOOP：  CLR     P1.7
        JNB     POS，   ZZ              ；步进电机正转
        JNB     NEG，   FZ              ；步进电机反转
        SJMP    LOOP
```

```
ZZ:      ACALL FFW                       ; 执行正转
         SJMP  LOOP
FZ:      ACALL REV                       ; 执行反转
         SJMP  LOOP
FFW:     MOV   R3,    #48                ; 1圈共48个周期，384个脉冲
FFW1:    MOV   R0,    #00H
FFW2:    JB    STOP,  FFW3
         JMP   SP_FFW                    ; 终止步进电机运行
FFW3:    MOV   P1,    #0F0H
         MOV   A,     R0
         MOV   DPTR,  #TABLE_F           ; 选择工作方式
         MOVC  A,     @A+DPTR
         MOV   P1,    A
         LCALL DELAY
         INC   R0
         CJNE  A,     #0FFH, FFW2
         DJNZ  R3,    FFW1
         SJMP  FFW
SP_FFW:  MOV   P1,    #0F0H
         RET
REV:     MOV   R3,    #48                ; 1圈共48个周期，384个脉冲
REV1:    MOV   R0,    #00H
REV2:    JB    STOP,  REV3               ; 终止步进电机运行
         JMP   SP_REV
REV3:    MOV   P1,    #0F0H
         MOV   A,     R0
         MOV   DPTR,  #TABLE_R           ; 选择工作方式
         MOVC  A,     @A+DPTR
         MOV   P1,    A
         LCALL DELAY
         INC   R0
         CJNE  A,     #0FFH, REV2
         DJNZ  R3,    REV1
         SJMP  REV
SP_REV:  MOV   P1,    #0F0H
         RET
DELAY:   MOV   R7,    #40                ; 步进电机的转速
DEL1:    MOV   R6,    #248
         DJNZ  R6,    $
```

```
        DJNZ   R7,     DEL1
        RET                           ; 单双八拍工作方式
TABLE_F：DB   0F1H，0F3H，0F2H，0F6H，0F4H，0FCH，0F8H，0F9H    ; 正转表
        DB   0FFH
TABLE_R：DB   0F9H，0F8H，0FCH，0F4H，0F6H，0F2H，0F3H，0F1H    ; 反转表
        DB   0FFH
        END
```

4. 思考与讨论

（1）老师与同学之间讨论的问题

① 请分别写出每相绕组正转和反转时的通电顺序，以便理解通电顺序改变转动方向的原理。

② 如果将这个单双八拍工作方式改为双四拍工作方式，请问如何修改参数？

③ 如何在这个程序中增加调速功能？

（2）同学与同学之间讨论的问题，训练倾听和协作的能力

以下问题只是一个参考，鼓励同学之间提出不同的问题，老师可以适当地参与讨论并答疑解惑。

① 同学 A 提出的问题：该接口电路中的驱动芯片只适合于驱动小型的步进电机，如果要推动大些的步进电机还可以选用哪些驱动芯片？

② 同学 B 提出的问题：我觉得这个驱动电路中是否可以增加光电隔离元件，这样是否可以避免单片机与步进电机功率回路之间的共地干扰？

A 和 B 两个同学互相提问并做相应的回答，把这些内容记录下来然后写在作业本上。

项目 13 A/D 转换

1. 项目概述

在过程控制技术中，经常需要检测被控过程的温度、压力、流量、液位等物理量，这些信号都是属于模拟量信号，虽然这些模拟量信号已经通过传感器和变送器变成标准的电压和电流信号，但还是需要通过 A/D 转换器将其转变成为单片机可以处理的数字信号。这些数字信号可以是最基本的无符号二进制数，可以通过发光二极管将其显示出来，也可以进一步处理成 BCD 码或浮点数进行更为复杂的运算；另一方面，也可以将计算好的数字信号通过 D/A 转换器变为模拟信号去控制外部的电动调节阀、变频控制器和模拟调节器等，通过本项目的训练，同学们可以学会电路的基本连接、程序设计和调试技术。

2. 应用环境

A/D 转换器主要应用于单片机组成的智能仪表数字显示、过程控制系统的数据采集和外部调节阀等的控制。

3. 实现过程

(1) 硬件组成设计

项目图所示是ADC0809与单片机的接口原理图，ADC0809是一块8位的模数转换器，它可以同时进行8路转换，此电路中只使用了其中的一路IN0，每采集一次一般需100μs。由于ADC0809 A/D转换器转换结束后会自动产生EOC信号（高电平有效），取反后将其与8031的$\overline{\text{INT0}}$相连，可以用中断方式读取A/D转换结果。

转换后的数字信号通过74LS273锁存器分成两路，一路通过线驱动器送入单片机的数据接口，另一路送LED显示。由于该项目的目的是为了将模拟量转换为数字量并以二进制的形式在LED上显示出来，故单片机的芯片没有在电路中画出，只是标出了去单片机的数据与控制信号，这样可以更为简洁地表示出模拟量转换成数字量的原理过程。按照图8-45正确接好电路，调整R_{P1}电位器就可以在LED端看到不同组合的亮和灭，其二进制的表达范围是0～FF。

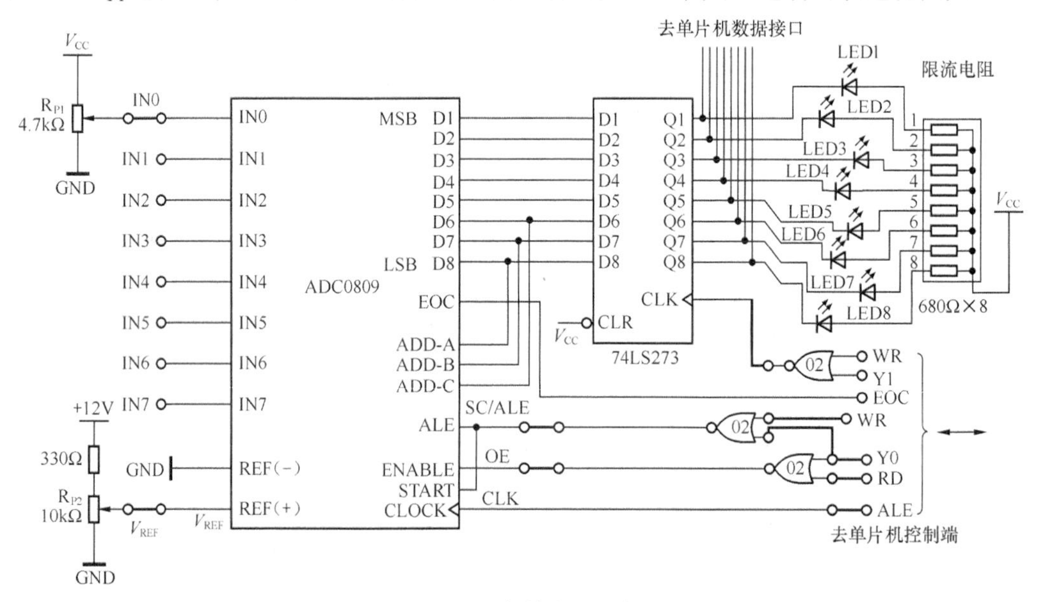

图8-45 ADC0809与单片机的接口原理图

(2) 软件的程序实现

本软件是在DAIS实验箱上实现的，其中79H～7EH是显示缓冲区，这样可以把A/D转换过程中的数字量以八段码的形式显示出来，显示的方式是动态扫描方式，显示的范围是0～255。同时，其数字量又以8个LED发光二极管以二进制的形式显示，编辑如下源程序，连接并下载到实验箱后即可实现上述功能。

```
          ORG   0000H
          SJMP  MAIN
          ORG   0030H
MAIN:     MOV   SP,   #53H
          MOV   7EH, #00H
          MOV   7DH, #08H
          MOV   7CH, #00H
```

```
        MOV     7BH,    #09H
        MOV     7AH,    #10H
        MOV     79H,    #10H            ；显示缓冲区初值
LOOP:   LCALL   DISPLAY                 ；显示
        MOV     A,      #00H
        MOV     DPTR,   #0FFE0H         ；由开发工具决定
        MOVX    @DPTR,  A               ；0809 的 0 通道采样
        LCALL   DISPLAY                 ；调用显示程序
        MOVX    A,      @DPTR           ；取出采样值
        MOV     DPTR,   #0FFE4H         ；新地址 Y1，由开发工具决定
        CPL     A
        MOVX    @DPTR,  A               ；驱动发光二极管
        CPL     A
        MOV     R0,     #79H
        LCALL   PTDS                    ；采样值送显示缓冲区
        SJMP    LOOP                    ；循环
PTDS:   MOV     R1,  A                  ；拆送显示缓冲区
        ACALL   PTDS1
        MOV     A,      R1
        SWAP    A
PTDS1:  ANL     A,      #0FH
        MOV     @R0,    A
        INC     R0
        RET
DISPLAY: PUSH   DPH
        PUSH    DPL
        SETB    RS1
        MOV     R0,     #7EH
        MOV     R2,     #20H
        MOV     R3,     #00H
        MOV     DPTR,   #TABLE0
LOOP2:  MOV     A,      @R0
        MOVC    A,      @A+DPTR
        MOV     R1,     #0DCH
        MOVX    @R1,    A
        MOV     A,      R2
        INC     R1
        MOVX    @R1,    A
LOOP1:  DJNZ    R3,     LOOP1
```

```
            CLR     C
            RRC     A
            MOV     R2,     A
            DEC     R0
            JNZ     LOOP2
            MOVX    @R0,    A
            DEC     R0
            CPL     A
            MOVX    @R0,    A
            CLR     RS1
            POP     DPL
            POP     DPH
            RET
TABLE0:     DB      0C0H, 0F9H, 0A4H, 0B0H, 99H, 92H
            DB      82H, 0F8H, 80H, 90H, 88H, 83H, 0C6H
            DB      0A1H, 86H, 8EH, 0FFH, 0CH, 89H, 7FH, 0BFH
            END
```

4. 思考与讨论

（1）老师与同学之间讨论的问题

① ADC0809 转换器中的 V_{REF} 是起什么作用的？

② 为什么要在 74LS273 后面挂接总线驱动器？

③ 请分别用查询方式和中断方式实现这个数据采集装置。

（2）同学与同学之间讨论的问题，训练倾听和协作的能力

以下问题只是一个参考，鼓励同学之间提出不同的问题，老师可以适当地参与讨论并答疑解惑。

① 同学 A 提出的问题：8 位的 A/D 转换精度比较低，是否可以采用 12 位的？设计这个硬件电路。

② 同学 B 提出的问题：怎样将无量纲的 0～255 转换成工程上的 0～100℃？

A 和 B 两个同学互相提问并做相应的回答，把这些内容记录下来然后写在作业本上。

项目 14 D/A 转换

1. 项目概述

在过程控制技术中经常需要对控制量进行调节，以实现对执行机构的精确控制，D/A 转换的关键技术是合适地选择转换芯片，设计单片机与数模转换芯片的接口电路，针对设计好的硬件电路进行程序设计，通过软件下载和调试，使数模转换过程符合设计要求。

2. 应用环境

D/A 转换器主要应用于高层建筑物中的恒压供水、化工系统中的蒸汽流量控制以及注塑机加热管温度控制等。

3. 实现过程

（1）硬件组成设计

图 8-46 所示是 DAC0832 与单片机的接口原理图，DAC0832 是一块 8 位的数模转换器，由于该芯片内具有输入寄存器，故可以与计算机直接接口。由于该芯片以电流形式输出，当需要转换为电压输出时，可以外接运算放大器，图中 I_{OUT1} 和 I_{OUT2} 为电流输出引脚，通过如图 8-46 所示的运算放大器转换后在 A_{OUT} 端就可以得到转换后的电压信号，V_{REF} 是基准电压输入端，可以在−10～+10V 调整。本项目在运行之前应该先下载并执行调零程序，同时调整电位器 R_{P2} 使 A_{OUT} 输出为 0，这个过程称为零位校正。DI0～DI8 为待转换的数字量，X_{FRE} 是数据传输控制信号端，WR1 和 WR2 分别为写信号端，它们均为低电平有效。本项目的内容是利用 0832 输出一个从−5V 开始逐渐升到 0V 再逐渐升至+5V，再从+5V 逐渐降至 0V，再降至−5V 的锯齿波电压。

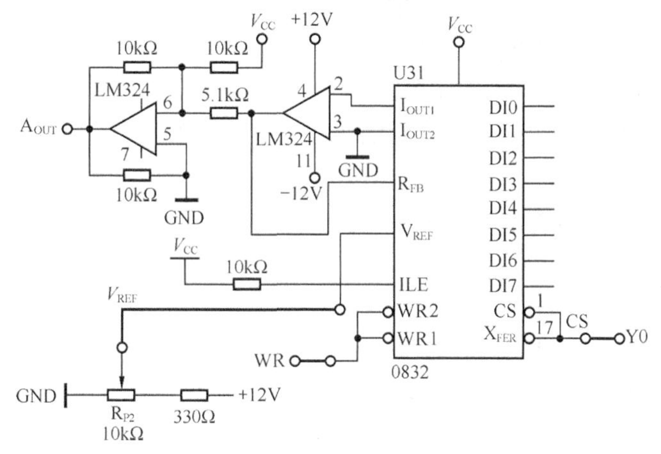

图 8-46　DAC0832 与单片机的接口原理图

（2）软件的程序实现

本程序是在 DAIS 实验箱上实现的，其一是基准电压调整程序；其二是锯齿波发生程序。

基准电压调整程序如下。

```
        ORG   0000H
        SJMP  MAIN
        ORG   0030H
MAIN：  MOV   SP，  #53H
        MOV   7EH，#00H
        MOV   7DH，#08H
        MOV   7CH，#03H
        MOV   7BH，#02H           ；显示缓冲区初值
LOOP：  MOV   A，   #80H
        LCALL DA0832
```

```
        SJMP    LOOP
PTDS:   MOV     R1,     A               ; 拆送显示缓冲区
        ACALL   PTDS1
        MOV     A,      R1
        SWAP    A
PTDS1:  ANL     A,      #0FH
        MOV     @R0,    A
        INC     R0
        RET
DISPLAY: PUSH   DPH
        PUSH    DPL
        SETB    RS1
        MOV     R0,     #7EH
        MOV     R2,     #20H
        MOV     R3,     #00H
        MOV     DPTR,   #TABLE
LOOP2:  MOV     A,      @R0
        MOVC    A,      @A+DPTR
        MOV     R1,     #0DCH
        MOVX    @R1,    A
        MOV     A,      R2
        INC     R1
        MOVX    @R1,    A
LOOP1:  DJNZ    R3,     LOOP1
        CLR     C
        RRC     A
        MOV     R2,     A
        DEC     R0
        JNZ     LOOP2
        MOVX    @R0,    A
        DEC     R0
        CPL     A
        MOVX    @R0,    A
        CLR     RS1
        POP     DPL
        POP     DPH
        RET
DA0832: MOV     DPTR,   #0FFE0H
        MOVX    @DPTR,  A               ; 送 0832 转换
```

```
        MOV     R0,     #79H
        LCALL   PTDS
        MOV     R2,     #00H
LEDDIS: LCALL   DISPLAY                 ; 显示
        DJNZ    R2,     LEDDIS
        RET
TABLE:  DB      0C0H, 0F9H, 0A4H, 0B0H, 99H, 92H
        DB      82H, 0F8H, 80H, 90H, 88H, 83H, 0C6H
        DB      0A1H, 86H, 8EH, 0FFH, 0CH, 89H, 7FH, 0BFH
        END
```

锯齿波信号发生程序如下。

```
        ORG     0000H
        SJMP    MAIN
        ORG     0030H
MAIN:   MOV     SP,     #53H
        MOV     7EH,    #00H
        MOV     7DH,    #08H
        MOV     7CH,    #03H
        MOV     7BH,    #02H            ; 显示缓冲区
LO23:   MOV     A,      #80H
        LCALL   DA0832
        MOV     A,      #0FFH
        LCALL   DA0832
        SJMP    LO23
DA0832: MOV     DPTR,   #0FFE0H
        MOVX    @DPTR,  A               ; 送 0832 转换
        MOV     R0,     #79H
        LCALL   PTDS
        MOV     R2,     #20H
LEDDIS: LCALL   DISPLAY                 ; 显示
        DJNZ    R2,     LEDDIS
        RET
PTDS:   MOV     R1,     A               ; 拆送显示缓冲区
        ACALL   PTDS1
        MOV     A,      R1
        SWAP    A
PTDS1:  ANL     A,      #0FH
        MOV     @R0,    A
        INC     R0
```

```
         RET
DISPLAY: PUSH    DPH
         PUSH    DPL
         SETB    RS1
         MOV     R0,        #7EH
         MOV     R2,        #20H
         MOV     R3,        #00H
         MOV     DPTR,      #TABLE
LOOP2:   MOV     A,         @R0
         MOVC    A,         @A+DPTR
         MOV     R1,        #0DCH
         MOVX    @R1,       A
         MOV     A,         R2
         INC     R1
         MOVX    @R1,       A
LOOP1:   DJNZ    R3,        LOOP1
         CLR     C
         RRC     A
         MOV     R2,        A
         DEC     R0
         JNZ     LOOP2
         MOVX    @R0,       A
         DEC     R0
         CPL     A
         MOVX    @R0,       A
         CLR     RS1
         POP     DPL
         POP     DPH
         RET
TABLE:   DB      0C0H, 0F9H, 0A4H, 0B0H, 99H, 92H
         DB      82H, 0F8H, 80H, 90H, 88H, 83H, 0C6H
         DB      0A1H, 86H, 8EH, 0FFH, 0CH, 89H, 7FH, 0BFH
         END
```

4. 思考与讨论

（1）老师与同学之间讨论的问题

① 为什么在数模转换之前要执行零位调整？

② 是否可以改变为其他的波形，例如三角波、梯形波或正弦波？

③ 是否可以进一步做成一个任意功能信号发生器？

（2）同学与同学之间讨论的问题，训练倾听和协作的能力

以下问题只是一个参考，鼓励同学之间提出不同的问题，老师可以适当地参与讨论并答疑解惑。

① 同学 A 提出的问题：是否可以用该电路去调整一个可控硅电路？

② 同学 B 提出的问题：是否可以构成一个具有瞬态捕捉的图形显示和分析器？

A 和 B 两个同学互相提问并做相应的回答，把这些内容记录下来然后写在作业本上。

思考与练习题

8.1　按键开关为什么有去抖动问题？如何消除？

8.2　键盘与 CPU 的连接方式如何分类？各有什么特点？

8.3　键盘扫描控制方式有哪几种？各有什么优缺点？

8.4　试述矩阵式键盘判别按键闭合的方法。

8.5　使用 8255 的 PC 口设计一个 4 行 4 列键盘矩阵的接口电路，并编写出与之对应的键盘识别程序。

8.6　利用单片机串行口，一片 74LS164 扩展 3×8 键盘矩阵，P1.0～P1.2 作为键盘输入口，试画出该部分接口逻辑电路图，并编写与之对应的按键识别程序。

8.7　在单片机系统中，常用的显示器有哪几种？

8.8　解释下列术语：（1）共阴数码管和共阳数码管；（2）静态显示和动态显示；（3）字段码和字位码。

8.9　LED 静态显示方式与动态显示方式有何区别？各有什么优缺点？

8.10　LED 动态显示子程序设计要点是什么？

8.11　如何显示 LED 数码管的小数点？

8.12　按下列要求设置控制命令字 COM：（1）静态显示，6 mA，2 位均亮；（2）动态显示，21 mA，4 位均亮。

8.13　设计一个 8051 外扩键盘和显示器电路，要求扩展 8 个键，4 位 LED 显示器。

8.14　设计一个含 8 位动态显示和 2×8 键阵的硬件电路，并编写程序，实现将按键内容显示在 LED 数码管上的功能。

8.15　什么叫 A/D 转换？为什么要进行 A/D 转换？

8.16　A/D 转换器有哪些主要参数，其含义是什么？

8.17　等待 A/D 转换结束有哪几种方式？各有什么特点？

8.18　目前应用较广的 A/D 转换器如何分类？各有什么特点？

8.19　ADC0809 与 8051 单片机接口时有哪些控制信号？作用分别是什么？

8.20　可以通过哪些方式把 A/D 转换后得到的数据传送给单片机？

8.21　画出 ADC0809 典型应用电路，其中，CLK 引脚和 EOC 引脚在连接时应如何处理？

8.22　DAC0832 利用哪些控制信号可以构成 3 种不同的工作方式？

8.23　DAC0832 与 8051 单片机接口时有哪些控制信号？作用分别是什么？

8.24　DAC0832 与 51 系列单片机连接，产生三角波形，其幅值和周期可调，试画出其电路图，并编写程序。

8.25　为什么 80C51 单片机一般用低电平驱动执行元件？

参考文献

［1］雷思孝，冯育长．单片机系统设计及工程应用［M］．西安：西安电子科技大学出版社，2005.

［2］李全利．单片机原理及应用技术［M］．北京：高等教育出版社，2004.

［3］张志良．单片机原理与控制技术［M］．北京：机械工业出版社，2002.

［4］赵德安，等．单片机原理与应用［M］．北京：机械工业出版社，2005.

［5］李林功，吴飞青，王兵，等．单片机原理与应用［M］．北京：机械工业出版社，2008.

［6］喻宗泉，喻晗，李建民．单片机原理与应用技术［M］．西安：西安电子科技大学出版社，2006.

［7］张鑫．单片机原理与应用［M］．北京：电子工业出版社，2005.

［8］秦实宏，周龙，肖忠，等．单片机原理与应用技术［M］．北京：中国水利水电出版社，2005.

［9］邱丽芳．单片机原理与应用［M］．北京：人民邮电出版社，2007.

［10］潘永雄．新编单片机原理与应用［M］．西安：西安电子科技大学出版社，2007.

［11］姜志海．单片机原理及应用［M］．北京:电子工业出版社，2005.

［12］吴金戌，沈庆阳，郭庭吉．8051 单片机实践与应用［M］．北京：清华大学出版社，2002.

［13］黄惟公，邓成中，王燕．单片机原理与应用技术［M］．西安：西安电子科技大学出版社，2007.

［14］李群芳，肖看．单片机原理接口及应用——嵌入式系统技术基础［M］．北京：清华大学出版社，2005.

［15］高锋．单片微型计算机原理与接口技术［M］．北京：科学出版社，2007.